21 世纪建筑工程系列规划教材

建 筑 制 图

丛书主编　胡六星

主　　编　管晓琴

副 主 编　管晓涛　侯献语

参　　编　贾巧燕　张宪强　李　红

　　　　　谢邦华　郭荣中　丁月红

主　　审　徐锡权

机械工业出版社

本书根据2010年修订的国家制图标准编写，共十四个单元，包括绪论，制图基本知识，投影的基本知识，点、线、面的投影，基本体的投影，组合体的投影，轴测图，标高投影图，建筑形体的表达方法，建筑施工图，结构施工图，建筑装修施工图，建筑设备工程图，道路与桥涵工程图。

本书可作为培养应用型人才的本科院校、高职或专科院校、成人高校等院校的土建类各专业的工程制图教材，也可作为社会从业人士的业务参考书及培训用书。

本书同时配套《建筑制图习题集》，以供选用。为方便教学，本书配有电子课件，凡使用本书作为教材的教师可登录机工教育服务网 www. cmpedu. com 注册下载。咨询邮箱：cmpgaozhi@ sina. com。咨询电话：010 – 88379375。

图书在版编目（CIP）数据

建筑制图/管晓琴主编 . —北京：机械工业出版社，2013.9
ISBN 978-7-111-43740-6

Ⅰ. ①建⋯ Ⅱ. ①管⋯ Ⅲ. ①建筑制图 – 高等职业教育 – 教材
Ⅳ. ①TU204

中国版本图书馆 CIP 数据核字（2013）第 197138 号

机械工业出版社（北京市百万庄大街 22 号 邮政编码 100037）
策划编辑：李 莉 责任编辑：李 莉 藏程程
版式设计：霍永明 责任校对：丁丽丽
封面设计：赵颖喆 责任印制：李 洋
北京华正印刷有限公司印刷
2013 年 10 月第 1 版第 1 次印刷
184mm × 260mm · 17.75 印张 · 17 插页 · 543 千字
0001—3000 册
标准书号：ISBN 978-7-111-43740-6
定价：42.00 元

前　　言

　　本书根据培养应用型人才的教学需要，以适用为原则、以绘图为基础、以识读为重点进行编写，着重加强学生的绘图能力和识读能力的培养。本书采用2010年修订的国家制图标准，除满足画法几何及土木建筑制图课程教学基本要求外，新增添了对国家标准图集、平面整体表示方法制图等相关知识的解读，加强了施工图的实例分析，另提供教学参考及学生识读的工程案例图。

　　本书在内容上严格控制，适当降低难度，增加实践性内容和环节，适合土建类专业60~80学时的教学要求。本书共有十四个单元：单元一为绪论；单元二至单元八主要讲述投影的基本理论、方法及其运用，是制图的基础知识；单元九至单元十四是不同专业图的表达方式、绘制内容与识读方法的介绍。计算机绘图的内容因考虑到各院校的培养方案中课程设置不尽相同，有的合并有的分开，所以没有编写这部分的内容。

　　本书由管晓琴主编，参加编写的有：南昌大学科学技术学院管晓琴（单元一、单元十三建筑给水排水部分）、华东交通大学管晓涛（单元十三暖通空调部分）、辽宁省交通高等专科学校侯献语（单元九、单元十一）、重庆驰传科技有限公司张宪强（单元十）、南昌大学科学技术学院李红（单元六）、南昌大学科学技术学院贾巧燕（单元十二、单元十四）、南昌大学科学技术学院谢邦华（单元七、单元八）、太原理工大学阳泉学院丁月红（单元四、单元五）、长沙环境保护职业技术学院郭荣中（单元二、单元三）。

　　本书由徐锡权主审，主审人认真审阅，提出很多宝贵意见；本书在编写过程中还得到机械工业出版社大力支持与帮助，谨此深表感谢。

　　由于编者水平有限，书中难免有疏漏之处，恳请读者批评、指正。

　　本书配有CAD图供老师参考，请拨打010-88379540索取。

编　者

目　　录

目录

单元一

绪　论

知识目标：
- 了解建筑工程图的作用。
- 了解建筑工程设计的步骤。
- 了解该课程的特点及学习方法。

课题一　建筑工程图的来由及内容

一、建筑工程图概述

建筑制图是研究绘制与识读工程图样的一门学科。在建筑工程中，无论是建造高楼大厦，还是简单房屋，都需要根据设计完善的图样进行施工。建筑工程图是建筑工程中不可或缺的重要技术资料，是工程界的共同语言。因此，所有从事工程技术的人员都必须掌握绘（制）图和读图的技能。不会绘图，就无法表达自己的构思；不会读图，就无法理解别人的设计意图。

二、建筑工程图的产生过程

建造建筑工程的完整过程分为这样几个阶段：规划、勘测、设计、施工、竣工验收。在上述各阶段里，都由相关专业工程人员根据上一阶段的图样，绘制出本阶段相应的工程图。如规划阶段形成规划图；勘测阶段形成表达地形地貌的测绘图；设计阶段分为初步设计阶段和施工图设计阶段，分别产生初步设计图和建筑施工图；审批后的施工图是建筑施工阶段的主要依据，施工过程中可能会新增施工变更图；验收阶段有竣工图；验收后将有效图样交付甲方并报送相关部门存档。

建筑制图的主要研究内容是设计阶段的最终成果，即施工图的绘制与识读。

三、建筑工程施工图的内容

建筑工程施工图是根据已经批准的初步设计图，按照施工的要求予以具体化，为施工、安装、编制施工预算、购买材料和设备、制作非标准配件等提供完整的、正确的图样依据。一套完整的施工图，根据其专业内容或作用不同分为：

1. 图样目录

列出新绘制的图样、所选用的标准图样或重复利用的图样等的编号及名称。

2. 设计总说明（首页）

内容一般包括施工图的设计依据；本工程项目的设计规模和建筑面积；本项目的相对标高与总图绝对标高的对应关系；室内室外的用料和施工要求说明，采用新技术、新材料或有特殊要求的做法说明，门窗表（如门窗类型和数量，不多时可在建筑平面图上列出）。以上各项内容，对于简单工程，可分别在各专业图样上写成文字说明。

3. 建筑施工图（简称"建施"）

包括图样目录、建筑设计总说明、总平面图、平面图、立面图、剖面图和详图（见单元十）。

4. 结构施工图（简称"结施"）

包括图样目录、结构设计说明、结构平面布置图和各构件结构详图（见单元十一）。

5. 建筑装修施工图（简称"装修图"）

装修要求较高的建筑应单独绘制装修图。包括图样目录、装饰设计说明、平面布置图、楼地面平面图、顶棚平面图、详图等（见单元十二）。

6. 建筑设备施工图（简称"设施"）

包括给水排水、采暖通风、电气等设备的图样目录、设计说明、平面布置图和详图等。

课题二　建筑制图的学习任务和方法

一、建筑制图的学习任务

建筑制图的主要学习目的是培养学生的绘图和读图的基本能力，培养空间想象能力和绘制工程图样的技能。

本课程的主要学习任务如下：

1）学习各种投影法的基本内容及其应用。

2）培养空间想象能力和图示、图解的能力。

3）学习国家工程制图的相关标准，培养绘制和阅读本专业工程图样的能力。

4）培养认真负责的工作态度和严谨细致的工作作风。

学生学完本课程后应达到以下要求：

1）掌握各种投影法的基本理论和作图方法。

2）能够正确地运用绘图工具和仪器，熟悉国家相关制图标准，正确地绘制和阅读建筑工程图样。

二、建筑制图的学习方法

本课程的主要内容分画法几何、制图基础、专业图三部分。画法几何是制图的理论基础，比较抽象，系统性和理论性较强，学习时需要注意培养空间思维能力。制图基础是投影理论的运用。专业图实践性较强。学习时可通过完成一系列的绘图作业达到目标。

具体学习过程中，我们必须注意学习方法，提高学习效率。

1. "三多训练"提高空间想象和思维能力

画法几何研究的是图示法和图解法，讨论空间形体与平面图形之间的对应关系，需要一定的空间想象能力。这方面可以通过多看、多想、多练的训练得以提高。简单地说，"三多"就是无论何时何地看到任何形体都去想象它的平面图形，或者看到任何平面图形都想象它的空间形体，然后尽量动手按所学的方法将想象的图形绘制出来。这样经常做从平面到空间或者从空间到平面的训练，对提高空间想象能力和思维能力会有很大的帮助。

2. 独立完成课内外练习

本课程是一门实践性很强的课程。学习过程中除了提前预习、认真听讲、用心理解，及时巩固课内知识点以外，特别需要强调独立完成作业，这一点非常重要。本课程的知识点循序渐进、一环扣一环，特别是画法几何部分，前面不懂，后面就无法理解。自己通过独立完成这些练习，才能拥有解图的能力，才能逐步达到绘图与识图的目标。作业过程中如果有自己实在解决不了的，可求助老师、同学或利用多媒体课件，理解之后再进行独立解题。

3. 遵守标准、严谨细致

工程图样是施工的依据，如果里面有一点点差错，都会给工程带来重大经济损失，甚至造成严重的工程事故。所以工程图里的每一字、每一线、每一标注，都应该严格按照国家规定的现行有效的制图标准及要求进行绘制，不能随心所欲。在初学时就要严格要求自己，按国家相关制图标准进行绘图，培养认真负责的学习态度和严谨细致的良好学风，一丝不苟，力求绘制出投影关系正确、图线字体符合要求、尺寸标注齐全清晰、图形表达清楚完善、符合国家标准和施工要求的图样。

单元二

制图基本知识

知识目标：
- 了解制图国家标准的基本规定。
- 掌握几何作图的基本方法。
- 熟悉平面图形的画法。

能力目标：
- 能够清楚国家制图标准基本相关要求。
- 能够进行平面几何图形的尺寸分析、绘制平面图形并进行尺寸标注。

课题一　图纸幅面、图线、字体

一、建筑制图国家标准

图样是工程技术人员传达技术思想的共同语言，为了便于技术信息交流，必须对图样的各个项目在表达上有严格而统一的规定。由国家制定、颁发的全国范围内执行的标准，称为"国家标准"，简称"国标"，代号"GB"。由"国际标准化组织"制定的世界范围内使用的国际标准，代号"ISO"。目前，建筑制图的国家标准共有六种，包括：《房屋建筑制图统一标准》（GB/T 50001—2010）、《总图制图标准》（GB/T 50103—2010）、《建筑制图标准》（GB/T 50104—2010）、《建筑结构制图标准》（GB/T 50105—2010）、《建筑给水排水制图标准》（GB/T 50106—2010）、《暖通空调制图标准》（GB/T 50114—2010）。

本单元依据《房屋建筑制图统一标准》介绍建筑制图的基本规定。

二、图纸

1. 图纸幅面

图纸幅面指图纸尺寸规格的大小，图框是指在图纸上绘图范围的界线。绘制工程图应使用制图标准中规定的幅面尺寸，A0、A1、A2、A3、A4 幅面及图框尺寸见表 2-1、图 2-1、图 2-2。

如图 2-1 所示，用细实线表示的是外边框，它是画图完成后的裁切边线。图上的内边框是图框线，用粗实线绘制。图框线以内的区域是作图的有效范围。图框格式分为不留装订边和留装订边两种，位于图纸左侧内、外边框之间的 25 mm 宽的长条就是图纸的装订边，不需要装订的图纸可以不留装订边。

表 2-1　幅面及图框尺寸　　　　　　　　　　（单位：mm）

尺寸代号 \ 幅面代号	A0	A1	A2	A3	A4
$b \times l$	841×1189	594×841	420×594	297×420	210×297
c	10			5	
a	25				

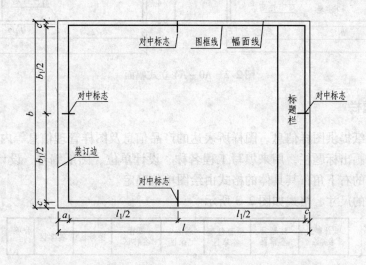

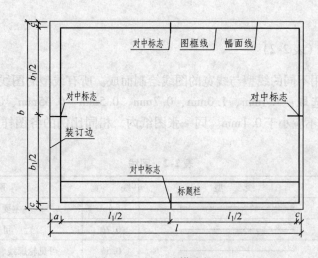

图 2-1　A0～A4 横式幅面

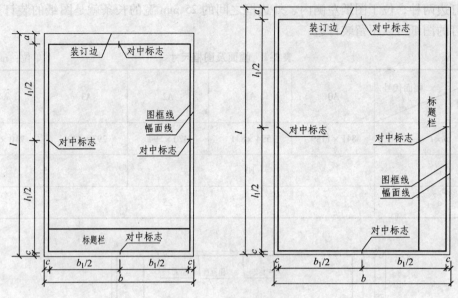

图 2-2 A0 ~ A4 立式幅面

2. 图纸标题栏

标题栏是图纸提供图样信息、图样所表达的产品信息及图样管理信息等内容的栏目。每张图纸上都必须画出标题栏，用来填写工程名称、设计单位、图纸编号、设计人员等内容，标题栏位于图纸的右下角，其具体的格式由绘图单位确定。

图纸标题栏的尺寸、格式如图 2-3 所示。

设计单位名称区	注册师签章区	项目经理签章区	修改记录区	工程名称区	图号区	签字区	会签栏

图 2-3 标题栏

三、图线

1. 线宽与线型（表 2-2）

建筑工程图采用不同的线型与线宽的图线绘制而成。所有线型的图线的宽度（b）宜从下列线宽系列中选取：1.4mm、1.0mm、0.7mm、0.5mm、0.35mm、0.25mm、0.18mm、0.13mm。图线宽度不应小于0.1mm。同一张图纸内，相同比例的各图样，应选用相同的线宽组。

表 2-2 图线

名 称		线 型	线 宽	用 途
实线	粗		b	主要可见轮廓线
	中粗		$0.7b$	可见轮廓线
	中		$0.5b$	可见轮廓线、尺寸线、变更云线
	细		$0.25b$	图例填充线、家具线

（续）

名 称		线 型	线 宽	用 途
虚线	粗		b	见各有关专业制图标准
	中粗		$0.7b$	不可见轮廓线
	中		$0.5b$	不可见轮廓线、图例线
	细		$0.25b$	图例填充线、家具线
单点长画线	粗		b	见各有关专业制图标准
	中		$0.5b$	见各有关专业制图标准
	细		$0.25b$	中心线、对称线、轴线等
双点长画线	粗		b	见各有关专业制图标准
	中		$0.5b$	见各有关专业制图标准
	细		$0.25b$	假想轮廓线、成型前原始轮廓线
折断线	细		$0.25b$	断开界线
波浪线	细		$0.25b$	断开界线

注：地坪线的线宽可用 $1.4b$。

2. 图线画法

1）相互平行的图线，其间隙不宜小于其中的粗线宽度，且不宜小于 0.7mm。

2）虚线、单点长画线或双点长画线的线段长度和间隔，宜各自相等。

3）单点长画线或双点长画线，当在较小图形中绘制有困难时，可用实线代替。

4）单点长画线或双点长画线的两端，不应是点。点画线与点画线交接或点画线与其他图线交接时，应是线段交接。

5）虚线与虚线交接或虚线与其他图线交接时，应是线段交接。虚线为实线的延长线时，不得与实线连接。

6）图线不得与文字、数字或符号重叠、混淆，不可避免时，应首先保证文字等的清晰。

四、字体

图样及说明中的汉字，宜采用长仿宋体，宽度与高度的关系应符合表 2-3 的规定。

表 2-3　长仿宋体字高宽关系　　　　　（单位：mm）

字高	20	14	10	7	5	3.5
字宽	14	10	7	5	3.5	2.5

另外还要注意以下几个方面：

1）图纸上所需书写的文字、数字或符号等，均应笔画清晰、字体端正、排列整齐；标点符号应清楚正确。

2）文字的字高，应从如下系列中选用：3.5mm、5mm、7mm、10mm、14mm、20mm。如需书写更大的字，其高度应按 $\sqrt{2}$ 的倍数递增。

3）书写长仿宋体的要领是：横平竖直、起落有锋、填满方格、结构匀称。

课题二　尺寸标注

工程图样中除了按比例画出建筑物或构筑物的形状外，还必须标注出完整的实际尺寸，作为施工的依据。尺寸标注的基本要求是：正确、合理、完整、统一、清晰、整齐。

一、尺寸的组成

图样上的尺寸，包括尺寸界线、尺寸线、尺寸起止符号和尺寸数字（图2-4）。

1. 尺寸界线

尺寸界线表示尺寸的范围，用细实线绘制，并应由图形的轮廓线、轴线或对称中心线处引出，轮廓线、轴线或对称中心线处也可作为尺寸界线。引出端留有2mm以上的间隔，另一端则超出尺寸线约2～3mm。对于长度尺寸，尺寸界线应与标注的长度方向垂直；对于角度尺寸，尺寸界线应沿径向引出（图2-5）。

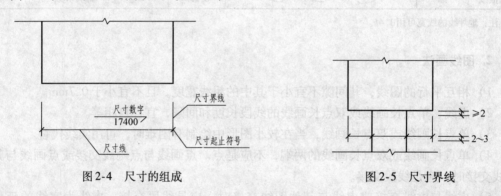

图2-4　尺寸的组成　　　　　　　　　　图2-5　尺寸界线

2. 尺寸线

尺寸线表示尺寸的度量方向，用细实线绘制，用来注写尺寸。轮廓线、轴线、中心线及其延长线均不能作为尺寸线，尺寸线应接近被注线段，且尽可能画在轮廓线外边。对于长度尺寸，尺寸线画在两尺寸界线之间，与被标注的长度方向平行；对于角度尺寸，尺寸线应画成圆弧，圆弧的圆心角是该角的顶点。

3. 尺寸起止符号

尺寸线的两端与尺寸界线交接，交点处应画出尺寸起止符号，用与尺寸界线顺时针方向成45°的中粗斜短线绘制，长度宜为2～3mm。半径、直径、角度与弧长的尺寸起止符号，宜用箭头表示（图2-6）。

图2-6　箭头尺寸
起止符号

4. 尺寸数字

图上标注的尺寸数字，表示物体的真实大小，是构件的实际尺寸数字，与图样所采用的比例和作图的准确性无关。尺寸数字应按标准字体书写，且在同一图样内采用同一高度的数字。

二、尺寸的基本规定

1）尺寸界线应用细实线绘制，一般应与被注长度垂直，其一端应离开图样轮廓线不小于2mm，另一端宜超出尺寸线2~3mm。图样轮廓线可用作尺寸界线，如图2-5所示。

2）尺寸起止符号一般用中粗斜短线绘制，其倾斜方向应与尺寸界线成顺时针45°角，长度宜为2~3mm。

3）尺寸数字的方向，应按图2-7的规定注写。当尺寸线竖直时，尺寸数字注写在尺寸线的左侧，字头朝左；其他任何方向，尺寸数字应保持向上，且注写在尺寸线的上方。

4）图样上的尺寸，应以尺寸数字为准，不得从图上直接量取。

图样上的尺寸，除标高及总平面以m为单位外，其他必须以mm为单位。

尺寸数字一般应依据其方向注写在靠近尺寸线的上方中部。如没有足够的注写位置，最外边的尺寸数字可注写在尺寸界线的外侧，中间相邻的尺寸数字可错开注写，如图2-7所示。

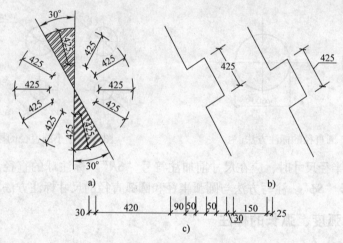

图2-7　尺寸数字的注写方向与位置

三、尺寸的排列与布置

尺寸宜标注在图样轮廓以外，不宜与图线、文字及符号等相交，布置尺寸应整齐、清晰，便于阅读。图样轮廓线以外的尺寸界线，距图样最外轮廓之间的距离，不宜小于10mm。平行排列的尺寸线的间距，宜为7~10mm，并应保持一致。

四、半径、直径、球的尺寸标注

1）半径的尺寸线应一端从圆心开始，另一端画箭头指向圆弧。半径数字前应加注半径符号"R"，如图2-8所示。

2）较小圆弧的半径，可按图2-9形式标注。

3）较大圆弧的半径，可按图2-10形式标注。

4）标注圆的直径尺寸时，直径数字前应加直径符号"φ"。在圆内标注的尺寸线应通过圆心，两端画箭头指至圆弧，如图2-11所示。

5）较小圆的直径尺寸，可标注在圆外，如图2-12所示。

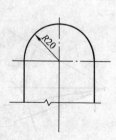

图2-8　半径标注方法

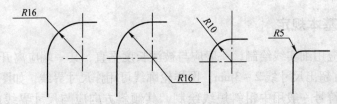

图 2-9 　小圆弧半径的标注方法

图 2-10 　大圆弧半径的标注方法

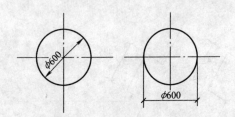

图 2-11 　圆直径的标注方法

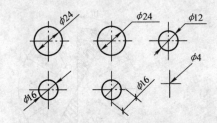

图 2-12 　小圆直径的标注方法

6）标注球的半径尺寸时，应在尺寸前加注符号"SR"。标注球的直径尺寸时，应在尺寸数字前加注符号"$S\phi$"。注写方法与圆弧半径和圆弧直径的尺寸标注方法相同。

五、角度、弧度、弧长的标注

1）角度的尺寸线应以圆弧表示。该圆弧的圆心应是该角的顶点，角的两条边为尺寸界线。起止符号应以箭头表示，如没有足够位置画箭头，可用圆点代替，角度数字应按水平方向注写，如图 2-13 所示。

2）标注圆弧的弧长时，尺寸线应以与该圆弧同心的圆弧线表示，尺寸界线应垂直于该圆弧的弦，起止符号用箭头表示，弧长数字上方应加注圆弧符号"⌒"，如图 2-14 所示。

3）标注圆弧的弦长时，尺寸线应以平行于该弦的直线表示，尺寸界线应垂直于该弦，起止符号用中粗斜短线表示，如图 2-15 所示。

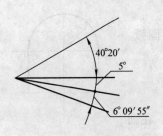

图 2-13 　角度标注方法

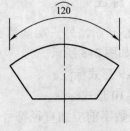

图 2-14 　弧长标注方法

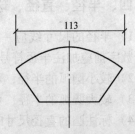

图 2-15 　弦长标注方法

六、其他尺寸标注

1）在薄板板面标注板厚尺寸时，应在厚度数字前加厚度符号"t"，如图 2-16 所示。

2）标注正方形的尺寸，可用"边长×边长"的形式，也可在边长数字前加正方形符号"□"，如图 2-17 所示。

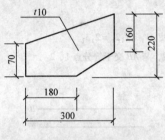

图 2-16　薄板厚度标注方法

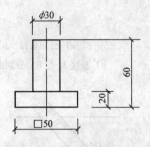

图 2-17　标注正方形尺寸

3）标注坡度时，应加注坡度符号"——"，该符号为单面箭头，箭头应指向下坡方向。坡度也可用直角三角形形式标注，如图 2-18 所示。

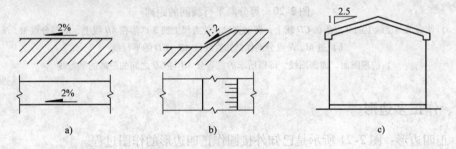

图 2-18　坡度标注方法

课题三　几　何　作　图

几何作图是指根据已知条件按几何定理用普通的作图工具进行的作图。技术图样中的图形多种多样，但它们几乎都由直线段、圆弧和其他一些曲线组成，因而在绘制图样时，常常要作一些基本的几何图形。下面举出几种常遇到的几何作图问题和作图方法。

一、等分线段与等分两平行线间的距离

1. 任意等分已知线段

除了用试分法等分已知线段外，还可以采用辅助线法。三等分已知线段 AB 的作图方法如图 2-19 所示。

2. 等分两平行线间的距离

三等分两平行线 AB、CD 之间的距离的作图方法如图 2-20 所示。

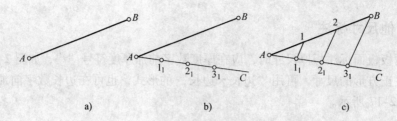

图 2-19　等分线段

a）已知条件　b）过点 A 作任一直线 AC，使 $A1_1 = 1_1 2_1 = 2_1 3_1$

c）连接 3_1 与 B，分别由点 2_1、1_1 作 $3_1 B$ 的平行线，与 AB 交于等分点 1、2

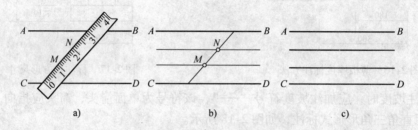

图 2-20　等分两平行线间的距离

a）使直尺刻度线上的 0 点落在 CD 线上，转动直尺，使直尺上的 3 点落在 AB 线上，取等分点 M、N

b）过 M、N 点分别作已知直线段 AB、CD 的平行线

c）清理图面，加深图线，即得所求的三等分 AB 与 CD 之间的距离的平行线

二、作正多边形

1）正四边形：图 2-21 所示是已知外接圆作正四边形的作图过程。

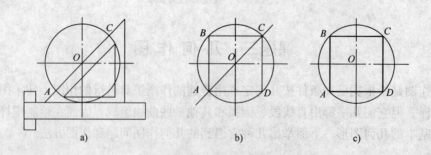

图 2-21　作正四边形

a）以 45°三角板紧靠丁字尺，过圆心 O 作 45°线，交圆周于 A、C

b）过点 A、C 分别作水平线、垂直线，与圆周相交于 B、D

c）清理图面，加深图线，即得所求

2）正六边形：图 2-22 所示是已知外接圆作正六边形的作图过程。

3）正五边形：图 2-23 所示是已知外接圆作正五边形的作图过程。

4）作任意边数的正多边形：图 2-24 所示是已知外接圆作正七边形的作图过程，这是一种近似作图法。

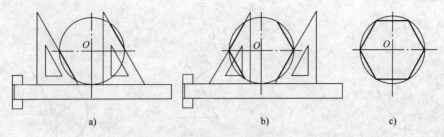

图 2-22　作正六边形

a）以 60°三角板紧靠丁字尺，分别过水平中心线与圆周的两个交点作 60°斜线

b）翻转三角板，同样作出另两条 60°斜线

c）过 60°斜线与圆周的交点，分别作上下两条水平线。清理图面，加深图线，即得所求

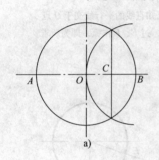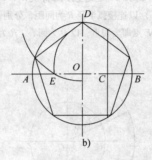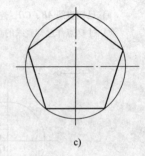

图 2-23　作正五边形

a）取半径 OB 的中点 C

b）以 C 为圆心，CD 为半径作弧，交 OA 于 E，以 DE 长在圆周上截得各等分点，连接各等分点

c）清理图面，加深图线，即得所求

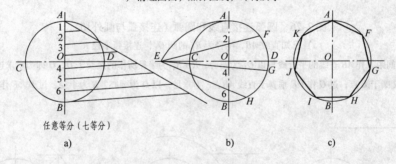

任意等分（七等分）

图 2-24　作正七边形

a）将 AB 等分成 7 等份，并依次标注各等分点 1，2，3…6　b）以 B 为圆心，

以 AB 为半径作圆弧交 CD 于 E，过 E 点与前面的等分点的偶数点（或奇数点）连接，延长交圆用于 F、G、H

c）作点 F、G、H 的对称点 K、J、I，依次连接 AFGHIJK。清理图面、加深图线，即得所求

三、圆弧连接

　　使直线与圆弧相切或圆弧与圆弧相切来连接已知图线，称为圆弧连接，用来连接已知直线或已知圆弧的圆弧称为连接弧，切点称为连接点。为了使线段能准确连接，作图时，必须先求出连接弧的圆心和切点的位置。圆弧连接的形式有：

　　1）用圆弧连接两已知直线。作图过程如图 2-25 所示。

　　2）用圆弧连接一直线和一圆弧。作图过程如图 2-26、图 2-27 所示。

　　3）用圆弧连接两已知圆弧。作图过程如图 2-28、图 2-29、图 2-30 所示。

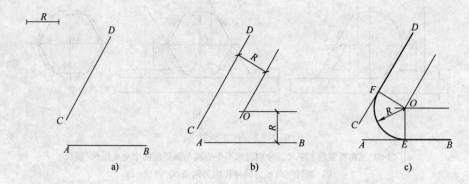

图 2-25　圆弧连接两直线

a）已知直线 *AB*、*CD*，连接弧半径 *R*　b）以连接弧半径 *R* 为间距，分别作两已知直线的平行线交于 *O* 点

c）过 *O* 点作已知直线的垂线，垂足 *E*、*F* 点即为切点，以 *O* 为圆心，*R* 为半径，过 *E*、*F* 作弧，即为所求

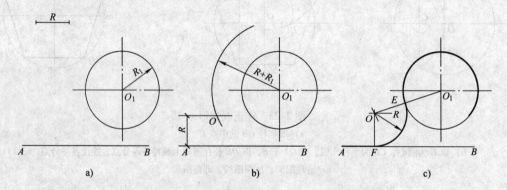

图 2-26　圆弧连接直线和圆弧（连接弧与圆外切）

a）已知直线 *AB*，半径为 R_1 的圆 O_1，连接弧半径 *R*

b）以 *R* 为间距，作 *AB* 直线的平行线与以 O_1 为圆心，$R + R_1$ 为半径所作的弧交于 *O*，*O* 即为所求连接弧圆心

c）连接 OO_1 交圆于 *E* 点，过 *O* 作 *OF* 垂直于直线 *AB*，*F* 为垂足，以 *O* 为圆心，*R* 为半径，过 *E*、*F* 作弧，即为所求

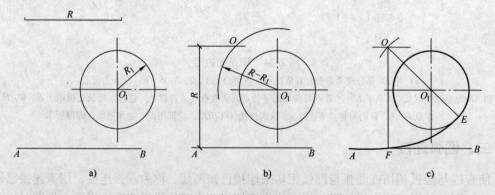

图 2-27　圆弧连接直线和圆弧（连接弧与圆内切）

a）已知直线 *AB*，半径为 R_1 的圆心 O_1，连接弧半径 *R*

b）以 *R* 为间距作 *AB* 直线的平行线与以 O_1 为圆心，$R - R_1$ 为半径所作的弧交于 *O*，*O* 即为所求连接弧的圆心

c）连 OO_1 并延长交圆于 *E* 点，过 *O* 作 *OF* 垂直于 *AB*，*F* 为垂足，以 *O* 为圆心，*R* 为半径过 *E*、*F* 点作弧，即为所求

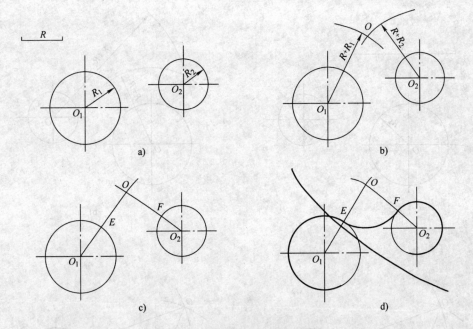

图 2 - 28 圆弧与圆弧外切连接

a）已知圆 O_1、O_2，半径分别为 R_1、R_2，连接弧半径为 R b）分别以 O_1、O_2 为圆心，$R + R_1$、$R + R_2$ 为半径作弧，

并交于点 O，O 即为连接弧圆心 c）连接 OO_1、OO_2 与两圆的圆周分别交于 E、F 点，E、F 点即为切点

d）以 O 为圆心，R 为半径，自切点 E、F 作弧，即为所求

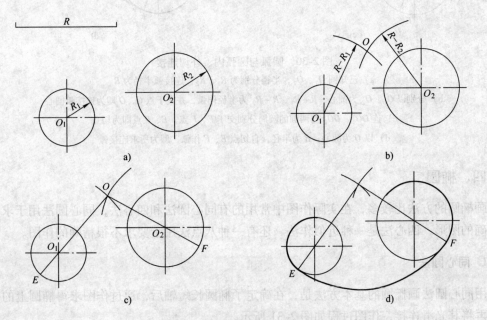

图 2-29 圆弧与圆弧内切连接

a）已知圆 O_1、O_2，半径分别为 R_1、R_2，连接弧半径为 R

b）分别以 O_1、O_2 为圆心，$R - R_1$、$R - R_2$ 为半径作弧，并交于点 O，O 即为连接弧圆心

c）连 OO_1、OO_2 并延长与两圆的圆周分别交于 E、F 点，E、F 点即为切点

d）以 O 为圆心，R 为半径，自切点 E、F 作弧，即为所求

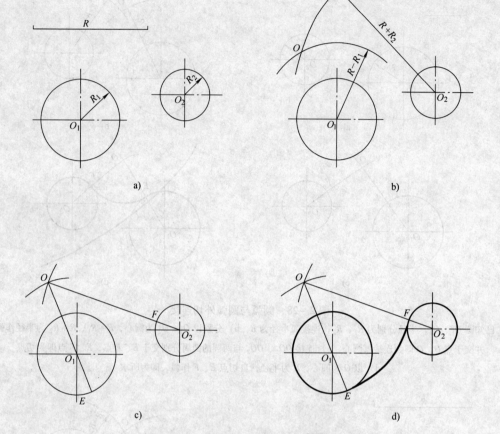

图 2-30　圆弧与圆弧内、外切连接

a）已知圆 O_1、O_2，半径分别为 R_1、R_2，连接弧半径为 R

b）分别以 O_1、O_2 为圆心，$R-R_1$、$R+R_2$ 为半径作弧，并交于点 O，O 即为连接弧圆心

c）连 OO_1、OO_2 与两圆的圆周分别交于 E、F 点，E、F 点即为切点

d）以 O 为圆心，R 为半径，自切点 E、F 作弧，即为所求连接弧

四、椭圆

画椭圆的方法比较多，在实际作图中常用的有同心圆法和四心法，同心圆法用于求作比较准确的图形，四心法是一种近似作法，还有一种八点法用于要求不很精确的作图。

1. 同心圆法

用同心圆法画椭圆的基本方法是，在确定了椭圆长短轴后，通过作图求得椭圆上的一系列点再将其光滑连接，作图过程如图 2-31 所示。

2. 四心法

四心法是一种近似的作图方法，即采用四段圆弧来代替椭圆曲线，由于作图时应先求出这四段圆弧的圆心，故将此方法称为四心法。作图过程如图 2-32 所示。

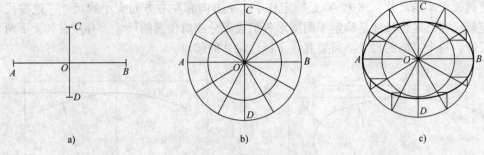

图 2-31　同心圆法作椭圆

a) 已知椭圆的长轴 AB 及短轴 CD　b) 以 O 为圆心，分别以 OA、OC 为半径作圆，并将圆十二等分

c) 分别过小圆上的等分点作水平线，大圆上的等分点作竖直线，其各对应的交点，即为椭圆上的点，依次相连即可

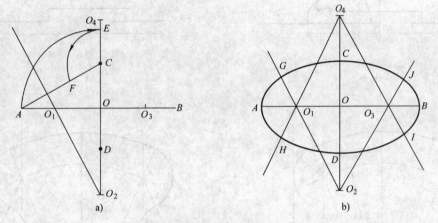

图 2-32　四心法作椭圆

a) 已知椭圆的长短轴 AB、CD。连接 AC，以 O 为圆心，OA 为半径作弧交 OC 的延长线于点 E，以 C 为圆心，CE 为半径作弧交 AC 于点 F，作 AF 的垂直平分线，交长轴于 O_1，短轴于 O_2，作 $OO_3 = OO_1$，$OO_4 = OO_2$

b) 连 O_1O_2、O_1O_4、O_2O_3、O_3O_4 并延长，分别以 O_1、O_2、O_3、O_4 为圆心，O_1A、O_3B、O_2C、O_4D 为半径作弧，使各弧相接于 G、H、I、J 点，即为所求

课题四　平面图形的画法

平面图形是由若干段线段围成的，而线段的形状与大小是根据给定的尺寸确定的，因此应对平面图形的尺寸和线段进行分析。

一、平面图形的尺寸分析

1. 尺寸基准

尺寸基准是标注尺寸的起点。平面图形的长度方向和高度方向都要确定一个尺寸基准。尺寸基准常常选用图形的对称线、底边、侧边、图中圆周或圆弧的中心线等。

2. 定形尺寸和定位尺寸

定形尺寸是确定平面图形各组成部分大小的尺寸，如图 2-33 中的 R49、图形底部的 R8

是确定圆弧大小的尺寸，38 和 40 是确定扶手上下方向和左右方向大小的尺寸，这些尺寸都属于定形尺寸；定位尺寸是确定平面图形各组成部分相对位置的尺寸，有左右和上下两个方向的尺寸，每个方向的尺寸都需要有一个标注尺寸的起点。

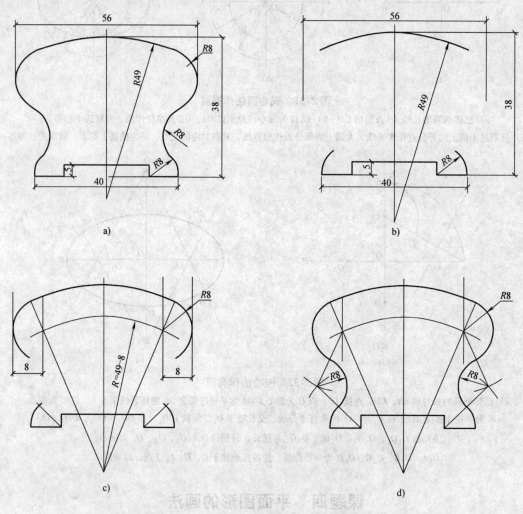

图 2-33 绘制平面图形的方法与步骤

3. 尺寸标注的基本要求

平面图形的尺寸标注要做到正确、完整、清晰。

正确是指：标注尺寸应符合国家标准的规定。完整是指：标注尺寸应该没有遗漏尺寸，也没有矛盾尺寸；在一般情况下不注写重复尺寸（包括通过现有尺寸计算或作图后，可获得的尺寸在内），但在需要时，也允许标注重复尺寸。清晰是指：尺寸标注清楚、明显，并标注在便于看图的地方。

二、平面图形的线段分析

平面图形的圆弧连接处的线段，根据尺寸是否完整可分为三类：

1. 已知线段

根据给出的尺寸可以直接画出的线段称为已知线段，即这个线段的定形尺寸和定位尺寸都完整。对圆弧而言就是它既有定形尺寸，又有圆心的两个定位尺寸，如图 2-33 所示，扶手的大圆弧 $R49$ 和扶手下端的左右两圆弧 $R8$ 的半径均为已知，同时它们的圆心位置又能被确定，所以该两圆弧都是已知线段。对直线而言则要知道直线的两个端点，如图 2-33 中的底边 40 就是已知线段。

2. 中间线段

有定形尺寸，缺少一个定位尺寸，需要依靠另一端相切或相接的条件才能画出的线段称为中间线段。如图 2-33 中的半径为 8 的左右外凸的圆弧，具有定形尺寸 $R8$，但要确定圆心的位置还要依靠与 $R8$ 圆弧相切的已知线段 $R49$，所以该 $R8$ 的圆弧是中间线段。

3. 连接线段

有定形尺寸，缺少两个定位尺寸，需要依靠两端相切或相接的条件才能画出的线段称为连接线段。如图 2-33 中的与上下两个 $R8$ 相切的 $R8$ 的圆弧。

三、作图步骤

画圆弧连接的图形时，首先分析出其已知线段、中间线段和连接线段，然后依次作出这些线段，顺次连接起来。如图 2-33 所示，作图步骤如下：

1）画基准线和已知线段：作左右方向和上下方向的基准线，即图形的对称线和尺寸为 40 的底边。画已知线段，如 $R49$、$R8$、5、38、56 等。

2）画中间线段：根据定位尺寸 56 和外凸圆弧的半径 8，作出与该圆弧切线间距为 8 的平行线，再作半径为 41 即（49 − 8）、与 $R49$ 同心的圆弧，此圆弧与该平行线的交点即为中间圆弧的圆心。

3）画连接线段：以中间圆弧的圆心为圆心，以该圆弧的半径加连接圆弧的半径为半径作弧，再以扶手下方 $R8$ 圆弧的圆心为圆心，以 $R8 + R8$ 为半径作圆弧，两圆弧的交点即连接圆弧的圆心。作各有关的圆心连线，并找出切点，光滑地连接各圆弧。

4）描深粗实线，标注尺寸，完成全图。

四、抄绘平面图形的绘图步骤

1）首先分析平面图形及其尺寸基准和圆弧连接的线段，拟订作图顺序。

2）按选定的比例画底稿，先画与尺寸基准有关的作图基线，再顺次画出已知线段、中间线段、连接线段。

3）图形完成后，画尺寸线和尺寸界线，并校核修正底稿，清理图面。

4）最后按规定线型加深或上墨，写尺寸数字，再次校核修正，便完成了抄绘这个平面图形的任务。

【实例分析】例 2-1　图 2-33 为扶手的图案，试抄绘此平面图形。

1）图形分析。经分析：底部直线段、上部圆弧 $R49$、底部的 $R8$ 均属于已知线段，上面左右两侧的圆弧 R8 属于中间线段，腰部圆弧 R8 属于连接线段。

2）根据图形大小选择比例及图纸幅面。

3）固定图纸。

4）用 2H 或 H 铅笔画底稿。画底稿的步骤为先画已知线段，如图 2-33b 所示；再画中间线段，如图 2-33c 所示；最后画连接线段，如图 2-33d 所示。

5）检查无误，擦去多余作图线，描深并标注尺寸。

单 元 小 结

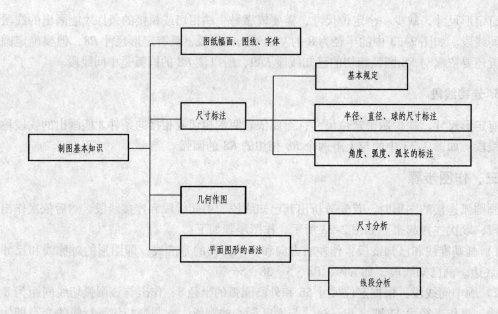

单元三

投影的基本知识

知识目标：
- 熟练掌握投影法的基本知识及其投影特性。
- 了解绘制土木工程图采用的方法。

能力目标：
- 能够熟练说明正投影的特性。
- 能够选择运用不同投影的方法表达物体形状。

课题一　投影及其特性

一、投影的概念

在日常生活中，经常看到空间一个物体在光线照射下在某一平面产生影子的现象，抽象后的"影子"称为投影。产生投影的光源称为投射中心 S，接受投影的面称为投影面，连接投射中心和形体上的点的直线称为投射线。形成投射线的方法称为投影法（图 3-1、图 3-2）。

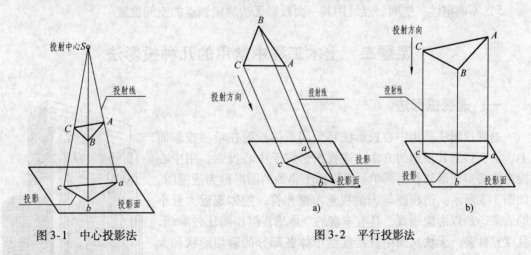

图 3-1　中心投影法　　　　　　　　　图 3-2　平行投影法

二、投影法的类型

投影法是画法几何的基础。通常分为中心投影法和平行投影法两大类。

1. 中心投影法

如图3-1所示，当投射中心S距离投影面为有限远时，点S即为所有投射线在有限远距离内的交点。光线由光源点发出，投射线呈束线状。投影的影子（图形）随光源的方向和距形体的距离而变化。光源距形体越近，形体投影越大，它不反映形体的真实大小。用这样一组交汇于一点的投射线所作出的空间形体的投影，称为中心投影。这种投影方法称为中心投影法。

2. 平行投影法

如图3-2所示，当投射中心S距离投影面为无限远时，所有的投射线相互平行，投影大小与形体到光源的距离无关。用这样一组相互平行的投射线所作出的空间形体的投影，称为平行投影，这种投影方法称为平行投影法。

平行投影法又可根据投射线（方向）与投影面的方向（角度）分为斜投影（图3-2a）和正投影（图3-2b）两种。

1）斜投影法：投射线相互平行，但与投影面倾斜，如图3-2a所示。

2）正投影法：投射线相互平行且与投影面垂直，如图3-2b所示。用正投影法得到的投影称为正投影。能真实反映物体的形状和大小，而且作图方便，是工程图样中采用的基本方法。

三、投影的特性

无论是中心投影还是平行投影，都具有如下特性：

1）具有投影的三要素：空间被投影物体、投射线和投影面。

2）同素性：直线的投影仍为直线。

3）从属性：直线上点的投影应从属于直线的投影。

4）唯一性：当投影面和投射中心或投射方向确定之后，空间一点必有其唯一的一个投影与之对应。

5）不确定性：空间一点只用其一面投影无法确定该点的空间位置。

课题二　土木工程中常用的几种投影法

一、透视投影法

透视投影法是用中心投影法将空间形体投射在单一投影面上，从而得到其投影的方法。透视投影属于中心投影，用中心投影法将空间形体投射到单一投影面上得到的图形称为透视图，如图3-3所示。透视图与人的视觉习惯相符，能体现近大远小的效果，所以形象逼真，具有丰富的立体感，但作图比较麻烦，且度量性差，无法从图中直接度量形体各部分的确切形状和大小。用这种方法绘制的图形基本接近于人们观察物体的视觉效果，在土木工程中常用于绘制建筑效果图，表示建筑物的外观或内部装修效果。

图3-3　透视图

二、轴测投影法

轴测投影法是把空间形体连同确定该形体位置的直角坐标系，沿不平行于任何一坐标系平面的方向，用平行投影法将其投射在单一投影面上，从而得到其投影的方法。轴测投影法是一种能同时反映出形体长、宽、高三个方向上的"立体感"的表达方法。轴测投影是平行投影的一种。虽然轴测图直观性较好，但作图比较麻烦、度量性欠佳，而且表达又不如正投影图那样严谨，所以在工程上常用作辅助图样。将空间形体正放用斜投影法画出的图或将空间形体斜放用正投影法画出的图称为轴测图。如图3-4所示，形体上互相平行且长度相等的线段，在轴测图上仍互相平行、长度相等。轴测图虽不符合近大远小的视觉习惯，但仍具有很强的直观性，所以在工程上得到广泛应用。

三、标高投影法

标高投影法是用正投影法将形体投射在一个水平面上，并在其投影上标出等高线，从而表达出该地段的地形的一种投影方法。这种用标高来表示地面形状的正投影图，称为标高投影图，如图3-5所示。其特点是在某一面（通常是水平面）的投影上用一系列符号或"等高线"来表明空间形体上某些点、线、面相对于某一基准平面的高度。标高投影法是绘制地形图和土木结构投影图的主要方法。用标高投影法绘制的地形图主要用等高线表示，并应标注比例和各等高线的高程。在工程上常用标高来表示建筑物各处不同的高度和用标高投影图表示不规则的地形面。

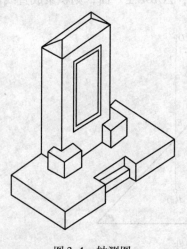

图3-4 轴测图

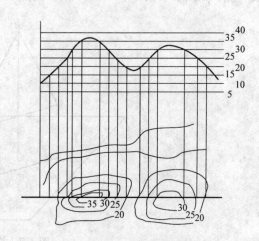

图3-5 标高投影图

四、正投影法

正投影法是将空间几何元素或几何形体分别投影到相互垂直的两个或两个以上的投影面上，然后按一定的规律将投影面展开成一个平面，将获得的投影排列在一起，利用多个投影互相补充，来确切地、唯一地反映出它们的空间位置或形状的一种表达方法。根据正投影法所得到的图形称为正投影图。工程上常用的图样（如土建图、机械图、地形图等）一般都是正投影图。图3-6所示为房屋（模型）的正投影图。正投影图直观性不强，但能正确反映物体的形状和大小，并且作图方便，度量性好，所以工程上应用最广。绘制房屋建筑图主要用正投影，今后不作特别说明，"投影"即指"正投影"。

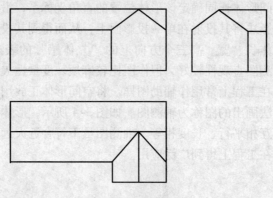

图 3-6　正投影图

课题三　正投影图基本特性

1. 积聚性

物体上垂直于投影面的平面，其投影积聚成一条直线；垂直于投影面的直线的投影积聚成一点。如图 3-7 所示，$DE \perp P$ 面，则点 d 与 e 重合；$\triangle ABC \perp P$ 面，则积聚成直线段 abc。

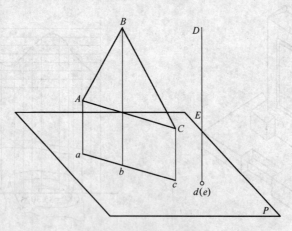

图 3-7　投影的积聚性

2. 类似性

物体上倾斜于投影面的平面，其投影是原图形的类似形；倾斜于投影面的直线的投影比实长短，如图 3-8 所示。

3. 实形性

物体上平行于投影面的平面，其投影反映实形；平行于投影面的直线的投影反映实长。

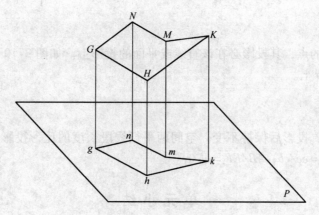

图 3-8 投影的类似性

如图 3-9 所示，已知 $DE /\!/ P$ 面，则有 $DE = de$；已知 $\triangle ABC /\!/ P$ 面，则有 $\triangle ABC \cong \triangle abc$。

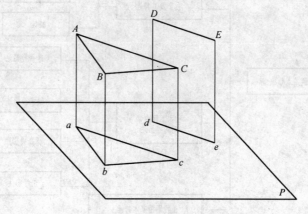

图 3-9 投影的实形性

4. 平行性

空间相互平行的直线，其投影一定平行。空间相互平行的平面，其积聚性的投影相互平行。如图 3-10 所示，已知 $AB /\!/ EF$，则有 $ab /\!/ ef$。

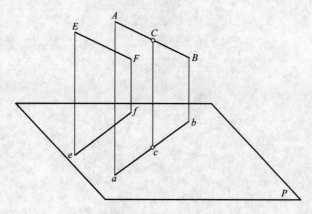

图 3-10 投影的平行性、从属性、定比性

5. 从属性

直线或平面上的点，其投影必在该直线或平面的投影上。如图 3-10 所示，点 C 在直线 AB 上，则有 c 在 ab 上。

6. 定比性

点分线段的比，投影后保持不变。空间两平行线段长度的比，投影后保持不变。如图 3-10 所示，$AC/CB = ac/cb$；$AB/EF = ab/ef$。

单 元 小 结

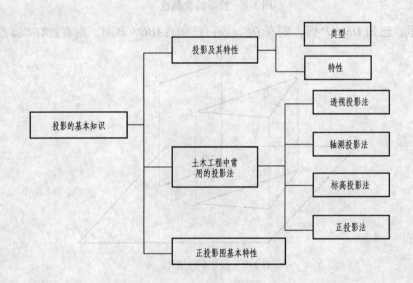

单元四

点、线、面的投影

知识目标：
- 掌握点、直线、平面的投影作图。
- 熟悉几何要素各种相对位置的投影特性。
- 了解图解空间定位、度量问题。

能力目标：
- 能够根据投影规律画出点、直线、平面的投影。
- 能够应用几何要素各种相对位置的投影特性解题。
- 能够从三投影图中求解出几何要素的空间位置及大小。

课题一　点 的 投 影

一、点的三面投影

1. 点的三面投影的形成

如图 4-1a 所示，建立包含 H 面、V 面和 W 面的三面投影体系。过空间点 A 分别作投射线垂直于投影面 H、V、W，在投影面 H、V、W 上可得到投影 a、a' 和 a''，分别称为空间点 A 的水平投影、正面投影和侧面投影。

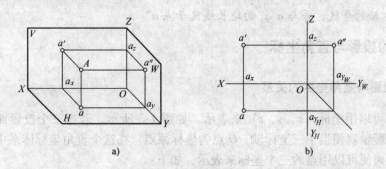

图 4-1　点的三面投影

约定：空间点用大写字母（如 A）表示，其在 H 面上的水平投影、V 面上的正面投影和 W 面上的侧面投影分别用相应的小写字母、小写字母加一撇和小写字母加两撇（如 a、a' 和

a''）表示。

三条投射线每两条可确定一个平面，即平面 Aaa'、Aaa''、$Aa'a''$。它们分别与三投影轴 OX、OY、OZ 交于点 a_x、a_y、a_z。移去空间点 A，将三面投影体系按照投影面展开规律展开，并去掉表示投影面范围的边框，便得到点 A 的三面投影图，如图 4-1b 所示。

2. 点的三面投影规律

1）相邻两投影面上点的投影连线垂直于相应的投影轴，即 $aa' \perp OX$；$a'a'' \perp OZ$；$aa_{Y_H} \perp OY_H$；$a''a_{Y_W} \perp OY_W$。

2）点的投影到投影轴的距离等于空间点到相应投影面的距离，即 $a'a_x = a''a_{Y_W} = Oa_z = Aa =$ 点 A 到 H 面的距离；$a''a_z = aa_x = Oa_{Y_W} = Oa_{Y_H} = Aa' =$ 点 A 到 V 面的距离；$a'a_z = aa_{Y_H} = Oa_x = Aa'' =$ 点 A 到 W 面的距离。

由上述规律可知，在三面投影图中点的三面投影均有一定的联系，故根据点的两面投影，便可作出其第三面的投影。

【实例分析】 例 4-1　已知点 A 的两面投影，求作其第三面投影。

解： 作图步骤如图 4-2 所示。

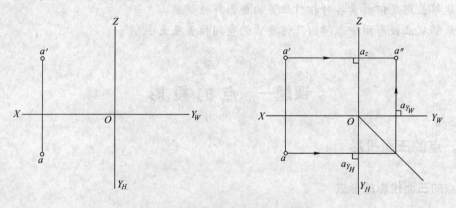

图 4-2　由两面投影作其第三面投影

1）过原点 O 作 45°辅助线。

2）过 a' 作直线 $a'a_z \perp OZ$ 轴，过 a 作直线 $aa_{Y_H} \perp OY_H$ 轴并交 45°辅助线于一点，过此点作垂直于 OY_W 轴的垂线，并与 $a'a_z$ 的延长线交于点 a''。

二、点的投影与直角坐标

1. 点的投影与直角坐标的关系

空间点 A 可以用坐标 $(x，y，z)$ 来表示。如图 4-3 所示，若把三个投影面看做三个坐标面，则三投影轴就相当于三坐标轴，O 点为坐标原点。在这个直角坐标体系中，点 A 到三个投影面的距离便可以用点的三个坐标来表示，如下：

$$\text{点 } A \text{ 到 } H \text{ 面的距离 } Aa = a'a_x = a''a_{Y_W} = Oa_z = z \text{ 坐标}$$

$$\text{点 } A \text{ 到 } V \text{ 面的距离 } Aa' = a''a_z = aa_x = Oa_{Y_W} = Oa_{Y_H} = Oa_y = y \text{ 坐标}$$

$$\text{点 } A \text{ 到 } W \text{ 面的距离 } Aa'' = a'a_z = aa_{Y_H} = Oa_x = x \text{ 坐标}$$

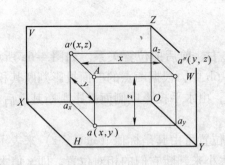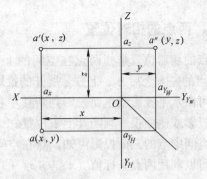

图4-3　点的投影与直角坐标

由此可见，A 点的一个投影可以反映 A 点的两个坐标值。因此，由点的三面投影可以确定其三个坐标值；反之，由点的三个坐标值可以确定该点的三面投影或空间位置。

2. 特殊位置点

如果空间点处于特殊位置，即某一投影面上的点或某一投影轴上的点，通常称为特殊位置点。如图4-4所示，其投影特性如下：

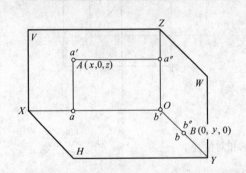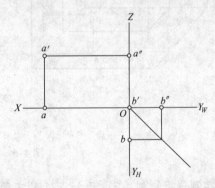

图4-4　投影面和投影轴上的点

1）若点在某一投影面上，则与该投影面垂直的轴的坐标必为0。如 A 点在 V 面上，则 $y=0$。

2）若点在某一投影轴上，则其他两轴的坐标必为0。如 B 点在 Y 轴上，则 $x=0$，$z=0$。

【实例分析】例4-2　已知 A 点的坐标为（15，10，20），求作 A 点的三面投影。

解：作图步骤如图4-5所示。

1）画出投影轴，沿 OX 轴取 $Oa_x=15$mm，得 a_x 点。同理，沿 OY_H 和 OY_W 轴取 $Oa_{Y_H}=Oa_{Y_W}=10$mm，得 a_{Y_H}、a_{Y_W}；沿 OZ 轴取 $Oa_z=20$mm，得 a_z。

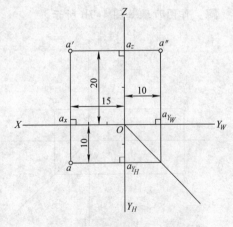

图4-5　由坐标值求三面投影

2）分别过 a_x、a_{Y_H}、a_{Y_W}、a_z 四点作 OX 轴、OY_H 轴、OY_W 轴、OZ 轴的垂线，它们两两相交，交点为 a、a'、a''，即为所求点 A 的三面投影。

三、两点的相对位置

两点的相对位置是指两点在空间的上下、左右、前后的位置关系。如图 4-6a 所示，A 点在 B 点的左方、后方、上方。展开的投影图 4-6b 中，根据两点的三面投影判断其相对位置时，可由水平投影或正面投影判断其左右位置，由水平投影或侧面投影判断其前后位置，由正面投影或侧面投影判断其上下位置。

由空间中点的三面投影可知，点在空间中的位置可由其坐标值 (x, y, z) 来表示。所以我们可以利用两点坐标值 (x, y, z) 的相对大小来判断它们的相对位置。即 x 值大的在左方，x 值小的在右方；y 值大的在前方，y 值小的在后方；z 值大的在上方，z 值小的在下方。

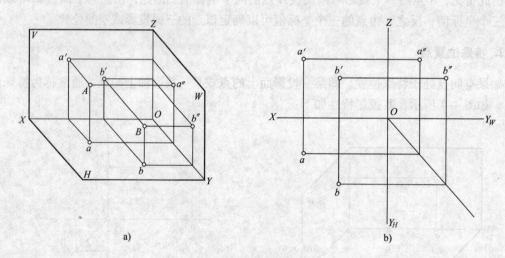

a)　　　　　　　　　　　　　b)

图 4-6　两点的相对位置

【实例分析】例 4-3　已知点 A 的三面投影，如图 4-7a 所示，B 点在 A 点之右 10mm，之前 5mm，之上 15mm，求 B 点的三面投影。

解：作图步骤如图 4-7b 所示。

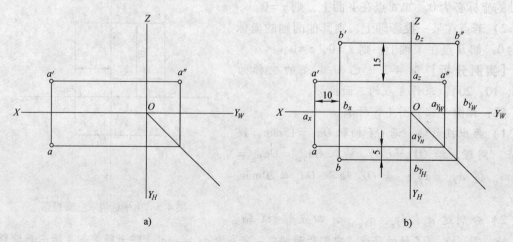

a)　　　　　　　　　　　　　b)

图 4-7　由两点相对位置求点的投影

1）自 a_x 沿 OX 轴向右量取 10mm 得 b_x，自 a_{Y_H} 沿 OY_H 轴向前量取 5mm 得 b_{Y_H}，自 a_z 沿 OZ 轴向上量取 15mm 得 b_z。

2）过 b_x、b_{Y_H}、b_z 分别作 OX、OY_H、OZ 轴的垂直线，两两相交于 b、b'、b'' 三点，即为所求 B 点的三面投影。

四、重影点

当空间两点位于某一投射面的同一条投射线上时，则它们在该投影面上的投影必重合。如图 4-8a 中 A、B 两点在同一条垂直于 H 面的投射线上，故它们的水平投影 a、b 重合。这样的空间两点称为对该投影面的重影点，重合在一起的投影称为重影。即点 A、B 是对 H 面的重影点，a、b 则是它们的重影。

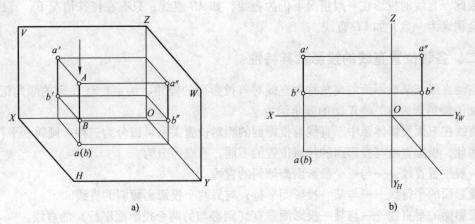

图 4-8　重影点

当空间两点在某一投影面上的投影重合时，其中必有一点遮挡另一点，即需判断这两点在该投影面的投影的可见性。如图 4-8a 所示，沿投射方向从上往下看，显然是先看见 A 点，后看见 B 点，故 A 点在上方为可见点，B 点在下方为不可见点。它们的投影如图 4-8b 所示，a 写在前面，b 写在后面并用一对圆括号括起来，即 a（b）。

综上所述，H 面上的重影点为上遮下（上可见，下不可见），即 z 坐标值大者可见；同理 V 面上的重影点为前遮后（前可见，后不可见），即 y 坐标值大者可见；W 面上的重影点为左遮右（左可见，右不可见），即 x 坐标值大者可见。

课题二　直线的投影

一、直线的投影的形成

空间里的两个点可以确定一条直线，同样的，两点的同面投影（同一个投影面上的投影）的连线即为该直线的投影。如图 4-9 所示，通过直线 AB 上各点向 H 面作投影，这些投射线与 AB 形成了一个平面，这个平面与 H 面的交线 ab 就是直线 AB 的 H 面投影。所以只要作出线段两端点的三面投影，连接该两点的同面投影，即可得到该空间直线的三面投影。

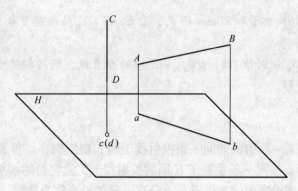

图 4-9　直线的投影

因此，直线的投影在一般情况下仍为直线，如 *AB* 直线；只有在特殊情况下，直线的投影才会积聚为一点，如 *CD* 直线。

二、各种位置直线的投影及其特性

空间直线与某投影面的夹角称为直线对该投影面的倾角。约定：对 *H* 面的倾角记为 α，对 *V* 面的倾角记为 β，对 *W* 面的倾角记为 γ。

直线在三面投影体系中，直线与投影面的相对位置关系可以分为三种：倾斜、平行和垂直。因此，根据直线与投影面的相对位置的不同，直线可分为：

一般位置直线——与三个投影面都倾斜的直线。

投影面的平行线——与某一投影面平行，与另两个投影面倾斜的直线。

投影面的垂直线——与某一投影面垂直（则必与另两个投影面平行）的直线。

投影面的平行线和投影面的垂直线又统称为特殊位置直线。

1. 投影面的垂直线

投影面的垂直线可分为：

铅垂线——垂直于 *H* 面而平行于 *V*、*W* 面的直线。

正垂线——垂直于 *V* 面而平行于 *H*、*W* 面的直线。

侧垂线——垂直于 *W* 面而平行于 *H*、*V* 面的直线。

它们的投影图及其投影特性见表 4-1。

表 4-1　投影面垂直线

名称	铅垂线（AB⊥H）	正垂线（AB⊥V）	侧垂线（AB⊥W）
立体图	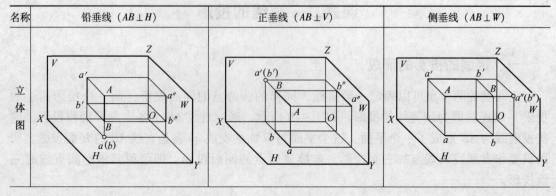		

（续）

名称	铅垂线（$AB \perp H$）	正垂线（$AB \perp V$）	侧垂线（$AB \perp W$）
投影图			
投影特性	1）水平投影 a（b）积聚为一个点 2）正面投影 $a'b' \perp OX$、侧面投影 $a''b'' \perp OY_W$（即二者均同时平行于 OZ 轴），并且 $a'b' = a''b'' = AB$，反映实长	1）正面投影 a'（b'）积聚为一个点 2）水平投影 $ab \perp OX$、侧面投影 $a''b'' \perp OZ$（即二者均同时平行于 OY 轴），并且 $ab = a''b'' = AB$，反映实长	1）侧面投影 a''（b''）积聚为一个点 2）水平投影 $ab \perp OY_H$、正面投影 $a'b' \perp OZ$（即二者均同时平行于 OX 轴），并且 $ab = a'b' = AB$，反映实长

从表 4-1 中我们可以看出投影面垂直线有如下共性：

1）直线在它所垂直的投影面上的投影积聚为一个点。

2）另外两面投影分别垂直于直线所垂直的投影面的两条投影轴（或均同时平行于另一投影轴），并且反映实长。

2. 投影面的平行线

投影面的平行线可分为：

水平线——平行于 H 面而与 V、W 面倾斜的直线。

正平线——平行于 V 面而与 H、W 面倾斜的直线。

侧平线——平行于 W 面而与 H、V 面倾斜的直线。

它们的投影图及其投影特性见表 4-2。

表 4-2 投影面平行线

名称	水平线（$AB /\!/ H$）	正平线（$AB /\!/ V$）	侧平线（$AB /\!/ W$）
立体图			

（续）

名称	水平线（AB∥H）	正平线（AB∥V）	侧平线（AB∥W）
投影图	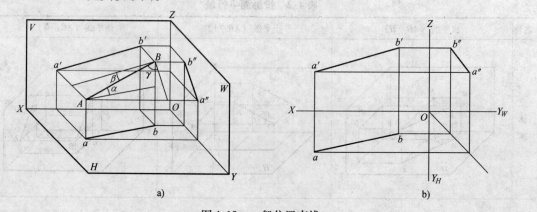		
投影特性	1）水平投影 ab＝AB，反映实长，并且它与 OX、OY_H 轴的夹角为 β、γ 2）正面投影 a′b′∥OX、侧面投影 a″b″∥OY_W（即二者均同时垂直于 OZ 轴）	1）正面投影 a′b′＝AB，反映实长，并且它与 OX、OZ 轴的夹角为 α、γ 2）水平投影 ab∥OX、侧面投影 a″b″∥OZ（即二者均同时垂直于 OY 轴）	1）侧面投影 a″b″＝AB，反映实长，并且它与 OY_W、OZ 轴的夹角为 α、β 2）水平投影 ab∥OY_H、正面投影 a′b′∥OZ（即二者均同时垂直于 OX 轴）

从表 4-2 中我们可以看出投影面平行线有如下共性：

1）直线在它所平行的投影面上的投影反映实长，并且它与轴线的夹角反映该直线与另两个投影面的夹角。

2）另外两面投影平行于直线所平行的投影面的两条投影轴（或均同时垂直于另一投影轴），并且长度都小于实长。

3. 一般位置直线

如图 4-10a 所示，直线 AB 对三个投影面都倾斜，它对 H、V、W 面的倾角 α、β、γ 均不等于 0°或 90°。从图中可以看出，AB 直线的三个投影 ab、a′b′、a″b″均对投影轴倾斜，且直线 AB 的各个投影的长度分别为：ab＝ABcos α，a′b′＝ABcos β，a″b″＝ABcos γ，均小于实长 AB，且没有积聚性。同时，其投影与投影轴之间的夹角不反映直线对投影面倾角的真实大小。图 4-10b 是其投影图。

图 4-10　一般位置直线

综合以上分析，可得到一般位置直线的投影特性：三面投影均对投影轴倾斜且均不反映实长；三个投影与轴的夹角均不反映直线与投影面的夹角。

【实例分析】 例 4-4　已知下列直线的两面投影，求它们的第三面投影，并判断各直线与投影面的相对位置（图 4-11a）。

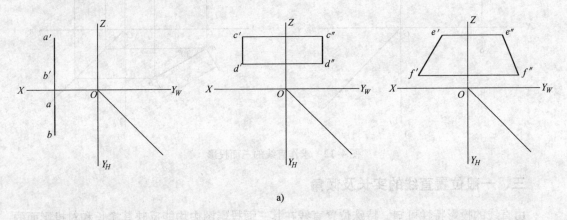

a)

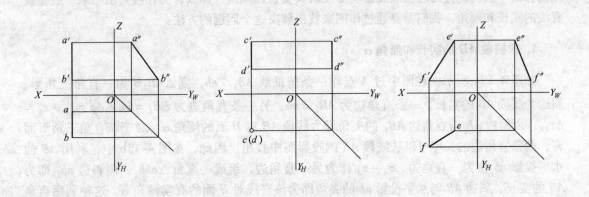

b)

图 4-11　求直线的第三面投影并判断与投影面的相对位置

解：1）根据两点确定一条直线，分别作 A、B、C、D、E、F 六点的第三面投影，两两连线便可得到图 4-11b 中的投影 a″b″、c（d）、ef。

2）根据图 4-11b 中三条直线的投影，对照各种位置直线的投影特性，判断 AB 直线为侧平线，CD 直线为铅垂线，EF 直线为一般位置直线。

【实例分析】 例 4-5　已知直线 AB 为水平线，长度为 20mm，B 点在 A 点的右方、前方，且与 V 面的倾角 β=30°。求作 AB 的三面投影。

解：如图 4-12 所示，作图步骤如下：

1）过点 a 向右、向前作一与 OX 轴夹角为 30°的斜线，并在该斜线上截一点 b，使得 ab=20mm。

2）根据三投影规律，分别作出点 A、B 的其他投影面的投影，同面投影连线便可得到 AB 直线的三面投影。

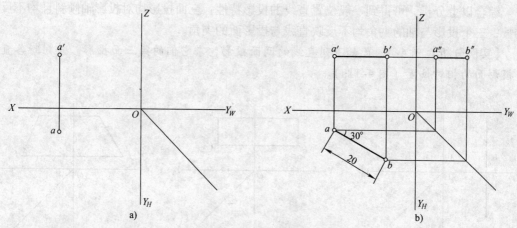

图 4-12　求作直线的三面投影

三、一般位置直线的实长及倾角

由直线的投影特性可知，特殊位置直线在其三面投影图中均能反映其实长和对投影面的倾角，而一般位置直线的三面投影均不反映其实长和倾角。那么，为在投影图中求一般位置直线的实长和倾角，我们需要通过作图来找出解决这个问题的方法。

1. 求线段 *AB* 的实长和倾角 α

如图 4-13a 所示，在图中过 A 点作一条辅助线 $AB_1 // ab$，则 $\triangle AB_1B$ 为一直角三角形。斜边为线段 *AB* 的实长，一条直角边为 $AB_1 = ab$，另一条直角边为 $BB_1 = Bb - Aa = z_B - z_A = \Delta z_{AB}$，而斜边 *AB* 与直角边 AB_1 的夹角即为线段 *AB* 对 *H* 面的倾角 α。对于该直角三角形而言，两条直角边的长度可以从线段 *AB* 的投影图中找出。因此，在图 4-13b 中，利用 *AB* 的水平投影 *ab* 作为一直角边，$z_B - z_A$ 作为另一直角边，组成一直角 $\triangle abb_1$，则斜边 ab_1 即为 *AB* 的实长，斜边 *AB* 与水平投影 *ab* 的夹角即为该直线对 *H* 面的真实倾角 α。这种利用直角三角形求线段实长与倾角的方法称为直角三角形法。

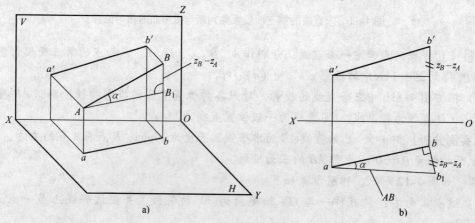

图 4-13　求线段实长与倾角 α

2. 求线段 AB 的实长和倾角 β

如图 4-14a 所示，在图中过 A 点作一条辅助线 $BA_1 // a'b'$，则 $\triangle AA_1B$ 为一直角三角形。斜边为线段 AB 的实长，一条直角边为 $BA_1 = a'b'$，另一条直角边为 $AA_1 = Aa' - Bb' = y_A - y_B = \Delta y_{AB}$，而斜边 AB 与直角边 BA_1 的夹角即为线段 AB 对 V 面的倾角 β。对于该直角三角形而言，两条直角边的长度可以从线段 AB 的投影图中找出。因此，在图 4-14b 中，利用 AB 的正面投影 $a'b'$ 作为一直角边，$y_A - y_B$ 作为另一直角边，组成一直角 $\triangle a'b'a'_1$，则斜边 $b'a'_1$ 即为 AB 的实长，斜边 AB 与正面投影 $a'b'$ 的夹角即为该直线对 V 面的真实倾角 β。

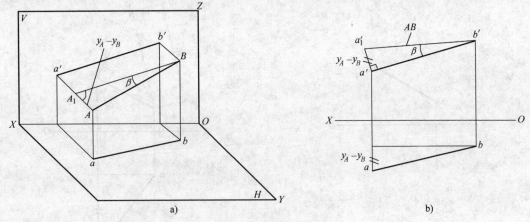

图 4-14　求线段实长与倾角 β

3. 求线段 AB 的实长和倾角 γ

如图 4-15a 所示，在图中过 B 点作一条辅助线 $BA_1 // a''b''$，则 $\triangle AA_1B$ 为一直角三角形。斜边为线段 AB 的实长，一条直角边为 $BA_1 = a''b''$，另一条直角边为 $AA_1 = Aa'' - Bb'' = x_A - x_B = \Delta x_{AB}$，而斜边 AB 与直角边 BA_1 的夹角即为线段 AB 对 W 面的倾角 γ。对于该直角三角形而言，两条直角边的长度可以从线段 AB 的投影图中找出。因此，在图 4-15b 中，利用 AB 的侧面投影 $a''b''$ 作为一直角边，$x_A - x_B$ 作为另一直角边，组成一直角 $\triangle a''b''a''_1$，则斜边 $a''a''_1$ 即为 AB 的实长，斜边 AB 与侧面投影 $a''b''$ 的夹角即为该直线对 W 面的真实倾角 γ。

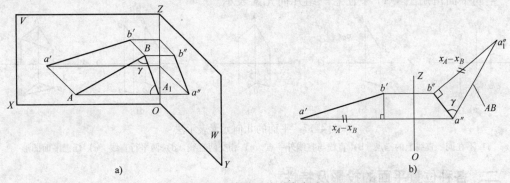

图 4-15　求线段实长与倾角 γ

【**实例分析**】　例 4-6　已知直线 AB 的正面投影 $a'b'$ 和点 A 的水平投影 a，且 AB 直线的实长为 30mm，B 点在 A 点的前方。求作 AB 直线的水平投影。

解：已知了实长和正面投影，可以利用包含 β 的直角三角形来解题。

如图4-16所示，作图步骤如下：

1）过点 b' 作正面投影 $a'b'$ 的垂线。

2）以点 a' 为圆心，30mm 为半径作弧，交垂线于点 b'_1，那么另一直角边 bb'_1 即是 A、B 两点的 Y 坐标差 Δy_{AB}。

3）过点 a 作 OX 轴的平行线，过点 b' 作 OX 轴的垂线，交于点 a_1。因为 B 点在 A 点的前方，所以在 $b'a_1$ 的延长线上量取 $ba_1 = \Delta y_{AB}$。

4）连接 a、b 便得到 AB 直线的水平投影 ab。

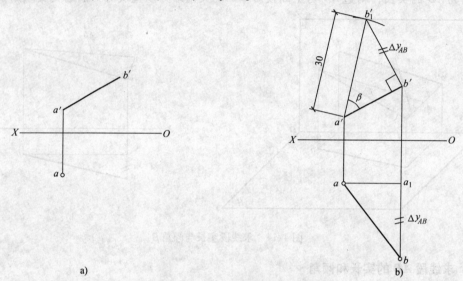

图4-16 利用直角三角形法求直线投影

课题三 平面的投影

一、平面的几何元素表示法

空间平面可用图4-17中任意一组几何元素表示。

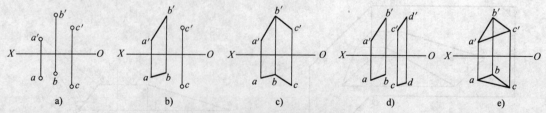

图4-17 平面的几何元素表示法

a）不在同一直线上的三点 b）直线与直线外一点 c）相交两直线 d）两平行直线 e）任意平面图形

二、各种位置平面的投影及特性

约定平面对 H 面的倾角记为 α，对 V 面的倾角记为 β，对 W 面的倾角记为 γ。

在三面投影体系中，平面与投影面的相对位置关系可以分为三种：倾斜、平行和垂直。

因此，根据平面与投影面的相对位置的不同，可分为：

一般位置平面——对三个投影面都倾斜的平面。

投影面的垂直面——与某一投影面垂直，与另两个投影面倾斜的平面。

投影面的平行面——与某一投影面平行（则必与另两个投影面垂直）的平面。

投影面的平行面和投影面的垂直面又统称为特殊位置平面。

1. 投影面的平行面

投影面的平行面可分为：

水平面——平行于 H 面而垂直于 V、W 面的平面。

正平面——平行于 V 面而垂直于 H、W 面的平面。

侧平面——平行于 W 面而垂直于 H、V 面的平面。

它们的投影图及其投影特性见表 4-3。

表 4-3 投影面平行面

名称	水平面（$P//H$）	正平面（$P//V$）	侧平面（$P//W$）
立体图	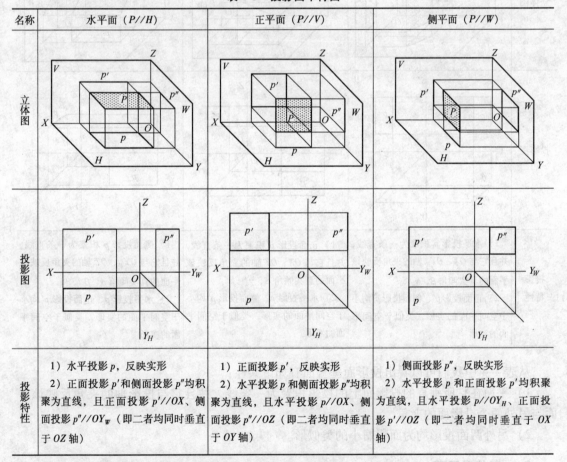		
投影图			
投影特性	1）水平投影 p，反映实形 2）正面投影 p' 和侧面投影 p'' 均积聚为直线，且正面投影 $p'//OX$、侧面投影 $p''//OY_W$（即二者均同时垂直于 OZ 轴）	1）正面投影 p'，反映实形 2）水平投影 p 和侧面投影 p'' 均积聚为直线，且水平投影 $p//OX$、侧面投影 $p''//OZ$（即二者均同时垂直于 OY 轴）	1）侧面投影 p''，反映实形 2）水平投影 p 和正面投影 p' 均积聚为直线，且水平投影 $p//OY_H$、正面投影 $p'//OZ$（即二者均同时垂直于 OX 轴）

从表 4-3 中我们可以看出投影面平行面有如下共性：

1）平面在它所平行的投影面上的投影反映实形。

2）另外两面投影均积聚为直线并且分别平行于平面所平行的那个投影面的两条轴线（或同时垂直于另一投影轴）。

2. 投影面的垂直面

投影面的垂直面可分为：

铅垂面——垂直于 H 面而与 V、W 面倾斜的平面。

正垂面——垂直于 V 面而与 H、W 面倾斜的平面。

侧垂面——垂直于 W 面而与 H、V 面倾斜的平面。

它们的投影图及其投影特性见表4-4。

表4-4 投影面垂直面

名称	铅垂面（$P \perp H$）	正垂面（$P \perp V$）	侧垂面（$P \perp W$）
立体图	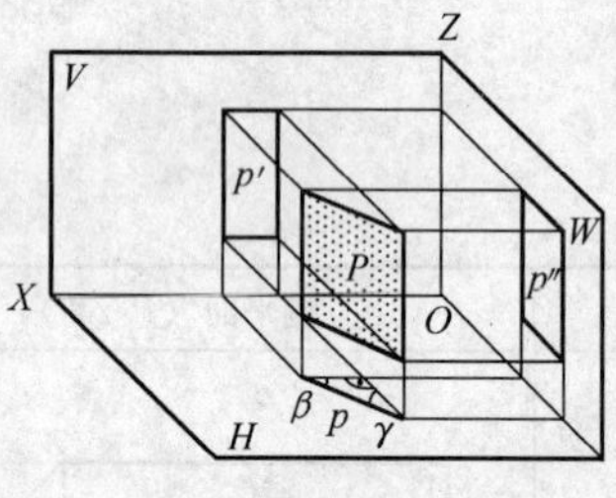	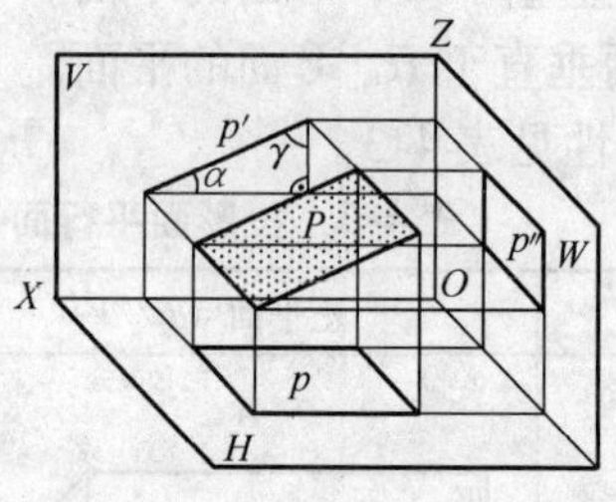	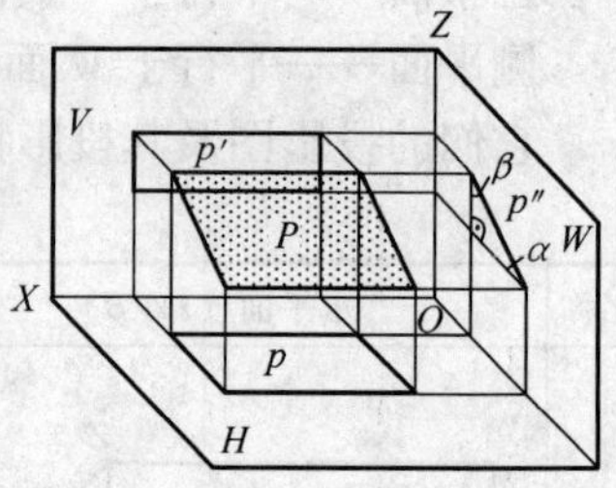
投影图	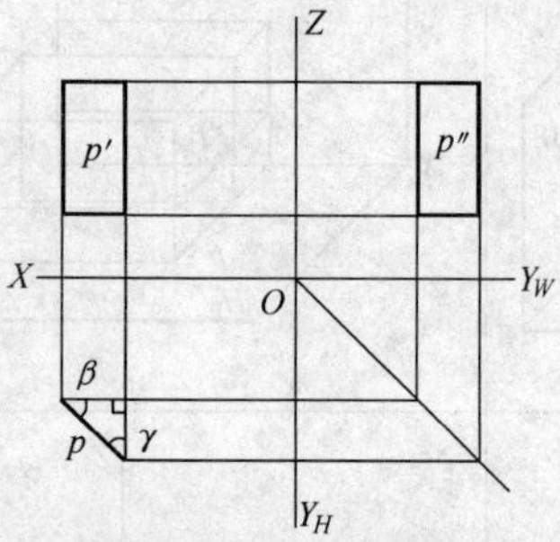	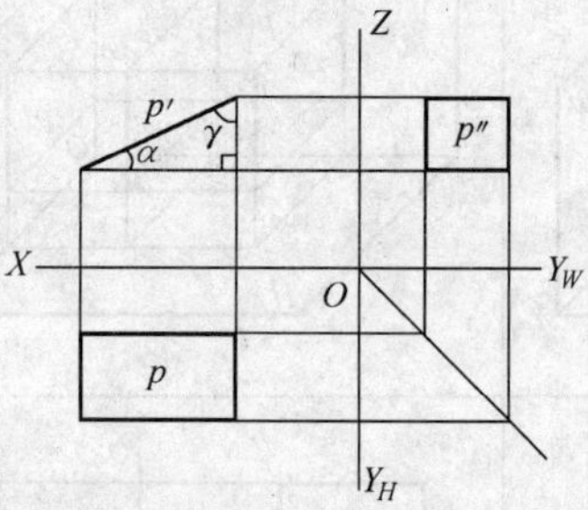	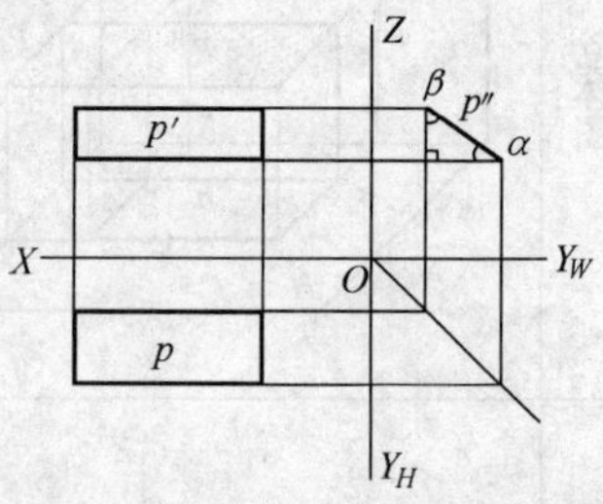
投影特性	1）水平投影 p 积聚为一条直线，并且它与 OX、OY_H 轴的夹角反映该平面的真实倾角 β、γ 2）正面投影 p'、侧面投影 p'' 均小于空间平面的实形，类似于空间平面的实形	1）正面投影 p' 积聚为一条直线，并且它与 OX、OZ 轴的夹角反映该平面的真实倾角 α、γ 2）水平投影 p、侧面投影 p'' 均小于空间平面的实形，类似于空间平面的实形	1）侧面投影 p'' 积聚为一条直线，并且它与 OY_W、OZ 轴的夹角反映该平面的真实倾角 α、β 2）水平投影 p、正面投影 p' 均小于空间平面的实形，类似于空间平面的实形

从表4-4中我们可以看出投影面垂直面有如下共性：

1）平面在它所垂直的投影面上的投影积聚为一条线，并且它与投影轴的夹角反映该平面与另外两个投影面的夹角。

2）另外两面投影均为面积缩小的类似形。

3. 一般位置平面

同时倾斜于各投影面的平面称为一般位置平面。如图4-18所示，一般位置平面的三面投影均小于空间平面实形，与空间平面实形类似；三面投影均不反映空间平面对投影面的倾角。

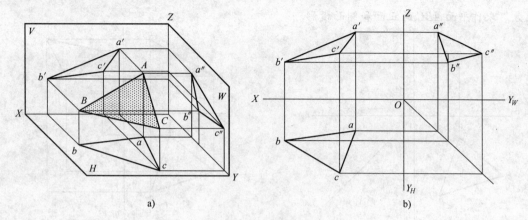

图 4-18 一般位置平面

【实例分析】 例 4-7 已知平面的两面投影（图 4-19a），求第三面投影，并判断其与投影面的相对位置。

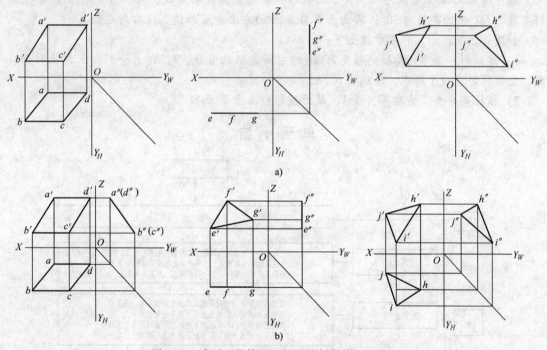

图 4-19 求平面的第三面投影并判断其相对位置

解： 根据两面投影补画第三面投影，并通过各种位置直线的投影特性判断其相对位置。

如图 4-19b 所示，作图步骤如下：

1）知二补三，根据三投影规律"长对正、高平齐、宽相等"补画第三面投影。

2）平面 *ABCD* 的 *W* 面投影 *a″b″*（*c″*）（*d″*）积聚成一条倾斜直线，另外两个投影均是类似形，可判断 *ABCD* 为侧垂面。

3）平面 *EFG* 的 *H*、*W* 面投影均积聚为直线，分别平行于 *OX* 轴、*OZ* 轴，可确定平面 *EFG* 是正平面，正面投影反映实形。

4）平面 *HIJ* 的三面投影均没有积聚性，均为类似形，可判断平面 *HIJ* 是一般位置平面。

【实例分析】 例 4-8 如图 4-20a 所示，已知正垂面 *ABC*，α = 30°，且点 *C* 在点 *B* 的右

上方。求作平面 ABC 的正面和侧面投影。

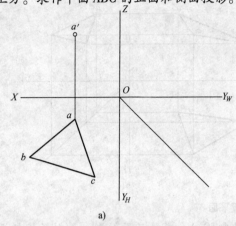
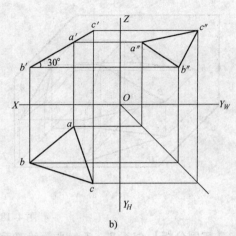

a)   b)

图 4-20　求平面的第三面投影并判断其相对位置

解：由 ABC 是正垂面可知，其正面投影积聚为一条倾斜直线；并且 $\alpha = 30°$，所以该倾斜直线与 OX 轴的夹角为 30°；再由点 C 在点 B 的右上方可知该直线右高左低。

如图 4-20b 所示，作图步骤如下：

1）过 a' 作一条与 OX 轴的倾角为 30° 的右高左低的直线，过 b、c 分别向上作长对正直线，交该倾斜直线于两点，分别为 b'、c'。

2）根据高平齐、宽相等，由 V、H 面投影补画出 W 面投影。

单 元 小 结

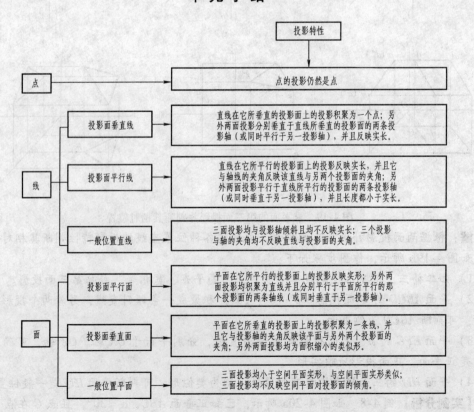

单元五

基本体的投影

知识目标：

- 掌握各类基本体的投影特征及其规律。
- 掌握各类基本体表面求点、求线的方法。
- 熟悉基本体的画法，掌握其识读规律。

能力目标：

- 能够根据投影规律画出各类基本体的投影图。
- 能够应用各类基本体表面求点、求线的方法。
- 能够准确识读各类基本体的投影图。

　　工程形体的几何形状虽然复杂多样，但都可以看做是由一些简单的几何形体叠加、切割或交接组合而成的。在制图中，常把这些工程上经常使用的单一几何形体称为基本几何体，简称基本体。基本体分为平面体和曲面体。

课题一　平面体的投影及画法

　　由多个平面围成的立体称为平面体。最基本的平面体有棱柱体、棱锥体。平面体的各个表面都是平面多边形，这些平面多边形均由棱线围成，棱线又由顶点确定。因此，平面立体的投影是由围成它的各平面多边形的投影表示的，其实质是作各棱线与顶点的投影，并区分可见性。当轮廓线的投影可见时，画粗实线；不可见时，画虚线。

一、棱柱体的投影及画法

1. 棱柱体的几何特征

　　棱柱由一对形状大小相同、相互平行的多边形底面和若干个平行四边形侧棱面（简称棱面）所围成，棱面与棱面的交线称为侧棱线（简称棱线），它的棱线相互平行。当棱柱底面为正多边形且棱线均垂直于底面时称为正棱柱。正棱柱所有的棱面均为矩形，如图 5-1 所示。根据其底面形状的不同，棱柱又可分为三棱柱、四棱柱……

2. 棱柱的投影特性及画法

　　以图 5-2 所示正六棱柱为例，其上下底面均为水平面，二者的水平投影反映实形并且重

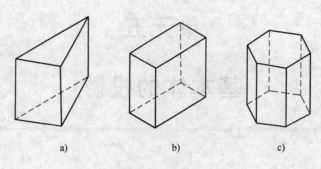

图 5-1　棱柱体

a）三棱柱　b）四棱柱　c）六棱柱

影，正面投影和侧面投影积聚为一条水平直线。

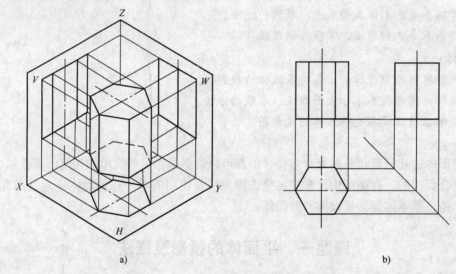

图 5-2　六棱柱的投影

　　六个棱面中的前后棱面为正平面，它们的正面投影反映实形并且重影，水平投影及侧面投影积聚为一条直线，均垂直于 OY 轴。

　　其他四个棱面均是铅垂面，它们的水平投影积聚为倾斜的直线，与底面正六边形的边长相等，正面投影和侧面投影都是类似的矩形，不反映实形。

　　画棱柱的投影就是画棱柱所有棱面、棱线、顶点的投影。在三面投影中，各投影与投影轴之间的距离只反映立体与投影面之间的距离，不会影响立体的形状大小。因此，画立体的三面投影时，一般将投影轴省略不画。如图 5-2b 所示，各面投影之间的间隔可以任意选择，但各投影必须遵循投影规律，即"长对正，高平齐，宽相等"。作图时先画反映底面实形的那个投影，即水平投影，然后再画其他两面投影。

二、棱锥体的投影及画法

1. 棱锥体的几何特征

棱锥由一个多边形底面和若干个具有公共顶点的三角形侧棱面（简称棱面）所围成，

棱面与棱面的交线称为侧棱线（简称棱线），它的棱线均通过一个顶点（称为锥顶）。当棱锥底面为正多边形，其锥顶又处在通过该正多边形中心的垂直线上时，这种棱锥称为正棱锥。正棱锥所有的棱面均为等腰三角形，如图 5-3 所示。根据其底面形状的不同，棱锥又可分为三棱锥、四棱锥……

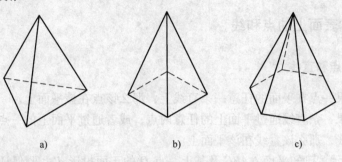

a) b) c)

图 5-3　棱锥体

a）三棱锥　b）四棱锥　c）六棱锥

2. 棱锥的投影特性及画法

以图 5-4 所示正三棱锥为例，其底面为水平面，水平投影反映实形，正面投影与侧面投影均积聚为水平直线。

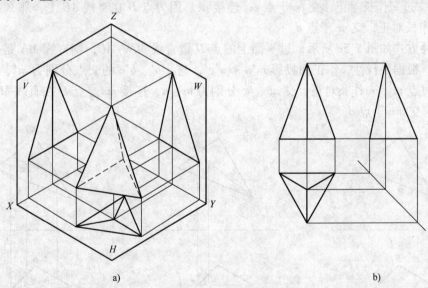

a) b)

图 5-4　三棱锥的投影

三个棱面中的后棱面为侧垂面，其侧面投影积聚为一条倾斜的直线，正面投影和水平投影均是类似的三角形，不反映实形。

棱锥的左棱面、右棱面均是一般位置平面，它们的三面投影都是类似的三角形。

画棱锥的投影就是画棱面、棱线、顶点的投影。如图 5-4b 所示，各面投影遵循投影规律。作图时先画反映实形的底面的投影，即水平投影中外轮廓的等边三角形；再确定锥顶的水平投影的位置，锥顶和底面三个顶点连线将水平投影面上的等边三角形分为三个三角形，它们分别是三个棱面的水平投影；然后再画其他两面投影。

课题二　平面体表面上的点和线

一、棱柱体表面上的点和线

1. 平面上的点和直线

条件一：如果一点在平面的任意一条直线上，那么该点在该平面上。

条件二：如果一条直线通过平面上的任意两点，或者通过平面上的一点并且平行于该平面上的另一条直线，那么该直线在该平面上。

如图 5-5a 所示，已知平面 △ABC 及其上一点 D 的正面投影 d'，要保证 D 在平面 △ABC 上，就要让该点在平面的一条直线上。那么我们就来构造这条平面上的直线，要保证一条直线在平面上，根据条件我们可以有两种方式构造：

第一种方式如图 5-5b 所示，过平面上的两点 A、D 构造直线 AD（正面投影为 a'd'），则 AD 就是该平面上的一条直线，延长后必然和平面上的另一条直线 BC 相交，交点为 E（正面投影为 e'）。根据从属性，点 E 在直线 BC 上，那么它的水平投影 e 必在该直线的水平投影 bc 上。过 e'作长对正，交 bc 于点 e，连接 ae。因为点 D 在直线 AE 上，那么 d 必在 ae 上，过 d'作长对正，交 ae 于点 d。

第二种方式如图 5-5c 所示，过平面上的点 D 做直线 MN//AC，则直线 MN 是平面上的一条直线。根据平行性，作正面投影 m'n'//a'c'，与 a'b'、b'c'的交点分别为 m'、n'。根据从属性，过点 m'、n'作长对正，交 ab、bc 分别为 m、n，连接 mn。点 D 在直线 MN 上，过 d'作长对正交 mn 于点 d。

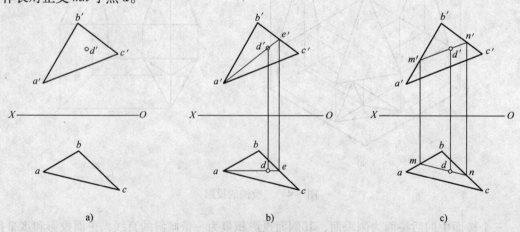

图 5-5　平面上的点和线

2. 棱柱体表面上的点

由于棱柱体属于平面立体，所以棱柱体表面上求点与平面上求点的方法相同。由于棱柱柱面有积聚性投影，可以利用积聚性投影作图。只是需要注意立体表面的多层性，投影图上必须分清待求点是在哪个平面上，才能确定点的投影位置，并且判别投影的可见性。

【实例分析】例 5-1　如图 5-6a 所示，在六棱柱表面上有点 A、B，已知它们的正面投影 a′、b′，求 A、B 两点的水平投影和侧面投影。

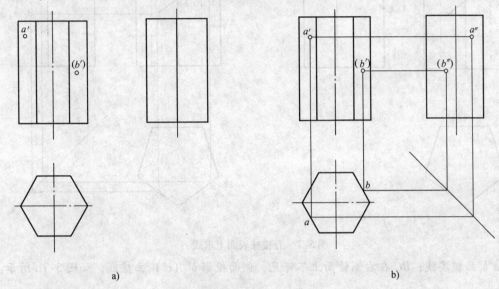

图 5-6　六棱柱表面上求点

解： a′在六棱柱正面投影左边的矩形中，左边矩形是六棱柱左前、左后棱面的投影的重影。再根据 a′可见，判定点 A 位于六棱柱的左前棱面上。而六棱柱棱面的水平投影均有积聚性，积聚为水平投影中六边形的边，分别对应六个棱面。那么左前棱面的水平投影积聚为六边形的左前边，故 a 也应对应其上。由 a′向六边形左前边上引"长对正"，得到水平投影 a，再根据点的知二补三即可求得侧面投影 a″，最后分析点 A 位于左棱面判断 a″可见。点 B 的求法与点 A 类似，由于（b′）位于右边的矩形且不可见，判定点 B 位于六棱柱右后棱面上，则水平投影 b 对应于六边形的右后边上，由（b′）向六边形右后边上引"长对正"求出 b，再根据点的知二补三求得侧面投影 b″。最后分析点 B 位于右棱面判断（b″）不可见，如图 5-6b 所示。

这种表面求点法称为积聚性求点法，要点是向面的积聚性投影上引线求得第二个投影。

3. 棱柱体表面上的线

平面体表面上的线的投影仍然是直线。棱柱体表面求线实际上是棱柱体表面上求点方法的运用，只要求出直线端点的投影，连线即是该直线的投影。在可见表面上的线可见，画粗实线；在不可见表面上的线不可见，画虚线。

【实例分析】例 5-2　如图 5-7a 所示，已知五棱柱表面上一线段的正面投影，求其水平投影和侧面投影。

解： 该线段在五棱柱的左前棱面、右前棱面上，是由两条直线段组成的空间折线。那么把该线段分解为左前棱面、右前棱面上的两条直线段 AB、BC，分别求取。用积聚性求点法求端点 A、B、C 的投影，分别将直线段 AB、BC 的同面投影连线，即水平投影 ab、bc，侧面投影 a″b″、b″（c″）。水平投影均可见，ab、bc 画粗实线。而 AB 在左侧棱面上可见，侧面

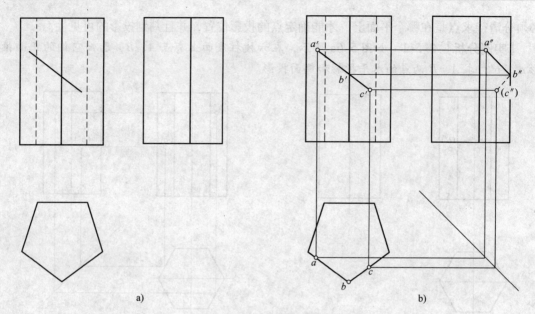

图5-7 五棱柱表面上求线

投影 $a''b''$ 画粗实线；BC 在右侧棱面上不可见，侧面投影 b''（c''）画虚线，如图5-7b所示。

二、棱锥体表面上的点和线

1. 棱锥体表面上的点

棱锥体表面上求点的方法与平面上求点的方法相同，采用辅助线法，一是过已知点与锥顶连线；二是过已知点作底边的平行线。要注意分析清楚待求点在哪个平面上，才能确定点的投影位置，并判断投影的可见性。

【实例分析】例5-3 如图5-8a所示，在三棱锥 $S-ABC$ 表面上有点 M、N，已知它们的正面投影 m'、n'，求 M、N 两点的水平投影和侧面投影。

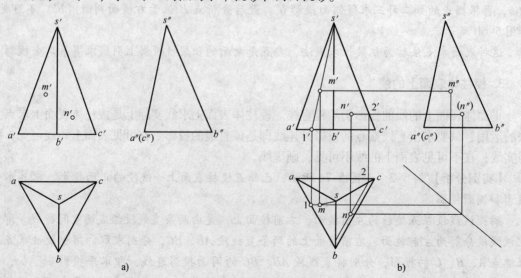

图5-8 三棱锥表面上求点

解： 由 m' 的位置且可见可知点 M 位于左前棱面 SAB 上，由 n' 的位置且可见可知点 N 位于右前棱面 SBC 上。据此再利用平面上求点的方法便可求得点 M、N 的另外两面投影。辅助线构造方法有两种：

1）过已知点与锥顶连线，如点 M。

2）过已知点作底边的平行线，如点 N。

如图 5-8b 所示，作图步骤如下：

1）连接锥顶 S 与点 M 的正面投影 $s'm'$ 并延长交底边投影 $a'b'$ 于 $1'$，由 $1'$ 引"长对正"交 ab 于 1，连接 $s1$，则 m 在 $s1$ 上，再由 m' 作"长对正"求出 m。最后由 m'、m 求得 m''，并判断 m'' 可见。

2）作过点 N 的底边平行线的正面投影 $n'2'$，由 $2'$ 求出 2，过 2 作底边投影 bc 的平行线，则 n 在该平行线上，再由 n' 求出 n。最后由 n'、n 求出 (n'')，并判断其不可见。

2. 棱锥体表面上的线

同棱柱体一样，棱锥体表面上的线的投影也是直线，棱锥体表面上求线实际上是棱锥体表面上求点方法的运用，只要求出直线端点的投影，连线即是该直线的投影。在可见表面上的线可见，画粗实线；在不可见表面上的线不可见，画虚线。

【实例分析】 例 5-4　如图 5-9a 所示，已知三棱锥表面上一线段的正面投影，求其水平和侧面投影。

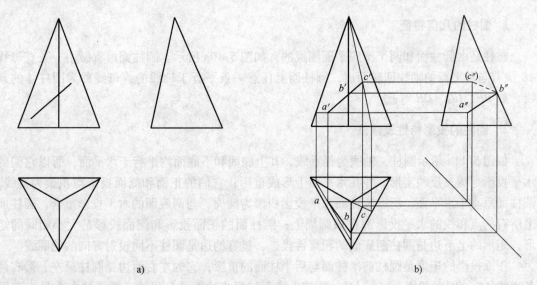

　　　　　　a)　　　　　　　　　　　　　　　　　　b)

图 5-9　三棱锥表面上求线

解： 根据此线段正面投影的位置及可见，得知该线段是由分别位于左前棱面和右前棱面的两条直线组成的空间折线，那么分解成直线 AB、BC 分别求取。用棱锥表面求点的方法求出端点 A、B、C 的投影，分别连接 AB、BC 的同面投影，可见的画实线，不可见的画虚线，得到实线 ab、bc、$a''b''$，虚线 b'' (c'')，如图 5-9b 所示。

课题三　曲面体的投影及画法

　　母线（直线或曲线）绕某一轴线回转而形成的曲面称为回转曲面。由回转曲面或回转曲面与平面围城的立体称为曲面体。曲面体至少有一个面是曲面，最基本的曲面体有圆柱、圆锥、圆球和圆环，如图 5-10 所示。

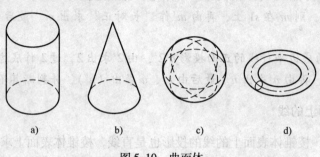

图 5-10　曲面体
a）圆柱　b）圆锥　c）圆球　d）圆环

一、圆柱的投影及画法

1. 圆柱的几何特征

　　圆柱是由圆柱面和两个圆底平面围成的，如图 5-10a 所示。圆柱面可看做由一条直母线 *AE* 绕着与其平行的轴线回转而成，圆柱面上任意一条平行于轴线的直母线称为圆柱体的素线，如 *BF*、*CG*、*DH* 等。

2. 圆柱的投影特性及画法

　　如图 5-11a 所示圆柱，轴线为铅垂线，其上底面和下底面均平行于水平面，所以它们的水平投影是圆，反映实形，并在水平面上形成重影；它们的正面和侧面投影均积聚为直线。圆柱面垂直于水平面，所以圆柱面水平投影积聚为圆周，与两底面的水平投影重合，圆柱面上所有的点和线的水平投影都在该圆周上；圆柱面的正面投影和侧面投影是大小相同的矩形，矩形的上下边是圆柱两底面的积聚性投影，竖直的边是圆柱不同投射方向的轮廓线。

　　正面投影的矩形是圆柱前半柱面与后半柱面的重影，它的左右两边是圆柱最左、最右两条素线 *AE*、*CG* 的投影 *a′e′*、*c′g′*，是前半柱面与后半柱面的分界线，即圆柱左右最大范围界线，所以称 *AE*、*CG* 为圆柱正面转向轮廓线。它们的侧面投影与轴线重合，不必画出。同理，侧面投影的矩形是左半柱面与右半柱面的重影，它的左右两边是圆柱最前、最后素线 *BF*、*DH* 的投影 *b′f*、*d′h′*，是左半柱面与右半柱面的分界线，所以称 *BF*、*DH* 为圆柱侧面转向轮廓线。它们的正面投影与轴线重合，也不必画出。

　　画圆柱的三面投影时，先画出圆柱各投影的中心线，再画出水平投影中的圆，然后根据圆柱高度及投影关系画出形状为矩形的正面投影和侧面投影，如图 5-11b 所示。

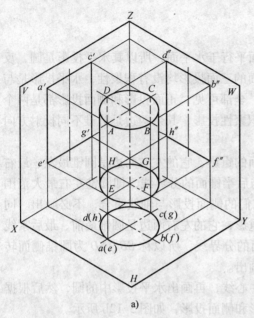

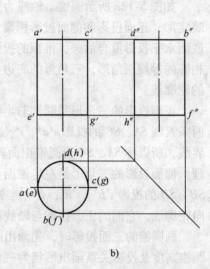

图 5-11　圆柱的投影

二、圆锥的投影及画法

1. 圆锥的几何特征

圆锥是由圆锥面和底面围成的，如图 5-12a 所示。圆锥面可以看做是一条直母线 *SA* 绕着与它斜交的轴线回转而成，圆锥面上任意一条与轴线斜交的直母线称为圆锥的素线，如 *SB*、*SC*、*SD* 等。

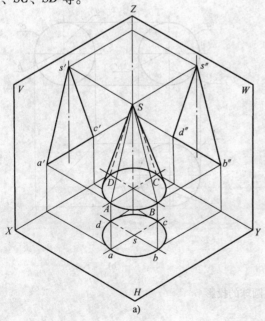

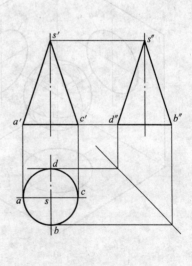

图 5-12　圆锥的投影

2. 圆锥的投影特性及画法

如图 5-12a 所示圆锥，轴线为铅垂线，其底面平行于水平面，所以其水平投影是圆，反映实形；正面投影和侧面投影积聚为直线。圆锥面的三面投影均没有积聚性，水平投影是与底面水平投影重合的圆，锥顶的投影落在圆心上，全部可见；正面投影和侧面投影都是两个相等的等腰三角形，三角形的底边是圆锥底面的积聚性投影，其余两边是圆锥不同投射方向的轮廓线。

正面投影的三角形是圆锥前半锥面与后半锥面的重影，它的左右两边是圆锥最左、最右两条素线 SA、SC 的投影 $s'a'$、$s'c'$，是前半锥面与后半锥面的分界线，即圆锥左右最大范围界线，所以称 SA、SC 为圆锥正面转向轮廓线。它们的侧面投影与轴线重合，不必画出。同理，侧面投影的三角形是左半锥面与右半锥面的重影，它的左右两边是圆锥最前、最后素线 SB、SD 的投影 $s'b'$、$s'd'$，是左半锥面与右半锥面的分界线，所以称 SB、SD 为圆锥侧面转向轮廓线。它们的正面投影与轴线重合，也不必画出。

画圆锥的三面投影时，先画出圆锥各投影的中心线，再画出水平投影中的圆，然后根据圆锥高度及投影关系画出形状为三角形的正面投影和侧面投影，如图 5-12b 所示。

三、圆球的投影及画法

1. 圆球的几何特征

球面自身封闭形成圆球，如图 5-13a 所示。球面可以看做是一条圆母线绕其直径回转而成。

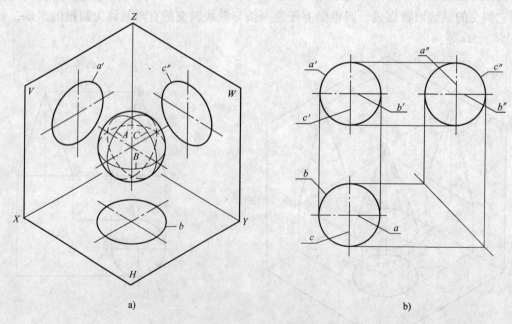

a)   b)

图 5-13　圆球的投影

2. 圆球的投影特性及画法

如图 5-13a 所示圆球，由于它是关于球中心的回转体，所以它的三个投影均为大小相等且直径等于球径的圆。正面投影的圆是前半球面与后半球面的重影，它是球面上最大的正平圆 A 的投影 a'，是前半球面与后半球面的分界线，所以称 A 为圆球正面的转向轮廓线。它的水平面投影和侧面投影均与轴线重合，不必画出。同理，水平投影的圆是上半球面与下半球面的重影，它是球面上最大的水平圆 B 的投影 b，是上半球与下半球的分界线，所以称 B 为圆球水平面的转向轮廓线。它的正面投影和侧面投影均与轴线重合，不必画出。侧面投影的圆是左半球面与右半球面的重影，它是球面上最大的侧平圆 C 的投影 c''，是左半球与右半球的分界线，所以称 C 为圆球侧面的转向轮廓线。它的正面投影和水平面投影均与轴线重合，不必画出。

画圆球的三面投影时，先画出圆球各投影的中心线，再根据球的直径及投影关系画出三个等径圆，如图 5-13b 所示。

四、圆环的投影及画法

1. 圆环的几何特征

圆环面自身封闭形成圆环，如图 5-14a 所示。圆环面可以看做是一条圆母线绕与其共面但不通过圆心的轴线回转而成。

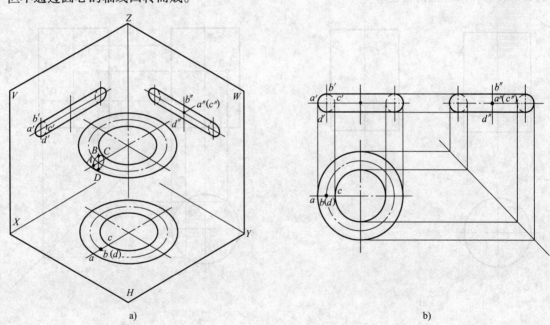

图 5-14　圆环的投影

2. 圆环的投影及画法

如图 5-14a 所示轴线为铅垂线的圆环，BAD 半圆形成外环面，BCD 半圆形成内环面。

水平投影是两个同心圆和一个点画线圆。两同心圆都是分割上半圆环与下半圆环的分界线的水平投影，是水平面的转向轮廓线。小圆是内环的转向轮廓线，大圆是外环的转向轮廓线。正面投影和侧面投影形状大小相同。正面投影是由两个正平素线小圆的正面投影，与分割内环和外环的上、下两水平圆分界线的正面积聚性投影组成。类似的，侧面投影是由两个侧平素线小圆的侧面投影，与分割内环和外环的上、下两水平圆分界线的侧面积聚性投影组成。投影圆周的对称中心线、轴线也要相应地用点画线画出。

画圆环的三面投影时，先画出圆环各投影的中心线，再画出水平投影中的两个同心圆，然后根据投影关系画出形状为左右两小圆、上下两直线的正面投影和侧面投影，小圆外侧可见画实线，内侧不可见画虚线，如图 5-14b 所示。

课题四　曲面体表面上的点和线

一、圆柱表面上的点和线

1. 圆柱表面上的点

圆柱表面求点，可以利用圆柱面的积聚投影来作图。

【实例分析】例 5-5　如图 5-15a 所示，已知轴线为铅垂线的圆柱表面上的点 A、B、C 的正面投影，求其他两面投影。

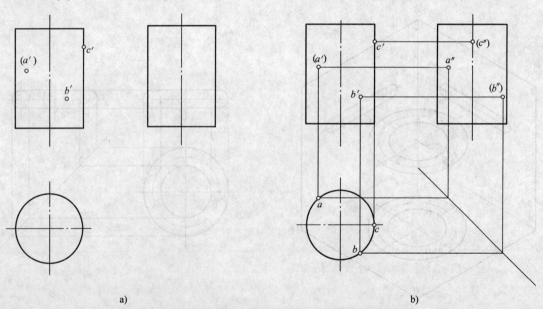

图 5-15　圆柱表面求点

解：由于该圆柱柱面的水平投影有积聚性，积聚为圆周，所以圆柱面上的点的投影也都在该圆周上。(a') 不可见且在左边，说明点 A 位于圆柱的左后柱面上，相应的其水平投影 a 在左上圆周上。由点的投影"知二补三"求出 a''，并且分析点 A 位于圆柱的左柱面上判

断 a'' 可见。同理 b' 可见且在右边，说明点 B 位于圆柱的右前柱面上，相应的其水平投影 b 在右下圆周上。由点的投影"知二补三"求出 b''，并且分析点 B 位于圆柱的右柱面上判断 (b'') 不可见。点 C 在最右素线上，相应的其水平投影 c 在圆周最右点上，其侧面投影 c'' 在中心线上，并且分析 (c'') 不可见，作图步骤如图 5-15b 所示。

2. 圆柱表面上的线

圆柱底面上的线是直线，方法同平面体表面求线。而圆柱面上的线有三种情况：直线、圆弧、椭圆弧。

1）当圆柱面上的线平行于圆柱轴线时，该线为直线。只需求出该直线的两个端点，连线即可。

2）当圆柱面上的线垂直于圆柱轴线时，该线为圆或圆弧。就需要找出圆心，并求出该圆弧的起点与终点，画圆弧。

3）当圆柱面上的线倾斜于圆柱轴线时，该线为椭圆或椭圆弧。则需要求出该椭圆弧上的点，进行椭圆弧的描绘。在这里需要注意的是，椭圆弧的起点、终点、转向轮廓线上的点必须求，为了让椭圆弧更加准确，可以适当补充一些中间点。

所以圆柱表面上求线的方法实际上是圆柱表面上求点方法的运用。在可见表面上的线可见，画粗实线；在不可见表面上的线不可见，画虚线。

【实例分析】例 5-6　如图 5-16a 所示圆柱，在柱面上有一线段，已知其正面投影，求其他两面投影。

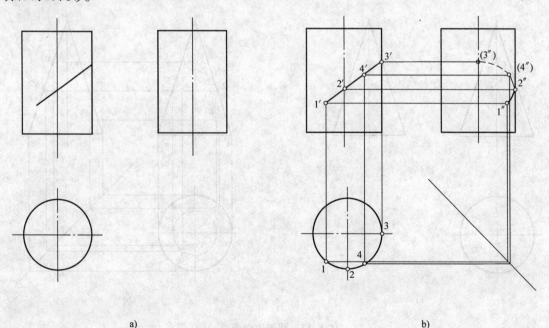

a)　　　　　　　　　　　　　　　　　b)

图 5-16　圆柱表面求线

解：由于该线段与轴线倾斜，因此为一非圆曲线段。要求该曲线段的投影，先求出该线段上一系列点的投影，再将这些点的投影依次光滑连接起来即可。在该线段上取两个端点

1′、3′，取最前素线上的点2′，由于2′和3′之间的距离较长，为了使曲线更加准确，最后在它们中间取点4′。根据圆柱表面求点的方法，利用水平投影的积聚性先求出它们的水平投影，再用"知二补三"的方法求出侧面投影。最后光滑地将各面投影分别连接起来，注意位于右半柱面部分的侧面投影2″（3″）不可见，画虚线；而位于左半柱面部分的侧面投影1″2″可见，画实线。作图步骤如图5-16b所示。

二、圆锥表面上的点和线

1. 圆锥表面上的点

由于圆锥面的投影没有积聚性，所以圆锥表面求点要用包含该点作辅助素线法或辅助纬圆的方法来作图。

【实例分析】例5-7　如图5-17a所示，在圆锥表面上有A、B、C三个点，已知它们的正面投影，求其他两面投影。

解：如图5-17b所示，作图步骤如下：

1）连接已知点A和锥顶S的正面投影s′a′并延长交底面圆周于点1′，则S1就是构造的辅助素线，点A在该素线上。因为（a′）在左边且不可见，则点A在左后锥面上。由1′向底面圆周水平投影的左后圆周上引"长对正"得到1，连接s1，则a必在s1上。由（a′）向该素线的水平投影s1引"长对正"得到a，再由a、a′求出a″。由于点A在左半锥面，a″可见。

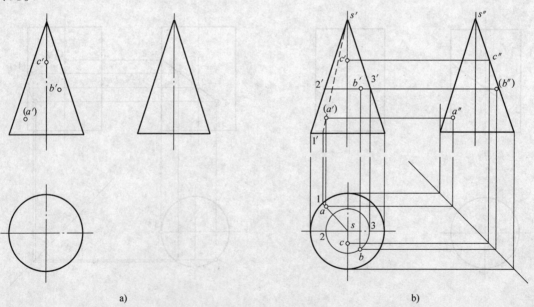

a)　　　　　　　　　b)

图5-17　圆锥表面求点

2）过已知点B在圆锥表面作一个与底面圆平行的辅助纬圆，该纬圆的水平投影反映实形，正面和侧面投影积聚为直线。即过正面投影b′作纬圆的正面投影2′3′（其投影积聚为一条平行于底面的水平线，并与最左、最右素线交于点2′、3′，该水平线2′3′的长度等于该纬圆的直径），然后由2′、3′分别向最左素线、最右素线的水平投影引"长对正"得到2、3。以s为圆心，s2或s3为半径即可画出该纬圆的水平投影，则b必在该纬圆上。因为b′可见，则由b′向纬圆水平投影的前半圆周上引"长对正"得到b，再由b′、b求出b″。由于点B在右半锥面上，所以（b″）不可见。

3）由c′向最前素线的侧面投影引"高平齐"得到c″，再由c″向最前素线的水平投影引"宽相等"得到c。

2. 圆锥表面上的线

圆锥底面上的线是直线，方法同平面体表面求线。而圆锥面上的线有三种情况：直线、圆弧、非圆曲线。

1）当圆锥面上的线或延长线过锥顶时，该线为直线。只需求出该直线的两个端点，连线即可。

2）当圆锥面上的线垂直于圆锥轴线时，该线为圆或圆弧。就需要找出圆心，并求出该圆弧的起点与终点，画圆弧。

3）当圆锥面上的线倾斜或平行于圆锥轴线时，该线为非圆曲线。则需要求出该非圆曲线上的点，进行非圆曲线的描绘。在这里需要注意的是，非圆曲线的起点、终点、转向轮廓线上的点必须求，为了让非圆曲线更加准确，可以适当补充一些中间点。

所以圆锥表面上求线的方法实际上也是圆锥表面上求点方法的运用。在可见表面上的线可见，画粗实线；在不可见表面上的线不可见，画虚线。

【**实例分析**】例5-8　如图5-18a所示圆锥，在圆锥面上有一线段，已知其正面投影，求其他两面投影。

解：由于该线段与轴线倾斜，因此为一非圆曲线段。要求该曲线段的投影，先求出该线段上一系列点的投影，再将这些点的投影依次光滑连接起来即可。在该线段上取两个端点1′、3′，取最前素线上的点2′，由于2′和3′之间的距离较长，为了使曲线更加准确，最后在它们中间取点4′。点1位于圆锥左前锥面，点4位于圆锥右前锥面，是两个一般位置点。根据圆锥表面求点的方法，利用辅助纬圆法求出点1的水平投影，利用辅助素线法求出点4的水平投影，再用"知二补三"的方法求出它们的侧面投影。点2位于最前素线，点3位于最右素线，是两个特殊位置点。由2′向最前素线的侧面投影引"高平齐"求得2″，再由2″向最前素线的水平投影引"宽相等"求出2；由3′向最右素线的水平投影引"长对正"求得3，再由3′向最右素线的侧面投影引"高平齐"求得3″。最后光滑地将各面投影分别连接起来，注意位于右半锥面部分的侧面投影2″（3″）不可见，画虚线；而位于左半锥面部分的侧面投影1″2″可见，画实线。作图步骤如图5-18b所示。

三、圆球表面上的点和线

1. 圆球表面上的点

圆球面上求点可以在球面上过该已知点作平行于投影面的辅助纬圆来作图，这种方法叫做辅助纬圆法。球面的轴线可以是过球心的任意方向直线，因此可以在三个投影面上作辅助纬圆。

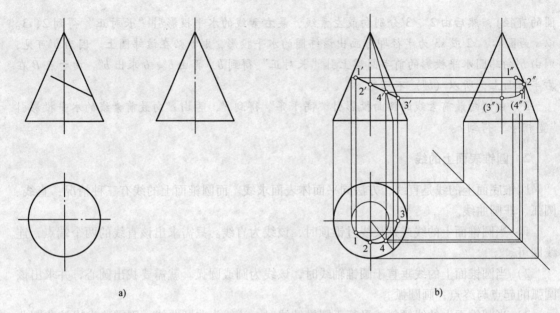

图5-18　圆锥表面求线

【实例分析】例5-9　如图5-19a所示，在圆球表面上有A、B、C三个点，已知它们的正面投影，求它们的其他两面投影。

解：如图5-19b所示，作图步骤如下：

1) a' 在圆球正面投影的轮廓线上，即点A在分割前后半球的最大正平圆上，可以直接由 a' 向水平投影中的水平轴线引"长对正"得到 a，由 a' 向侧面投影中的竖直轴线引"高平齐"得到 a''。点A在上半球、左半球，所以 a、a'' 均可见。

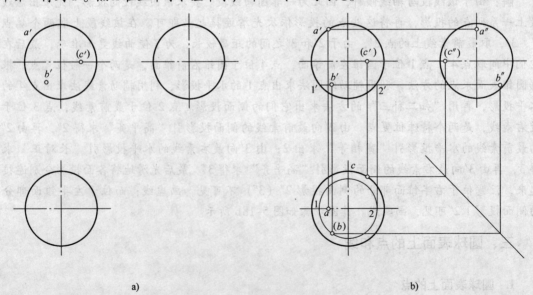

图5-19　圆球表面求点

2) b' 不在轴线或轮廓线上，是一个一般位置点，用辅助纬圆法求解。过已知点B在圆球表面作一个与水平面平行的辅助纬圆，该纬圆的水平投影反映实形，正面和侧面投影积聚为直线。即过正面投影 b' 作纬圆的正面投影 $1'2'$（其投影积聚为一条水平线，并与轮廓线交于点 $1'$、$2'$，该水平线 $1'2'$ 的长度等于该纬圆的直径），然后由 $1'$、$2'$ 向水平投影中水平轴线引"长对正"得到 1、2。以轴线交点为圆心，12 为直径即可画出该纬圆的水平投影，则 b 必在该纬圆上。因为 b' 可见，则由 b' 向纬圆水平投影的前半圆周上引"长对正"得到 b，再由 b'、b 求出 b''。点 B 在下半球面上，(b) 不可见；点 B 在左半球面上，b'' 可见。

3）(c') 在正面投影的水平轴线上且不可见，即点 C 在分割上下半球的最大水平圆的后半圆上，可以直接由 (c') 向水平投影轮廓线后半圆引"长对正"得到 c，可见，再由 c 向侧面投影中的水平轴线引"宽相等"得到 c''。点 C 在右半球，所以 (c'') 不可见。

2. 圆球表面上的线

圆球表面上的线在空间上都是圆或圆弧，但是根据该圆弧与投影面的相对位置的不同，其投影可以分为两种情况：圆或圆弧、椭圆弧。

1）当圆球表面上的线平行于投影面时，在该投影面投影反映实形，为圆或圆弧。就需要找出圆心，并求出该圆的半径或圆弧的起点与终点，画圆弧。

2）当圆球表面上的线倾斜于投影面时，在该投影面的投影为椭圆或椭圆弧。则需要求出该椭圆弧上的点，进行椭圆弧的描绘。在这里需要注意的是，椭圆弧的起点、终点、转向轮廓线上的点必须求，为了让椭圆弧更加准确，可以适当补充一些中间点。

所以圆球表面上求线同圆柱、圆锥一样，也是圆球表面上求点方法的运用。在可见表面上的线可见，画粗实线；在不可见表面上的线不可见，画虚线。

【实例分析】例 5-10　如图 5-20a 所示圆球，在圆球表面上有一线段，已知其正面投影，求其他两面投影。

解：由于该线段与投影面倾斜，因此为一非圆曲线段。在该线段上取两个端点 $1'$、$4'$，再取轴线上的点 $2'$ 和 $3'$。点 1 位于圆球的左前上球面，是一个一般位置点。根据圆球表面求点的方法，利用辅助纬圆法求出水平投影 1，再用"知二补三"的方法求出侧面投影 $1''$。点 2、点 3 和点 4 在轴线和轮廓线上，都是特殊位置点。可以利用从属关系和投影关系在相应的其他两面投影上求出它们的水平投影和侧面投影。最后光滑地将各面投影分别连接起来，注意位于左半球面部分的侧面投影 $1''2''$ 可见，画实线；而位于右半球面部分的侧面投影 $2''$ $(4'')$ 不可见，画虚线。位于上半球面部分的水平投影 13 可见，画实线；而位于下半球面部分的水平投影 3（4）不可见，画虚线。作图步骤如图 5-20b 所示。

四、圆环表面上的点

圆环表面上求点同圆球一样，用辅助纬圆法来求解。如图 5-21 所示，已知环面上有两点 A、B 的正面投影 (a')、b'，求它们的水平投影和侧面投影。因为 (a'') 不可见，那么点 A 的位置有三种可能，前内环面、后内环面和后外环面。首先过点 A 作平行于水平面的辅助纬圆，内环面上一个，外环面上一个。然后由 (a') 向内环面纬圆和外环面纬圆后半圆的水平投影引"长对正"，得到三个水平投影 a，在上半环面，全部可见。再根据"知二补三"求出三个侧面投影 a''，其中位于外环面上的 a'' 可见，内环面上的两个 (a'') 不可见。因为 b' 可见，因此点 B 在圆环的前外环面。类似地过 b' 在外环面上作一个平行于水平面的

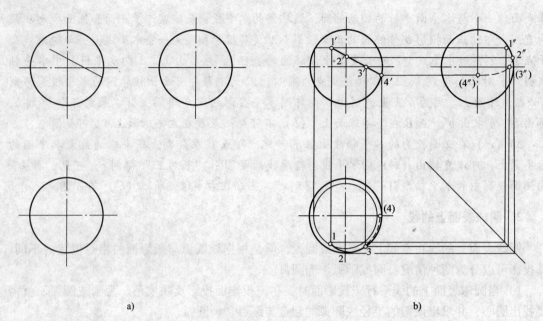

a)　　　　　　　　　　　　　　　　　　　b)

图 5-20　圆球表面求线

辅助纬圆求出它的水平投影（b），在下半环面，不可见。最后根据"知二补三"求出侧面投影（b″），在右外环面，不可见。

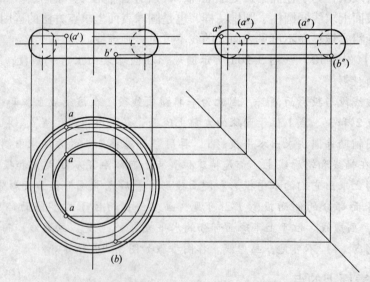

图 5-21　圆环表面求点

课题五　基本体的识读

一、基本体的形状特征和投影特征

棱柱由上下两个多边形底面和若干个矩形侧棱面组成，棱柱的三个投影，其中一个投影为多边形，另两个投影分别为一个或若干个矩形。满足这样条件的投影为棱柱体的投影。

棱锥由一个多边形底面和若干个三角形侧棱面组成，棱锥的三个投影，一个投影由若干个同顶点三角形组成，外轮廓线为多边形，另两个投影由一个或若干个共顶点三角形组成，外轮廓线为三角形。满足这样条件的投影是棱锥体的投影。

圆柱由上下两个圆底面和柱面组成，圆柱的三个投影图分别是一个圆和两个全等的矩形，且矩形的长度等于圆的直径，矩形的高等于圆柱的高。满足这样条件的投影是圆柱的投影。

圆锥由一个圆底面和锥面组成，圆锥的三个投影图分别是一个圆和两个全等的等腰三角形，且三角形的底边长等于圆的直径，三角形的高等于圆锥的高。满足这样条件的投影是圆锥的投影。

球面自身封闭形成球体，球体的三个投影都是圆且直径相等，如果满足这样的要求或者已知一个投影是圆且所注直径前加注字母"S"，则为球体的投影。

环面自身封闭形成圆环，圆环的三个投影图，其中一个投影是两个同心圆，另外两个投影全等，由左右两个小圆和上下两条线组成。满足这样条件的投影是圆环的投影。

二、投影图中图线、封闭线框的含义

如图 5-22 所示，投影图中的线条，一般有三种意义：

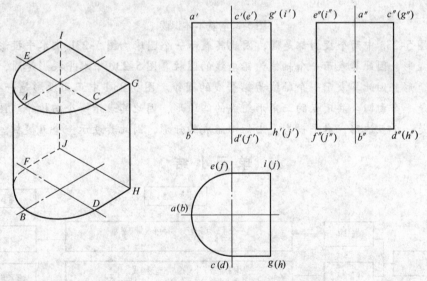

图 5-22　立体的投影

1）可表示形体上的表面与表面交线的投影，如 $g'h'$。

2）可表示形体上一个表面的积聚投影，如 i（j）g（h）。

3）可表示曲面体上一条轮廓素线（转向轮廓线）的投影，但在其他投影中，必有一个具有曲线图形的投影，如 $a'b'$。

投影图中的封闭线框，一般也有三种意义：

1）可表示形体上一个平面的投影，如 $g''h''i''j''$。

2）可表示形体上一个曲面的投影，但其他投影图上必有一曲线形的投影与之对应，如 $c''d''e''f''$。

3）可表示形体上组合表面的投影，如 $a'c'g'h'd'b'$。

三、基本体的识读

依据前面对基本体形状和投影的特征总结，以及对投影图中图线与线框的分析，下面举例说明基本体的识读。

【实例分析】例5-11 如图5-23所示，已知一系列基本体的两面投影，判断它们是哪些基本体。

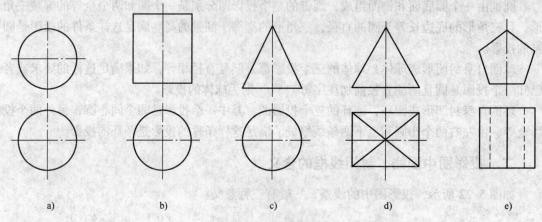

a)　　　　　　b)　　　　　　c)　　　　　　d)　　　　　　e)

图5-23 基本体识读

解：图5-23a中两个投影都是圆，因此其表示一个圆球。图5-23b中水平投影是圆，正面投影是矩形，因此其表示一个轴线为铅垂线的圆柱。图5-23c中水平投影是圆，正面投影是一个三角形，因此其表示一个轴线为铅垂线的圆锥。图5-23d中正面投影是一个三角形，水平投影是一个由四个共顶点的三角形组成的四边形，因此其表示一个四棱锥。图5-23e中正面投影是一个五边形，水平投影是由矩形组成的矩形，因此其表示一个五棱柱。

单 元 小 结

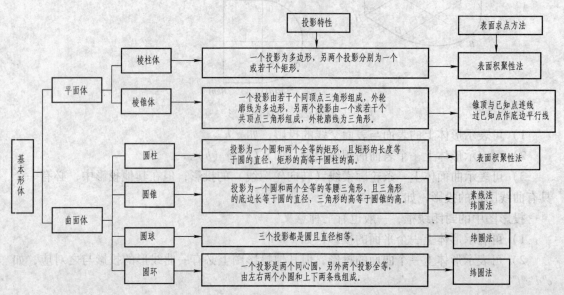

单元六

组合体的投影

知识目标：
- 了解组合体形成方式。
- 熟悉组合体的尺寸标注内容及方法。
- 掌握组合体的形体分析法、线面分析法。

能力目标：
- 能够根据组合体三视图想象其空间形体。
- 能够由空间形体画三视图，已知两视图补画第三视图，进行构形设计。
- 能够正确标注组合体的尺寸。

课题一　组合体的形体分析法及组合形式

一、形体分析法

通常把一个较复杂的形体假想分解为若干较简单的组成部分或多个基本形体（棱柱、棱锥、圆柱、圆锥、圆球等），然后逐一弄清它们的形状、相对位置及其连接方式，以便能顺利地进行绘制和阅读组合体的投影图，这种化繁为简、化大为小、化难为易的思考和分析方法称为形体分析法。如图 6-1 所示轴承座由凸台 I 、轴承 II 、支撑板 III 、肋板 IV 和底板 V 五部分组成。它们的组合形式及相邻表面之间的连接关系为：支撑板和肋板堆积在底板之上。支撑板的左右两侧与水平圆筒的外表面相切，肋板两侧面与水平圆筒的外表面相交，凸台与水平圆筒相贯。

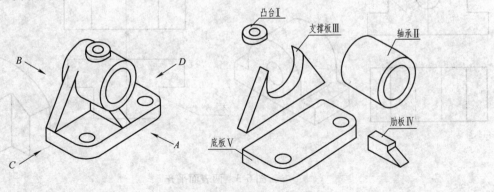

图 6-1　形体分析法

二、组合体的组合方式

用形体分析法对组合体进行分解，组合体的组合方式可以分为叠加、切割和综合三种形式。

叠加体：由若干基本体叠加后形成的形体，如图 6-2a 所示。

切割体：由若干基本体切割后形成的形体，如图 6-2b 所示。

综合体：既有叠加又有切割而形成的形体，如图 6-2c 所示。

以上三种形式的划分并不是绝对的，有的组合体既可以叠加体来分析，也可按切割体来分析。无论怎样分析，应利于画图和读图。

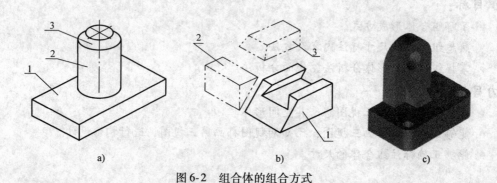

图 6-2　组合体的组合方式

三、组合体各形体之间的表面连接方式

组合体各形体之间的表面连接方式一般有平齐与不平齐、相交和相切四种情况。

1. 平齐与不平齐

如图 6-3 所示，形体前后是对齐的，位于同一平面上。因此，在此端面连接处就不应该再画线。两表面不平齐的连接处应画线，如图 6-4 所示。

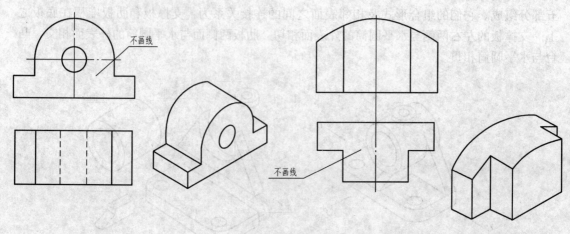

图 6-3　两表面平齐

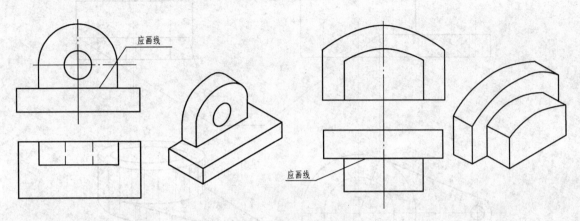

图6-4　两平面不平齐

2. 相交

当两形体的表面相交时，在相交处画出交线，如图6-5所示。

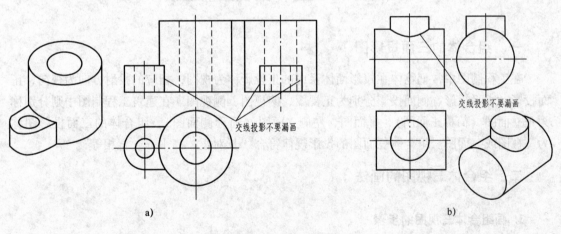

a)　　　　　　　　　　　　　　b)

图6-5　两表面相交

3. 相切

当组合体中两几何形体表面相切时，其相切处是圆弧过渡、无明显分界线的，故不应画出切线，如图6-6所示，底板前表面与圆柱外表面相切，其正面和侧面投影图中的轮廓线末端应画至切点为止，具体的切点位置由水平投影作出，两表面相切处不应画线。

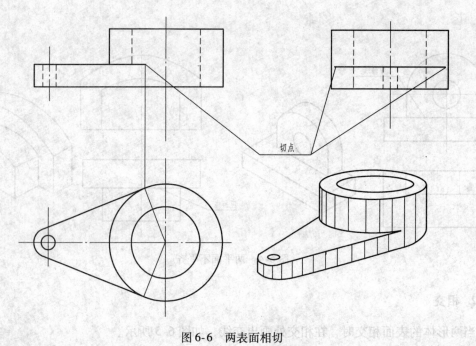

切点

图 6-6　两表面相切

课题二　组合体三视图的画法

一、组合体的三面投影图

在工程制图中常把物体在投影面体系中的正投影称为视图，相应的投射方向为视向，正面投影、水平投影、侧面投影分别为正视图、俯视图、侧视图。在建筑工程制图中则分别称为正立面图（简称正面图）、平面图、左侧立面图（简称侧面图），组合体的三面投影图称为三视图或三面图。组合体三面图的投影规律符合"长对正、高平齐、宽相等"。

二、组合体三视图的画法

1. 画组合体三视图的步骤

（1）形体分析　分析组合体的类型及组成的基本体，如前述图 6-1。

（2）确定组合体的主视图投射方向　在画组合体三面投影时，要选择最能反映其形状特征的方向作为主视图的投射方向，即首先确定组合体的正面投射方向，组合体与正立投影面的相对位置。在确定该位置时，应遵守以下原则：

1）应使正面投影图最能反映组合体的形状特征。

2）将组合体以自然状态的位置安放。

3）尽可能减少组合体投影中的虚线，以使图形清晰。

如图 6-7 所示，轴承座按稳定位置放置后，有四个方向可供选择主视图的投射方向，分析比较该四个方向可知：A 向、B 向相比，B 向使主视图出现较多的虚线，应舍去；C 向、D 向相比，C 向使左视图出现较多的虚线，也应舍去；A 向、D 向都接近主视图选择原则，均可选作主视图的投射方向，但以 A 为主视图投射方向时，形体长度尺寸较大，更便于布图，所以该例选 A 向。

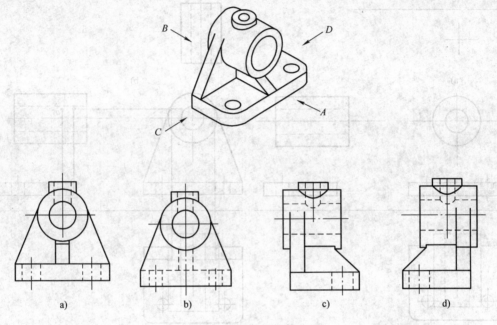

a)   b)   c)   d)

图 6-7 组合体的形体分析

（3）画图

1）选比例、定图幅。根据形体的大小选定作图比例，并在视图之间留出标注尺寸的位置和适当的间距，据此选用适合的标准图幅。

2）布图、画基准线。基准线是指画图时测量尺寸的基准，每个视图需要确定两个方向的基准线。通常用对称中心线、轴线和大端面作为基准。

3）逐个画出各形体的三视图，根据形体分析，按各基本形体的主次及相对位置，用细线逐个画出它们的三面投影图，画图的一般顺序是：先实后空，先大后小，先轮廓后细节，同时注意三个视图配合画。

4）检查底图、加粗图线，底图完成后，仔细检查各形体相对位置、表面连接关系，最后擦去多余图线，按规定线型加粗图线。

2. 形体分析实例

【实例分析】例 6-1 绘制图 6-1 所示轴承座的三视图。

通过形体分析，选择 A 向为主视投射方向。作图如图 6-8 所示。

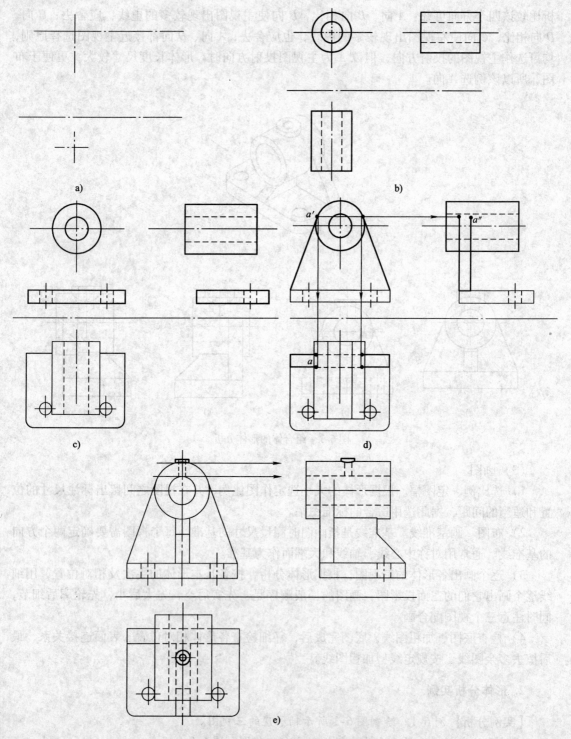

图 6-8　绘制轴承座的三视图

a）画轴线及基线，合理布置三视图　b）画圆筒的三视图
c）画底板的三视图　d）画支撑板的三视图　e）画凸台的三视图，检查加深图线

课题三 组合体的尺寸标注

视图只能表达组合体的形状，而组合体各部分的真实大小及相对位置，则要通过尺寸标注来确定。

一、尺寸标注的基本要求

尺寸标注的基本要求是：组合体的尺寸标注应做到正确，符合制图国家标准的规定；尺寸要完整，即尺寸必须注写齐全，不遗漏；尺寸标注布置要清晰，便于读图；尺寸标注要合理。

二、组合体尺寸的种类

组合体的尺寸要能表达出组成组合体的各基本形体的大小及它们相互间的位置。因此，组合体的尺寸可以分为三类：定形尺寸、定位尺寸和总体尺寸。

定形尺寸是确定组合体中各基本体形状大小的尺寸；定位尺寸是确定组合体中各基本体之间相对位置的尺寸；总体尺寸是确定组合体总长、总宽、总高的尺寸。

三、基本体的尺寸标注

组合体是由基本体组成的，熟悉掌握基本体的尺寸标注是组合体尺寸标注的基础。

图 6-9 所示为常见的平面体的尺寸标注；图 6-10 所示为回转体的尺寸标注；图 6-11 所示为其他形体的尺寸标注。

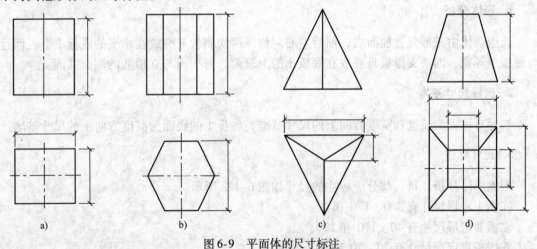

a)   b)   c)   d)

图 6-9 平面体的尺寸标注

四、组合体的尺寸标注

在组合体上标注尺寸，采用形体分析方法，首先确定各个组成部分（基本形体）的尺寸，然后确定各个组成部分之间的相对位置的尺寸，最后确定总体尺寸。在标定尺寸时，应该在长、宽、高三个方向上分别选择尺寸基准，通常情况下是以组合体的底面、大端面、对称面、回转轴线等作为尺寸基准。

现以图 6-12 所示的组合体为例，说明组合体三视图尺寸标注的过程。

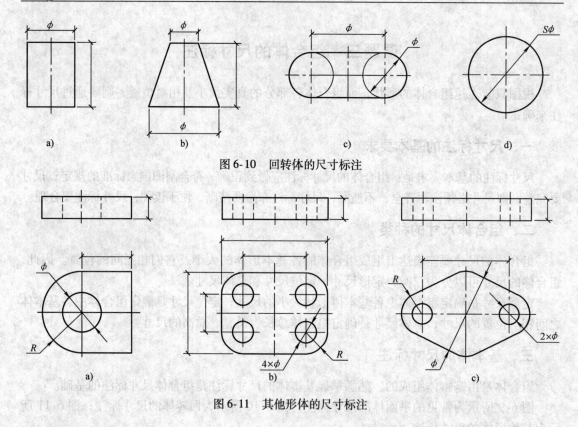

图6-10 回转体的尺寸标注

图6-11 其他形体的尺寸标注

1. 形体分析

该组合体由三部分叠加而成，前后左右对称。两块侧板Ⅱ叠放在水平的底板Ⅰ上，而且与底板Ⅰ等宽，四块支撑板Ⅲ叠放在底板Ⅰ的上表面，另一面与立板Ⅱ的端面共面。

2. 选择尺寸基准

选择对称面为长度和宽度方向上的尺寸基准，底板Ⅰ的底面为高度方向上的尺寸基准。

3. 尺寸标注

根据形体分析，每一部分应标注的尺寸如图6-12a所示。

底板Ⅰ定形尺寸有300、170和40。

立板Ⅱ定形尺寸有40、170和120。

支撑板Ⅲ定形尺寸有70、70和30。

标注组合体三视图的尺寸，如图6-12c所示，由于选择对称中心平面、底板Ⅰ的底面为组合体整体的尺寸基准，因此在标注组合体各个部分尺寸时，需要对某些尺寸进行调整。立板Ⅱ高度方向上的定形尺寸可以省略。最后标注总体尺寸。总长与总宽与底板的定形尺寸重合，总高为160。

五、组合体尺寸标注注意事项

1）尺寸标注应该明显，尺寸应尽可能标注在反映形体的形状特征最明显的视图上，尽

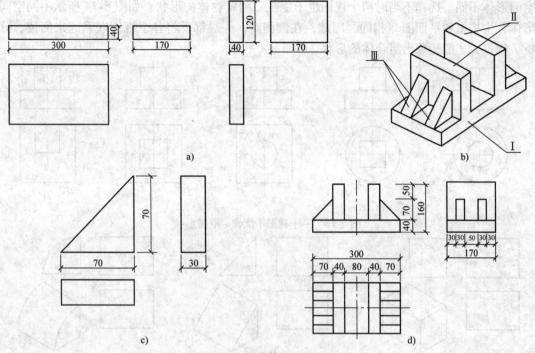

图 6-12　组合体的尺寸标注

量避免在虚线上标注尺寸。

2）与两个投影都有关系的尺寸，尽量标注在两个图形之间，如图 6-12d 中长度方向上的尺寸 70、40、80 和 300，高度方向上的尺寸 40、50、70 和 160，宽度方向上的尺寸 30、50 和 170，而且宽度方向上的尺寸不宜标注在平面图的左侧。

3）表示同一结构的尺寸尽量集中。

4）尺寸尽量标注在图形之外，但在某些情况下，为了避免尺寸界线过长或过多的图线相交，在不影响图形清晰的情况下，也可以将尺寸标注在图形内部。

5）尺寸布置恰当、排列整齐。在标注同一方向的尺寸时，间隔均匀，尺寸由小到大向外排列，避免尺寸线和尺寸界限相交，如图 6-12d 所示。

课题四　组合体的识读

根据组合体的投影想象组合体空间形状的全过程称为读图。前面所述的画图是由"物"到"图"的过程，而读图是由"图"到"物"的过程。这两方面的训练都是为了培养和提高学生的空间想象能力和形体的构思能力。要正确、迅速地读懂组合体的投影，必须了解读图的思维规律，掌握读图的基本方法。

一、读图的要点

1. 要将几个视图联系起来看

一般情况下，由一个视图不能完全确定物体的形状，如图 6-13 所示，主视图相同，但空间形体不同。选择不当时两个视图也不能唯一确定物体的形状。如图6-14所示不同空间形体，主视图和平面图却相同。因此，在读图时，一般都要将各个视图联系起来阅读、分析、构思，才能想象出组合体的形状。

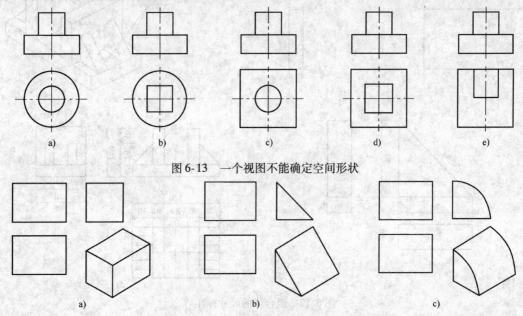

图6-13　一个视图不能确定空间形状

图6-14　选择不当时两个视图也不能确定空间形状

2. 要抓住特征视图

在三个面投影中，最能反映组合体形体特征的投影称为形体的特征投影，组图时，应从特征投影入手，再结合其他投影进行构思想象。一般正面投影较多地反映了组合体的形状特征，所以读图时可从正面投影读起。但有时组合体的各组成部分的特征投影并不一定都集中反映在正面投影上，应具体情况具体分析。

如图6-15所示，形状特征图分别反映在左侧立面图和平面图上。

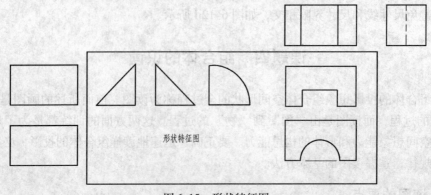

形状特征图

图6-15　形状特征图

3. 要弄清楚视图中"图线"的含义

如图6-16所示，一般视图中"图线"有三种含义：

1—物体上具有积聚性的平面或曲面；2—物体上两个表面的交线；3—曲面的轮廓素线。

4. 要弄清楚视图中"线框"的含义及相对位置关系

如图6-17所示，一般视图中的封闭线框有以下四种含义：

1——个平面；2——个曲面；3—平面与曲面相切的组合面；4——个空腔。

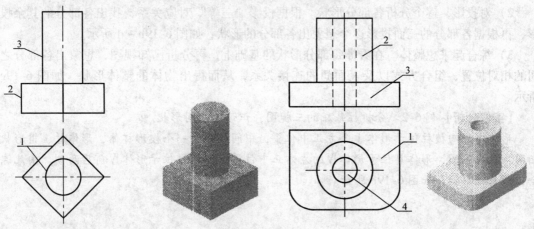

图6-16　"图线"的含义　　　　　图6-17　"线框"的含义

投影图中两个相邻的封闭线框必定是空间形体上相交或有前后、左右、上下关系的两个面的投影，如图6-18所示。这种分析投影图中图线、线框空间含义，把组合体表面分解成若干个面、线，逐个根据投影规律确定其空间形状和相对位置，从而构思组合体形状的方法称为线面分析法。

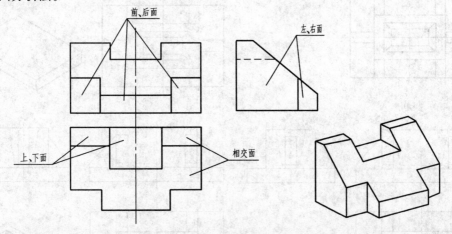

图6-18　相邻线框的相对位置关系

二、读图的基本方法

1. 形体分析法

形体分析法是读图的基本方法，基本思路是根据形体分析的原则，将已知视图分解成若干组成部分，然后按照正投影规律及各视图间的联系，分析出各组成部分所代表的空间形状及相对位置，最后想象出物体的整体形状。

读图 6-19 所示柱基础的三视图，想象出柱基础的空间形状。

1）根据形体分析原则及视图中线框的含义，由平面图看出物体为对称结构，分解为Ⅰ、Ⅱ、Ⅲ、Ⅳ四个部分，如图 6-19a 所示。

2）对投影，逐个分析各部分形状。根据投影"三等"对应关系，找出各部分的其余投影，再根据各部分的三面投影逐个想象出各部分的形状，如图 6-19b ~ d 所示。

3）综合起来想整体。在看懂每部分形状的基础上，再分析已知视图，想象出各部分之间的相对位置、组合方式以及表面间的连接关系，从而得出物体的整体形状，如图 6-19e 所示。

【实例分析】例 6-2　分析柱基础的三视图，识读其空间形状。

形体Ⅳ为四棱柱位于形体Ⅰ上方正中位置，中间被挖去一个楔形杯体，形体Ⅱ、Ⅲ形状相同，位置不同，形体Ⅱ位于形体Ⅳ的左右正中位置，形体Ⅲ位于形体Ⅳ前后两侧，由此综合出该基础形状，如图 6-19e 所示。

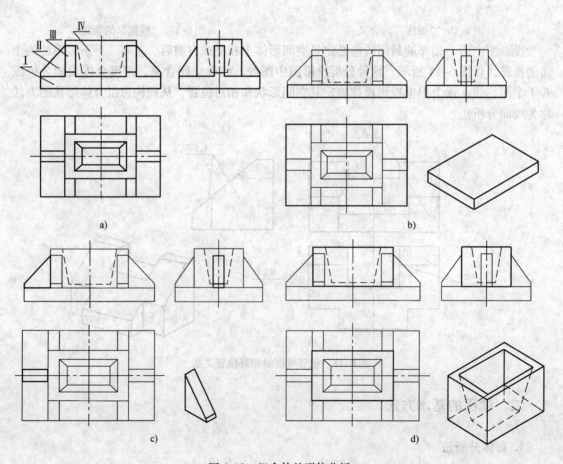

a)　　　　　　　　b)

c)　　　　　　　　d)

图 6-19　组合体的形体分析

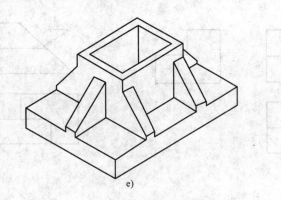

e)

图 6-19 组合体的形体分析（续）

2. 线面分析法

当组合体的形状比较复杂时，有些局部投影所表示的结构形状可用线面分析法加以确定。用线面分析法读图，就是把组合体的投影划分成若干个线框，然后根据线、面的投影特性分析各线框所表示的形体表面的形状和位置，进而想象出形体的空间形状。

组合体视图的阅读主要以形体分析法为主，线面分析法为辅，线面分析法主要解决读图中的难点，如切口、凹槽等。

【实例分析】 例 6-3 根据图 6-20 所示组合体的三面投影，想象出物体的空间形状。

形体分析：

该组合体的水平投影的边框为矩形，正面投影的边框为左边缺少一部分的矩形，侧面投影的边框为右上角缺少一部分的矩形，且各投影中的图线都是直线段，可初步判断，该组合体是一个长方体被切去某一部分后形成的。具体被什么样的平面截切，需要进一步线面分析。

线面分析：

正面投影有一积聚的直线段 1′，水平投影和侧面投影均对应六边形线框，可知，Ⅰ面是正垂面，长方体的左边部分就是被平面Ⅰ所截切。水平投影线框 2，对应的正面投影和侧面投影都为直线，可知Ⅱ为水平面。正面投影中的线框 3′，对应的水平投影和侧面投影都为直线，可知Ⅲ面为一个正平面，长方体的前上部就是被Ⅱ、Ⅲ两个平面所截切。其余表面都比较简单，这样我们既从形体上，又从线、面的投影上弄清楚了该形体的三面投影，想象出该组合体的空间形状（图 6-20）。

三、组合体读图、画图训练

1. 根据组合体的两视图补画第三视图

根据组合体的两视图补画第三视图（简称"二补三"）是训练读图、画图能力的一种基本方法。训练过程中，要根据已知的两视图读懂组合体的形状，按照投影规律正确画出相应的第三视图。

如图 6-21a 已知一组合体的正立面图和左侧立面图，试作平面图。

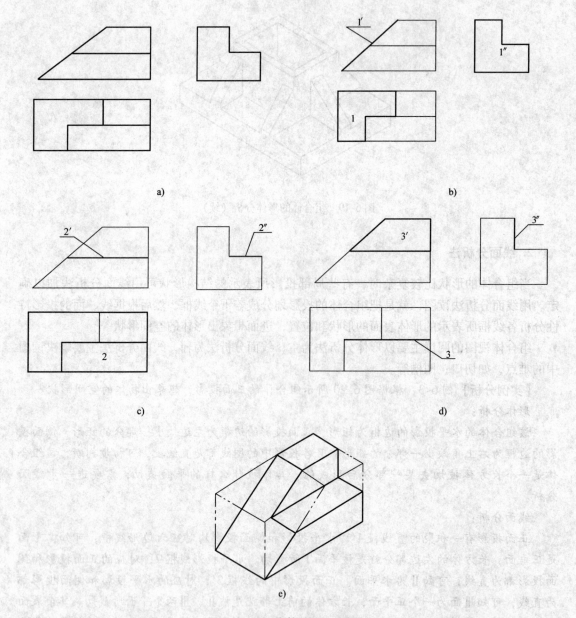

图 6-20　组合体的线面分析

a）组合体的三面投影　b）线框 I　c）线框 II　d）线框 III　e）整体图形

1）看懂视图，想象出组合体的形状。该组合体 W 面投影是一梯形，V 面投影可补全成一矩形，由此可知它是由四棱柱切割而成的（图 6-21a）。分析 m'' 线框可知 M 是侧平面，K 是水平面，四棱柱被 M、K 平面左右对称地各切去一梯形；分析线框 n'' 可知，N 是两个正垂面，F 是水平面，四棱柱上方中部被两个 N 平面、一个 F 面切去一通槽，组合体形状如图 6-21c 所示。

2）补画形体的平面图（图 6-21d～f）。补画形体的平面图时应注意，若给定的两视图有不确定性，则补画出的第三视图也不是唯一的。

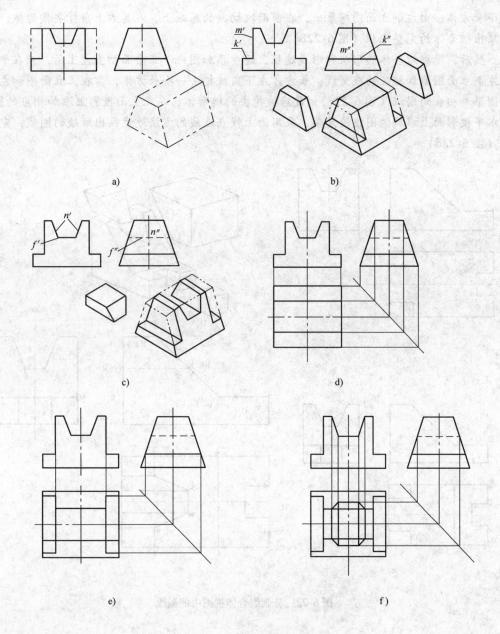

图 6-21　补画形体第三视图

2. 补画三视图中所缺的图线

补画三视图中所缺的图线是读图、画图训练的另一种基本形式。它是在一个或两个视图中给出组合体的某个局部结构，而在其他视图中漏缺，要求从一个投影中的局部结构入手，按照投影规律将其他的投影补画完整。

【实例分析】　例 6-4　补画组合体视图图 6-22a 中的漏线。

首先，根据所给的不完整的三面图，想象出组合体的形状。这是一个经切割而成的组合体，由正立面图想象出长方体被正垂面切去左上角，由平面图可想象出长方体左下角被挖去一小长方体；由左侧立面图想象出，在前两次切割的基础上，在其右上角挖去楔形体；这样想象出组合体的完整形状（图 6-22b）。

然后，根据组合体的形状和形成过程，逐步添加图线。正垂面切去左上角，应在平面图和左侧立面图添加相应的截交线；长方体左下角被挖去一小长方体，需在正立面图和左侧立面图添加相应的图线（图 6-22c）；最后被挖去的楔形体，在正立面投影上添加相应的图线，在水平投影面上添加的图线较复杂，采用面上找点连线的方法逐步画出所缺的图线，完成全图（图 6-22d）。

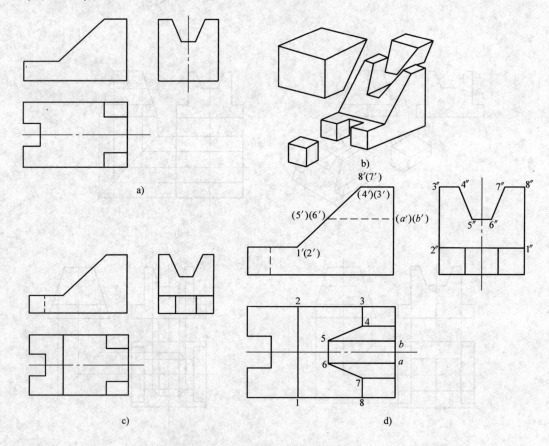

图 6-22　补画组合体视图中的漏线

3. 构形设计

给出一个或几个视图，其所表达的物体有多个答案时，要求想象出尽可能多的形体，并补画所需的视图，这个过程称为构形设计。构形训练可以启迪思维，开拓思路，提高空间想象能力，培养构造空间形体的创新能力和图示表达能力。

图 6-23 所示是根据给定的水平平面图和正立面图（图 6-23a）构造的不同的组合体（图 6-23b）。

"二补三"、"补缺线"和"构形设计"的过程，既是画图的过程，也是读图进行空间思维的过程，都是读、画三视图的很好的训练。

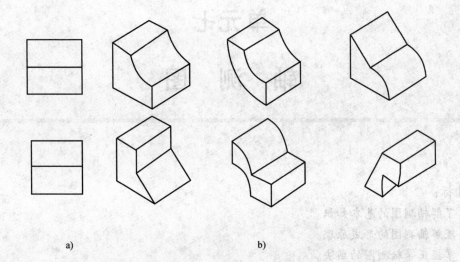

a)　　　　　　　　b)

图 6-23　构形设计

单 元 小 结

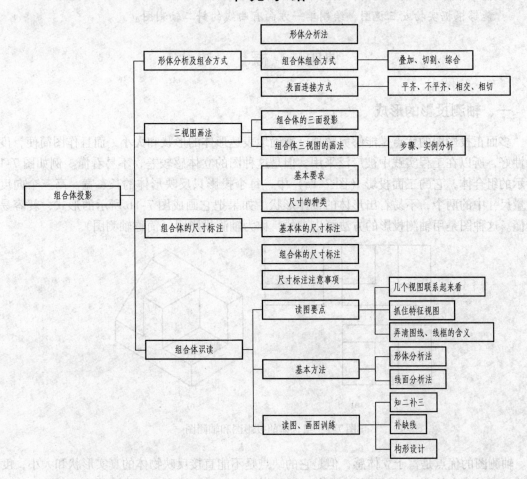

单元七

轴　测　图

知识目标：
- 了解轴测图的基本知识。
- 理解轴测图的形成原理。
- 掌握正等轴测图的画法。
- 掌握斜二轴测图的画法。

能力目标：
- 能够根据实物或三视图，绘制平面体和曲面体的正等轴测图。
- 能够根据实物或三视图，绘制单一方向有曲线的斜二轴测图。

课题一　概　述

一、轴测投影的形成

多面正投影图的优点是能够完整地、准确地表达形体的形状和大小，而且作图简便，度量性好，所以在工程实践中被广泛采用。但是这种图的立体感较差，不易看懂。例如图 7-1 所示的组合体，它的三面投影（图 7-1a）中，每个投影只反映形体的长、宽、高三个向度度量尺寸中的两个，不易看出形体的整体形状。如果把它画成图 7-1b 所示的形式，就容易看懂。这种图是用轴测投影的方法画出来的，称为轴测投影图（简称轴测图）。

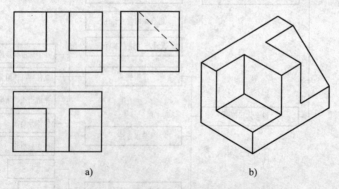

a)　　　　　　　　　　　　　　　b)

图 7-1　组合体的投影图和轴测图

轴测图的优点是富于立体感，但是它的缺点是不能直接反映物体的真实形状和大小，度量性差，所以多数情况下只能作为一种辅助图样，用来表达某些建筑物及其构配件的整体形状和节点的搭接情况等。

　　轴测投影是根据平行投影原理，把形体连同确定其空间位置的三根坐标轴 *OX*、*OY*、*OZ* 一起，沿不平行于任一坐标平面的方向 *S*，投影到新投影面 *P* 或 *Q* 上所得到的投影（图7-2）。其中，投影面 *P* 和 *Q* 称为轴测投影面。

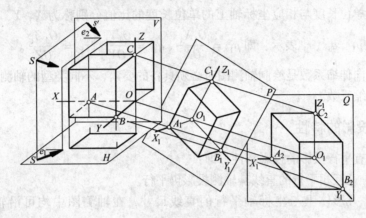

图 7-2　轴测投影的形成

二、轴测图的分类

轴测投影中，投射方向 *S* 与投影面的相对位置关系不同，所得到的轴测图不同。

1. 正轴测图

　　当投射方向 *S* 垂直于投影面 *P* 时，所得的投影图形称为正轴测图（图7-3a）。正轴测图可分为正等轴测图、正二轴测图和正三轴测图。

2. 斜轴测图

　　当投射方向 *S* 倾斜于投影面 *P* 时，所得的投影图形称为斜轴测图（图7-3b）。斜轴测图可分为正面斜轴测图和水平面斜轴测图。

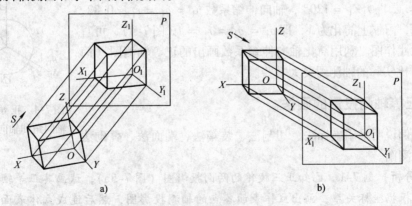

a)　　　　　　　　　　　　　　　b)

图 7-3　两种轴测投影的形成
a）正轴测图的形成　b）斜轴测图的形成

三、轴测轴、轴间角及轴向伸缩系数

图 7-3 中，三条坐标轴 OX、OY、OZ 的轴测投影 O_1X_1、O_1Y_1、O_1Z_1，称为轴测轴。轴测轴之间的夹角，即 $\angle X_1O_1Z_1$、$\angle X_1O_1Y_1$、$\angle Y_1O_1Z_1$，称为轴间角。

轴测轴上的单位长度与相应坐标轴上的单位长度的比值分别称为 X、Y、Z 轴的轴向伸缩系数，分别用 p_1、q_1、r_1 表示，即 $p_1 = \dfrac{O_1X_1}{OX}$、$q_1 = \dfrac{O_1Y_1}{OY}$、$r_1 = \dfrac{O_1Z_1}{OZ}$。

轴间角和轴向伸缩系数是绘制轴测图时必须具备的要素，不同类型的轴测图有其不同的轴间角和轴向伸缩系数。

四、轴测投影的特性

轴测投影具有平行投影的投影特性，即：

1）平行性。凡互相平行的直线其轴测投影仍平行。

2）度量性。凡形体上与坐标轴平行的直线尺寸，在轴测图中均可沿轴测轴的方向测量。

3）变形性。凡形体上与坐标轴不平行的直线，具有不同的伸缩系数，不能在轴测图上直接量取，而要先定出直线的两端点的位置，再画出该直线的轴测投影。

4）定比性。一线段的分段比例在轴测投影中比值不变。

绘制物体轴测图的基本方法有坐标法、切割法、装箱法、端面法、叠砌法等，下面分别介绍正轴测图和斜轴测图的特点和画法。

课 题 二　正 轴 测 图

一、正轴测图的轴间角和轴向伸缩系数

当投射方向与轴测投影面垂直，而且物体的三条坐标轴与轴测投影面的三个夹角均相等时所得到的投影，称为正等轴测图。此时，轴间角 $\angle X_1O_1Z_1 = \angle X_1O_1Y_1 = \angle Y_1O_1Z_1 = 120°$，轴向伸缩系数 $p_1 = q_1 = r_1 \approx 0.82$。为作图简便，习惯上简化为 1，即 $p_1 = q_1 = r_1 = 1$（图 7-4），可直接按实际尺寸作图。利用简化轴向伸缩系数画出的正等轴测图（简称正等测）比实际的轴测图要大一些。

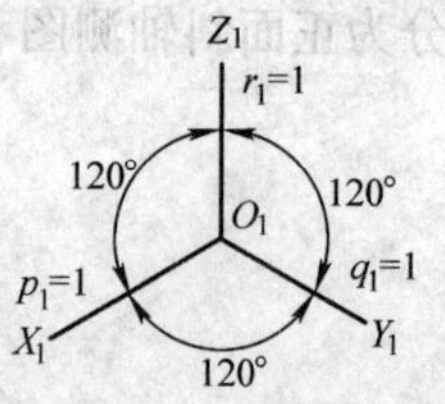

二、正等轴测投影的画法

下面举例说明采用坐标法、切割法、装箱法、端面法、叠砌法等画正等轴测图。

图 7-4　正等轴测图的轴间角和轴向伸缩系数

【实例分析】例 7-1　已知正三棱锥的两面投影图（图 7-5a），试画其正等轴测图。

分析：根据坐标关系，画出立体表面各点的轴测投影图，然后连成立体表面的轮廓线，这种方法称为坐标法。坐标法是画轴测图的基本方法，特别适合形体复杂和一般位置平面包围的平面立体。

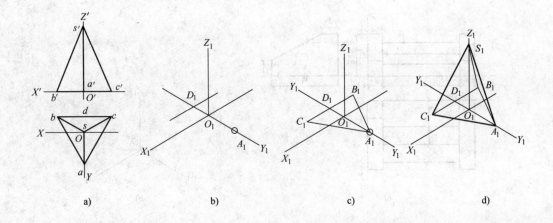

图7-5 坐标法作正等轴测图

首先，以底面三角形的中点为坐标原点，在水平和正面投影中设置坐标系 $OXYZ$（图7-5a）；并画出轴测轴，在 O_1Y_1 轴上定出点 A_1、D_1 的位置，过点 D_1 作直线平行于 O_1X_1 轴（图7-5b）；然后，在直线上定出 B_1、C_1 两点，连接 A_1B_1、A_1C_1（图7-5c）；最后，在 O_1Z_1 轴上量取锥顶高度，连接可见轮廓线，描粗，完成全图（图7-5d）。

【实例分析】例7-2 已知物体的两面投影图（图7-6a），试画其正等轴测图。

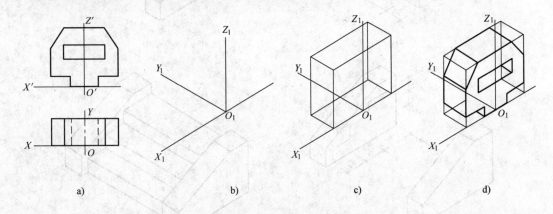

图7-6 切割法作正等轴测图

分析：大多数平面立体可以设想为由长方体切割而成，因此，可先画出长方体的正等轴测图，然后进行轴测切割，从而完成立体的轴测图，这种方法称为切割法。

首先，在水平和正面投影图中设置坐标系 $OXYZ$（图7-6a）；并画出轴测轴，取 O_1Y_1 轴的负方向（图7-6b）；然后作辅助长方体的轴测图（图7-6c）；最后，在平行于轴测轴方向上，按题意要求进行切割，描粗可见轮廓线，完成全图（图7-6d）。

【实例分析】例7-3 已知台阶的两面投影图（图7-7a），试画其正等轴测图。

分析：此台阶可以看做由左右两块栏板和中间的踏步三部分组合而成，可以用装箱法先画两侧栏板，再画中间的三个踏步。

首先，在水平和正面投影图中设置坐标系 $OXYZ$（图7-7a）；并画出轴测轴（图7-7b）；然后，量取坐标画出两侧栏板未切割前的正等轴测投影（图7-7c）；经过切割得到栏板的正

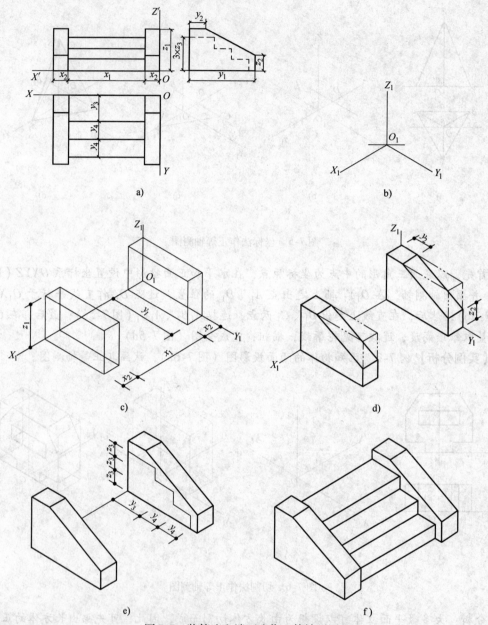

图 7-7　装箱法和端面法作正等轴测图

等轴测图（图 7-7d）；在右侧栏板的端面上依据 Y、Z 坐标画上三个踏步在此端面上的正等轴测投影（图 7-7e），这种方法称为端面法；过端面上的各交点分别作 X 轴的平行线，遇到左侧栏板即打断不画，描粗可见轮廓线，得到台阶的正等轴测图（图 7-7f）。

三、正二等轴测投影

当选定 $p_1 = r_1 = 2q_1$ 时，所得的正轴测投影，称为正二等轴测投影，又称正二轴测图，简称正二测。此时，$p_1 = r_1 \approx 0.94$，$q_1 \approx 0.47$，$\angle X_1 O_1 Z_1 = 97°10'$，$\angle Y_1 O_1 Z_1 = 131°25'$。

正二轴测图的立体感比较强，也比较常用，但作图稍微麻烦。画图时，通常把 p_1 和 r_1

简化为 1，q_1 简化为 0.5，即 $p_1 = r_1 = 1$，$q_1 = 0.5$（图 7-8）。

【实例分析】例 7-4　已知钢柱座的两面投影图（图 7-9a），求作它的正二轴测图。

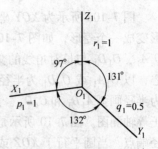

图 7-8　正二轴测图的
轴间角和轴向伸缩系数

分析：钢柱座由两根槽钢和若干不同形状的钢板所构成。先画矩形底板，然后将其他型钢和钢板逐件添画上去，这种方法称为叠砌法。在整个作正二测过程中，画平行于 O_1Y_1 方向的线段时，要注意乘上简化了的轴向伸缩系数 0.5（图 7-9b）。以底板顶面作为基面，在其上按槽钢的位置画出槽钢的端面（图 7-9c）；画槽钢（图 7-9d）；画出两块夹板靠槽钢一面的端面（图 7-9e）；过夹板端面的各顶点引宽度线，画出两块夹板（图 7-9f）；定加劲板在底板和夹板上的位置（图 7-9g）；连两斜边，得加劲板，描粗可见轮廓线，得到钢柱座的正二轴测图（图 7-9h）。

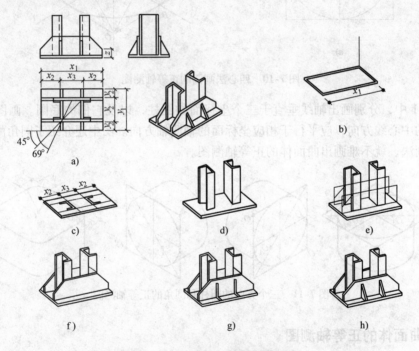

图 7-9　钢柱座正二轴测图的画法

a) 投影图及正等测图　b) 画出底板　c) 画出槽钢端面　d) 画槽钢
e) 画夹板的端面　f) 画夹板　g) 画加劲板位置　h) 画加劲板

从例 7-4 可以看出，正二测和正等测的画法基本上是一样的，只是轴测轴的方向和轴向伸缩系数不同而已。至于正三测，由于作图更为麻烦且不常用，在此不作介绍。

四、圆的正等轴测图

当圆所在的平面平行于轴测投影面时，其投影仍为圆；当圆所在的平面倾斜于轴测投影面时，它的投影为椭圆。

下面介绍用四心法画椭圆的方法，这一方法仅适用于画平行于坐标面的圆的正等轴测图。

图 7-10a 所示为 XOY 坐标面上的圆，对于正等轴测图，平行于坐标面的圆的外切正方形变成一个菱形，如图 7-10b 所示。以菱形短对角线的两端点 O_1、O_2 为两个圆心，再以 O_1A_1、O_1D_1 与长对角线的交点 O_3、O_4 为另两个圆心，则得四个圆心。分别以 O_1、O_2 为圆心，以 O_1A_1 或 O_1D_1 为半径画弧 A_1D_1 和 C_1B_1；又分别以 O_3、O_4 为圆心，以 O_3A_1 或 O_4D_1 为半径画弧 A_1B_1 和 C_1D_1。这四段圆弧组成了一个扁圆，用它近似代替平行于坐标面的圆的正等轴测图。图 7-10 所示是水平圆的轴测画法，A_1、B_1、C_1、D_1 是沿 OX_1 和 OY_1 截出的直径端点，当圆平行于 XOZ 或 YOZ 坐标面时，这四点应沿相应的坐标轴截量。

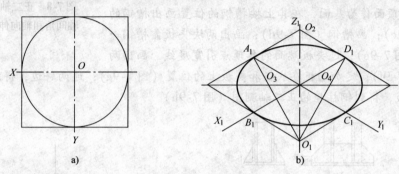

图 7-10　四心法画圆的正等轴测图

图 7-11 中，分别画出轴线垂直于三个坐标面的圆柱，以及它们的底圆。画图时，应注意各底圆的中心线方向，应平行于相应坐标面的轴测轴方向。图中还介绍了圆角的画法。掌握了圆的画法，就不难画出曲面体的正等轴测图。

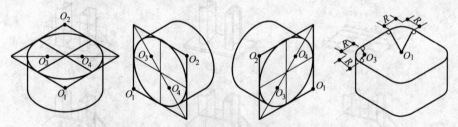

图 7-11　三个方向的圆柱和圆角的正等轴测图

五、曲面体的正等轴测图

【实例分析】例 7-5　已知圆柱的两面投影图（图 7-12a），试画其正等轴测图。

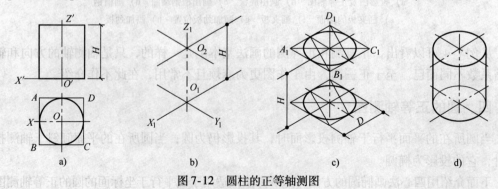

图 7-12　圆柱的正等轴测图

分析：首先，以下底圆圆心为坐标原点，在水平和正面投影图中设置坐标系 $OXYZ$，画出圆的外切正方形（图7-12a）；确定轴测轴，在 O_1Z_1 轴上截取圆柱高度 H，过圆心 O_2 作 O_1X_1、O_1Y_1 的平行线（图7-12b）；然后，用四心法作圆柱上下底圆的正等轴测投影（图7-12c）；最后，作两椭圆的公切线，描粗可见轮廓线，完成全图（图7-12d）。

【实例分析】例7-6 已知曲面体的两面投影图（图7-13a），试画其正等轴测图。

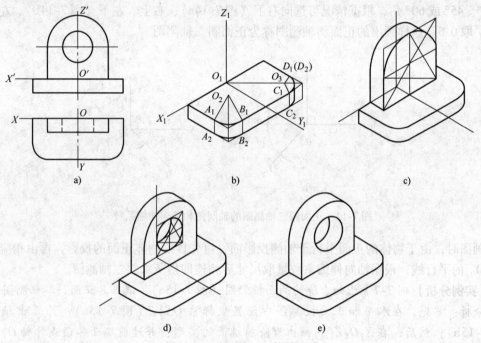

a)   b)   c)

d)   e)

图7-13 曲面体的正等轴测图

分析：首先，在水平和正面投影图中设置坐标系 $OXYZ$（图7-13a）；画出轴测轴，作底板的正等轴测图，并画出两个圆角（图7-13b），画圆角时分别从两侧切点作切线的垂线，交得圆心，再用圆弧半径画弧；然后，作立板的正等轴测图（图7-13c），上部半圆柱体用四心法画椭圆弧，并作出两个椭圆弧的切线；再用四心法画出立板上圆孔的正等轴测椭圆（图7-13d）；最后，描粗可见轮廓线，完成全图（图7-13e）。

课题三 斜 轴 测 图

一、斜轴测图的轴间角和轴向伸缩系数

为便于绘制物体的斜轴测图，可使物体上两个主要方向的坐标轴平行于轴测投影面。为便于说明问题，设坐标轴 OX 和 OZ 就位于轴测投影面 P 上，这样坐标轴 OX、OZ 就是轴测轴 O_1X_1、O_1Z_1，它们之间的轴间角 $\angle X_1O_1Z_1$ 为 $90°$，轴向伸缩系数 $p_1 = r_1 = 1$。轴测轴 O_1Y_1 的方向和轴向伸缩系数则由投射方向确定，由于投射方向可随意，所以轴测轴 O_1Y_1 的方向和轴向伸缩系数之间没有固定的关系，可以任意选定。

如果设坐标轴 OX 和 OY 平行于轴测投影面，则轴间角 $\angle X_1O_1Y_1$ 为 $90°$，轴测轴 O_1Z_1 的方向和轴向伸缩系数也可以任意选定。

二、正面斜轴测图及画法

以正立投影面或正平面作为轴测投影面所得到的斜轴测图，称为正面斜轴测图。由于其正面可反映实形，所以这种图特别适用于画正面形状复杂、曲线多的物体。

将轴测轴 O_1Z_1 画成竖直，O_1X_1 画成水平，轴向伸缩系数 $p_1 = r_1 = 1$；O_1Y_1 可画成与水平成 30°、45° 或 60° 角，根据情况可选向右下（图7-14a）、右上、左下（图7-14b）、左上倾斜，q_1 取 0.5。这样画出的正面斜轴测图称为正面斜二轴测图。

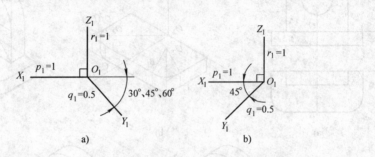

图7-14　正面斜二轴测图的轴间角和轴向伸缩系数

画图时，由于物体的正面平行于轴测投影面，可先抄绘物体正面的投影，再由相应各点作 O_1Y_1 的平行线，根据轴向伸缩系数量取尺寸后相连即得所求斜二轴测图。

【实例分析】例7-7　已知台阶的两面投影图（图7-15a），试画其正面斜二轴测图。

分析：首先，在水平和正面投影图中设置坐标系 $OXYZ$（图7-15a），并画出轴测轴（图7-15b）；然后，在 $X_1O_1Z_1$ 内画出台阶前端面的实形，并过前端面各顶点作轴 O_1Y_1 的平行线（图7-15c）；最后，在 O_1Y_1 轴的各平行线上量取台阶厚度（Y 方向）的一半（即 $q_1 = 0.5$），得后端面上的各顶点，连接各点并描深图线（虚线可省略不画），完成全图（图7-15d）。

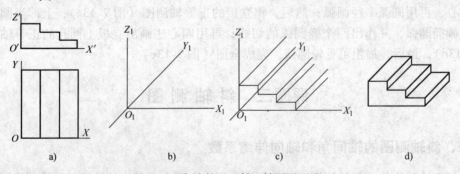

图7-15　台阶的正面斜二轴测图画法

【实例分析】例7-8　已知曲面体的两面投影图（图7-16a），试画其正面斜二轴测图。

分析：首先，在水平和正面投影中设置坐标系 $OXYZ$（图7-16a），并画出轴测轴（图7-16b），取 O_1Y_1 向右下45°；然后，在 $X_1O_1Z_1$ 内画出曲面体前端面的实形，并过前端各顶点和圆心作 O_1Y_1 轴的平行线（图7-16c）；最后，在 O_1Y_1 轴的各平行线上量取曲面体厚度的一半，画出后端面的圆和圆弧，作半圆柱体上前后两圆的外公切线，并连接前后各顶点，描粗可见部分的图线，完成全图（图7-16d）。

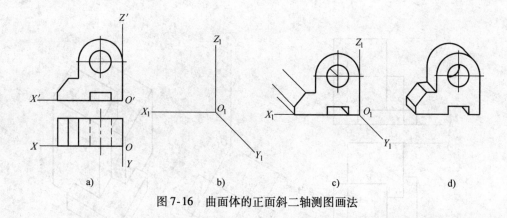

图 7-16　曲面体的正面斜二轴测图画法

三、水平面斜轴测图

以水平投影面或水平面作为轴测投影面所得到的斜轴测图，称为水平面斜轴测图，房屋的平面图、区域的总平面布置等，常采用这种轴测图。

画图时，使 O_1Z_1 轴竖直（图 7-17a），O_1X_1 与 O_1Y_1 保持直角，O_1Y_1 与水平成 30°、45° 或 60°，一般取 60°，当 $p_1 = q_1 = r_1 = 1$ 时，称为水平面斜等轴测图。也可使 O_1X_1 轴保持水平，O_1Z_1 倾斜（图 7-17b）。由于水平投影平行于轴测投影面，可先抄绘物体的水平投影，再由相应各点作 O_1Z_1 轴的平行线，量取各点高度后相连即得所求水平面斜等轴测图。

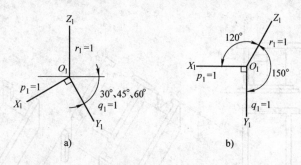

图 7-17　水平面斜等轴测图的轴间角和轴向伸缩系数

【实例分析】 例 7-9　已知建筑物的两面投影图（图 7-18a），试画其水平面斜等轴测图。

分析：首先，在水平和正面投影中设置坐标系 $OXYZ$（图 7-18a）；然后画出轴测轴（图 7-18b），使 O_1Y_1 轴与水平成 60°，按与 O_1X_1、O_1Y_1 的关系，画出建筑物的水平投影（反映实形）；最后，由各顶点作 O_1Z_1 轴的平行线，量取高度后相连，描粗可见部分的图线，完成全图（图 7-18c）。

【实例分析】 例 7-10　已知房屋的平面图和立面图（图 7-19a），试画其水平面斜等轴测图。

分析：首先，在水平和正面投影中设置坐标系 $OXYZ$（图 7-19a）；然后画出轴测轴（图 7-19b），按与 O_1X_1、O_1Y_1 的关系，画出建筑物墙体和柱子的水平投影（反映实形），向下量取室外高度 Z_1 和室内高度 Z_2 后，画出室内外地面线和外墙线；最后，画出其余可见轮廓线，描粗可见部分的图线，完成全图（图 7-19c）。

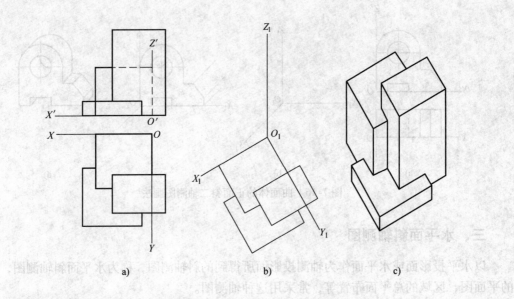

图 7-18 建筑物的水平面斜等轴测图

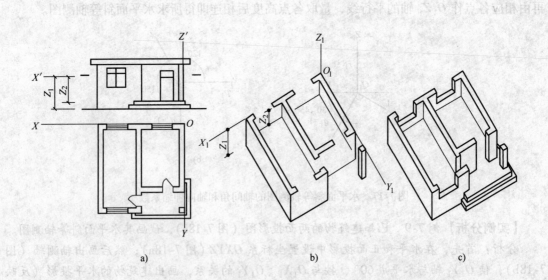

图 7-19 带截面的房屋水平面斜等轴测图

【实例分析】 例 7-11 作出总平面图 (图 7-20a) 的水平面斜轴测图。

分析：首先，在水平面投影中设置坐标系 OXY (图 7-20a)，由于房屋的高度不一，可先把总平面图旋转 30° 画出，然后在房屋的平面图上向上画相应高度，完成全图 (图 7-20b)。

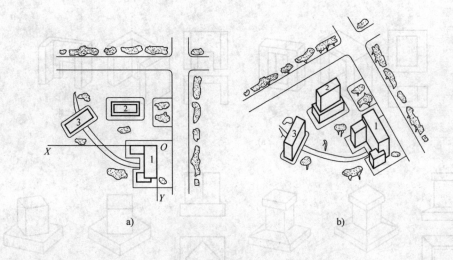

图 7-20 总平面图的水平面斜轴测图

a）总平面图 b）旋转 30°

课题四 轴测投影的选择

一、轴测图种类选择的要点

从前面例题可以看出，轴测图类型的选择直接影响轴测图的效果。选择时，应尽可能多地表达清楚物体的各部分的形状和结构特征，一般先考虑作图比较简便的正等轴测图，如果效果不好，或者要避免如图 7-20 所示的情况，才考虑选画正二轴测图或斜轴测图。

轴测图选择时应注意以下几个要点：

1. 避免被遮挡

轴测图上，要尽可能将隐蔽部分表达清楚，看透孔洞或看见孔洞的底面（图 7-21a）。

2. 避免转角处的交线投影成直线

如图 7-21b 所示柱墩的转角处交线，位于与 V 面成 45° 倾斜的铅垂面上，与正等测的投射方向平行，该交线在正等轴测图上将投影成直线。

3. 避免投影成左右对称的图形

对平面体来说，图 7-21b 所示的柱墩和图 7-21c 所示的正四棱柱下面的正方形底板，它们的正等轴测图左右对称，显得呆板。

4. 避免有些侧面积聚成一直线

图 7-21c 所示的形体，上面正四棱柱的两个侧面，与正等轴测图的投射方向平行，它们的正等轴测图均积聚成一直线。

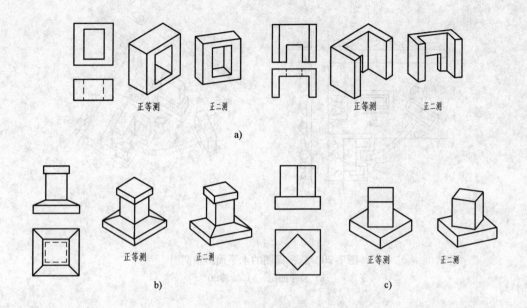

图 7-21　轴测图的选择

a）避免被遮挡　b）避免转角交线投影成直线　c）避免投影成左右对称图形

二、轴测投射方向的选择

如图 7-22a 所示，轴测图的投射方向可以从上向下投射，得到俯视效果的轴测图，如图 7-22b、c 所示；也可以从下向上投射，得到仰视效果的轴测图，如图 7-22d、e 所示。绘图前应先根据物体的形状特征确定轴测投射的方向，以保证绘制的轴测图能较好地反映物体的形状。

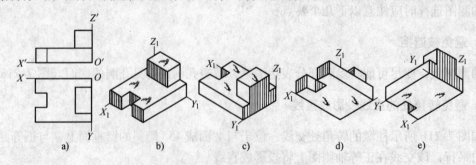

图 7-22　四种投射方向的轴测图

【实例分析】例 7-12　已知梁板柱节点的正投影图（图 7-23a），求作它的正等轴测图。

分析：为了表达清楚组成梁板柱节点的各基本形体的相互构造关系，应画仰视轴测图。首先，在水平和正面投影图中设置坐标系 $OXYZ$（图 7-23a），画出轴测轴，量取 X、Y 坐标，画出楼板底面的正等轴测图，并将楼板从下向上量取 Z 坐标，画出仰视的轴测图（图 7-23b）；在楼板底部画出梁和柱的定位图形（图 7-23c）；从上向下截取柱的高度方向尺寸（图 7-23d）；再从上向下截取主梁的高度（图 7-23e）；同样的方法画出次梁（图 7-23f）；最后擦除不可见图线，描粗轮廓线，完成全图（图 7-23g）。

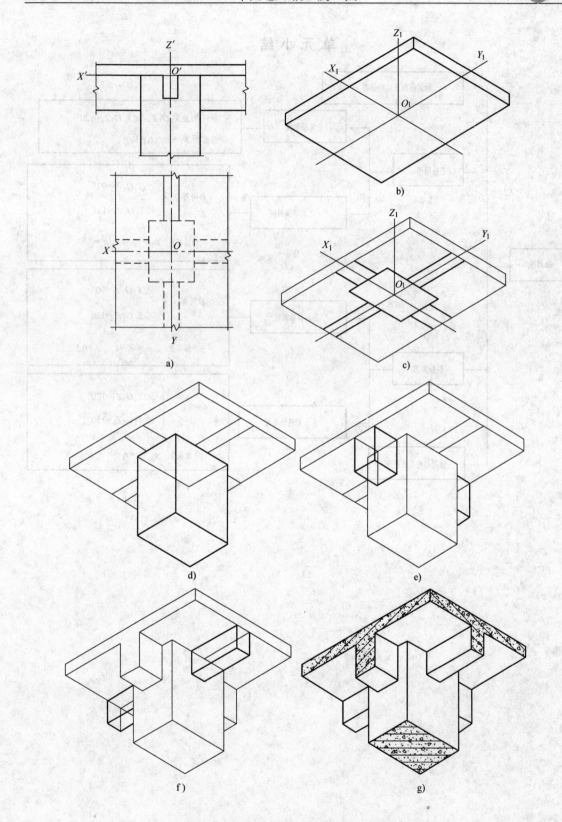

图 7-23 梁板柱节点的正等轴测图（仰视）

单 元 小 结

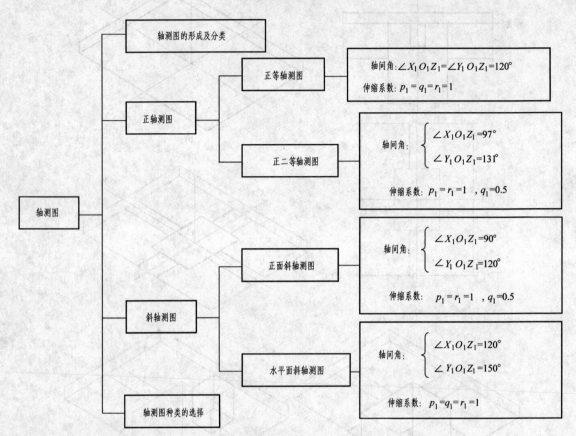

单元八

标高投影图

知识目标：

- 了解标高投影的基本知识。
- 理解点和直线的标高投影。
- 掌握平面和曲面的标高投影。
- 掌握地形面的标高投影。

能力目标：

- 能够根据标高投影的形成原理，从标高投影中识别其反映的地面特征。
- 能够用标高投影中平面的各种表示方法，绘制平面的标高投影。
- 能够读懂曲面和地形面标高投影图。

课题一 点和直线的标高投影

一、概述

前面讨论了用两面或三面投影来表达点、线、面和立体，但对一些复杂曲面，这种多面正投影的方法就不很合适。例如，起伏不平的地面很难用它的三面投影来表达清楚。为此，常用一组平行、等距的水平面与地面截交，所得的每条截交线都为水平曲线，其上每一点距某一水平基准面 H 的高度相等，这些水平曲线称为等高线。一组标有高度数字的地形等高线的水平投影，能清楚地表达地面起伏变化的形状。这种用等高线的水平投影（习惯上仍称作等高线）与标注高度数字相结合来表达空间形体的方法称为标高投影法，所得的单面正投影图称为标高投影图，如图 8-1 所示。

标高投影图中的基准面一般为水平面，当水平面为海平面时，建筑物或地形等高线相对海平面的高度称为绝对标高或高程，其尺寸单位以 m 计，并且不需注写"m"。标高投影图中还应画出绘图比例尺或给出绘图比例。标高投影为单面投影，但有时也要利用铅垂面上的投影来帮助解决某些问题。

二、点的标高投影

以水平投影面 H 为基准面，作出空间已知点 A、B、C、D 在 H 面上的正投影 a、b、c、d，并在点 a、b、c、d 的右下角标注该点距 H 面的高度，所得的水平投影为点 A、B、C、D 的标高投影图，如图 8-2 所示。

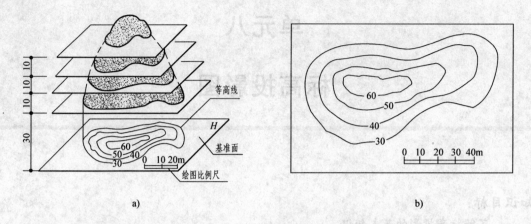

图 8-1 标高投影法

在标高投影中，设水平基准面 H 的高程为 0，基准面以上的高程为正，基准面以下的高程为负。在图 8-2 中，点 B 的高程为 +5m，记为 b_5；点 C 的高程为 –3m，记为 c_{-3}；点 D 的高程为 3m，记为 d_3；点 A 在 H 面上，记为 a_0。在点的标高投影图中还应画出绘图比例尺，单位为 m，如图 8-2b 所示。

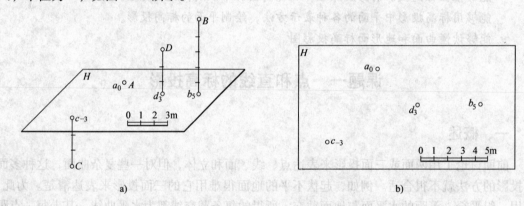

图 8-2 点的标高投影

三、直线的标高投影

1. 直线的坡度和平距

直线的坡度是指直线上任意两点的高差与其水平距离之比，用符号 i 表示，即

$$坡度(i) = \frac{高差(H)}{水平距离(L)} = \tan\alpha$$

在图 8-3 中设直线上点 A 和点 B 的高差为 $H = 6\text{m}$，其水平距离为 $L = 9\text{m}$，直线对水平面的倾角为 α，则直线的坡度为

$$i = \frac{H}{L} = \frac{6}{9} = 2:3$$

直线的平距是指两点间的水平距离与它们的高差之比，用符号 l 表示，即

$$平距(l) = \frac{水平距离(L)}{高差(H)} = \cot \alpha = \frac{1}{i}$$

这时，该直线的坡度可表示为

$$i = \frac{1}{l} = 1 : l \ 或 \ l = \frac{1}{i}$$

例如，$i = 2:3$ 时，其平距 $l = \frac{1}{i} = 1.5$。

从上式可知，坡度和平距互为倒数。坡度大，则平距小；坡度小，则平距大。直线坡度的大小是指直线对水平面倾角的大小。例如，$i = 1$ 的坡度大于 $i = 0.5$ 的坡度。

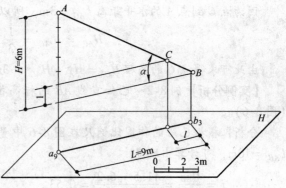

图 8-3 直线的坡度和平距

2. 直线的标高投影表示法

通常用直线上两点的标高投影来表示该直线，例如图 8-4a 中，把直线上点 A 和点 B 的标高投影 a_9 和 b_3 连成直线，即为直线 AB 的标高投影。

当已知直线上一点 A 和直线的方向时，也可以用点 A 的标高投影 a_9 和直线的坡度 $i = 1:1.5$ 来表示直线，并规定直线上表示坡度方向的箭头指向下坡，如图 8-4b 所示。

【实例分析】例 8-1　已知直线 AB 的标高投影 a_3b_7 和直线上点 C 到点 A 的水平距离 $L_{AC} = 3$m；试求直线 AB 的坡度 i、平距 l 和点 C 的高程（图 8-5）。

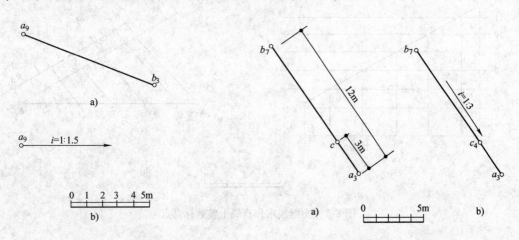

图 8-4　直线的标高投影表示法　　　　图 8-5　求作直线上一点的高程

分析：根据图 8-5 中所给出的绘图比例尺，在图中量得点 a_3 和 b_7 之间的距离为 12m，于是可求得直线的坡度。

$$i = \frac{H}{L} = \frac{7-3}{12} = \frac{1}{3}$$

由此可求得直线的平距

$$l = \frac{1}{i} = 3$$

因为点 C 到点 A 的水平距离 $L_{AC} = 3\text{m}$，所以点 C 和点 A 的高差为

$$H_{AC} = iL_{AC} = \frac{1}{3} \times 3\text{m} = 1\text{m}$$

由此可求得点 C 的高程 $H_C = H_A + H_{AC} = 3\text{m} + 1\text{m} = 4\text{m}$，记为 c_4，如图 8-5b 所示。

【实例分析】例 8-2　已知直线 AB 的标高投影为 $a_{11.5}b_{6.2}$，求作 AB 上各整数标高点（图 8-6）。

分析：根据已给的作图比例尺在图 8-6 中量得 $L_{AB} = 10\text{m}$，可计算出坡度

$$i = \frac{H_{AB}}{L_{AB}} = \frac{11.5 - 6.2}{10} = 0.53$$

由此可计算出平距 $l = \frac{1}{i} = 1.88$，点 $a_{11.5}$ 到第

一个整数标高点 c_{11} 的水平距离应为

$$L_{AC} = \frac{H_{AC}}{i} = \frac{11.5 - 11}{0.53}\text{m} = 0.94\text{m}$$

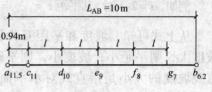

图 8-6　求作直线上的整数标高点

用图 8-6 中的绘图比例尺在直线 $a_{11.5}b_{6.2}$ 上自点 $a_{11.5}$ 量取 $L_{AC} = 0.94\text{m}$，便得点 c_{11}。以后的各整数标高点 d_{10}、e_9、f_8、g_7 间的平距均为 $l = 1.88$。

除了用计算法求作外，也可以用解析法。图 8-7a 为用一组等距的平行线进行图解；图 8-7b 为用相似三角形方法进行图解，图中过点 $b_{6.2}$ 所引的直线为任意方向。

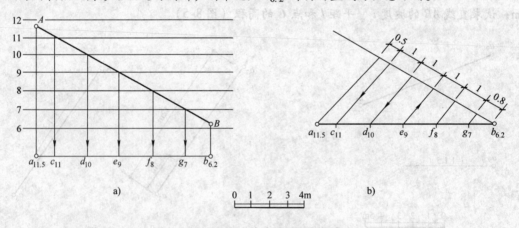

图 8-7　图解法求作直线上整数标高点

课题二　平面的标高投影

一、平面上的等高线和坡度线

平面上的等高线就是平面上的水平线，也就是该平面与水平面的交线。平面上的各等高线互相平行，并且各等高线间的高差与水平距离成同一比例。当各等高线的高差相等时，它们的水平距离也相等，如图 8-8 所示。

平面上的坡度线就是该平面上对水平面的最大斜度线，它的坡度代表了该平面的坡度。平面上的坡度线与等高线互相垂直，它们的标高投影也互相垂直，如图8-8所示。

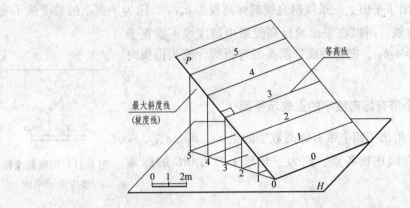

图 8-8　平面上的等高线和坡度线

二、平面的标高投影表示法

1. 用一组高差相等的等高线表示平面

图 8-9 所示表示用高差为 1、标高从 0 到 4 的一组等高线表示平面，由图可知，平面的倾斜方向和平面的坡度都是确定的。

2. 用坡度线表示平面

图 8-10 给出了三种方式，图 8-10a 给出用带有标高数字（刻度）的一条直线表示平面，该条带刻度的直线也称为坡度比例尺，它既确定了平面的倾斜方向，也确定了平面的坡度；图 8-10b 用平面上一条等高线和平面的坡度表示平面；图 8-10c 用平面上一条等高线和一组间距相等、长短相间的示坡线表示平面。示坡线应从等高线（如图 8-10c 中标高为 4 的等高线）画起，指向下坡。示坡线上应注明平面的坡度。

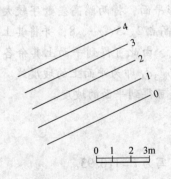

图 8-9　用一组等高线表示平面

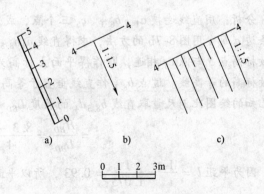

图 8-10　用坡度线表示平面

3. 用平面上一条倾斜直线和平面的坡度表示平面

在图8-11中画出了平面上一条倾斜直线的标高投影 a_8b_5 。因为平面上的坡度线不垂直于该平面上的倾斜直线，所以在平面的标高投影中坡度线不垂直于倾斜直线的标高投影 a_8b_5 ，把它画成带箭头的弯折线，箭头仍指向下坡。

4. 用平面上三个带有标高数字的点表示平面

如前面图8-2中给出了四个带有标高数字的点 a_0 、b_5 、c_{-3} 、d_3 表示平面。假如用直线连接各点，则为三角形平面 $\triangle ABC$ 的标高投影。

图8-11　用倾斜线和坡度表示平面

5. 水平面标高的标注形式

在标高投影图中水平面的标高，可用等腰直角三角形标注，如图8-12a所示；也可用标高数字外画细实线矩形框标注，如图8-12b所示。本单元中统一采用图8-12b所示的标注形式。

【实例分析】例8-3　已知平面用三个带有标高数字的点 a_1 、$b_{8.3}$ 、c_5 表示，如图8-13所示。试求作该平面上的整数标高的等高线和平面的坡度。

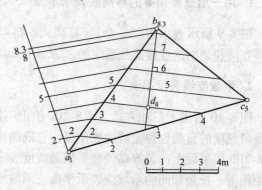

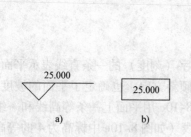

图8-12　水平面标高的标注形式

图8-13　求作平面上整数标高的等高线

分析：用直线连接 a_1 、$b_{8.3}$ 、c_5 三个点，成为一个三角形平面，将两端高差数字较大的一条边 $a_1b_{8.3}$ 用图8-7b的方法，求得直线 $a_1b_{8.3}$ 上的整数标高点2、3、…、8，并将其上的整数标高点5与点 c_5 相连，即作得平面上标高为5的等高线，由此可得到平面上其余各条整数标高的等高线。过点 $b_{8.3}$ 作直线垂直于等高线，该直线 $b_{8.3}d_4$ 即为平面上的坡度线。根据已知的绘图比例尺量取直线 $b_{8.3}d_4$ 的长度 $L_{BD} = 4\text{m}$ ，于是可得到平面的坡度。

$$i = \frac{H_{BD}}{L_{BD}} = \frac{8.3 - 4}{4} = 1.075$$

因为平距 $l = \dfrac{1}{i} = \dfrac{1}{1.075} = 0.93$ ，所以平面的坡度也可写为 $i = 1:0.93$ 。

【实例分析】例8-4　已知平面上一条倾斜直线 AB 的标高投影 a_4b_0 ，平面的坡度 $i = 1:1$ ，试作该平面的等高线和坡度线（图8-14a）。

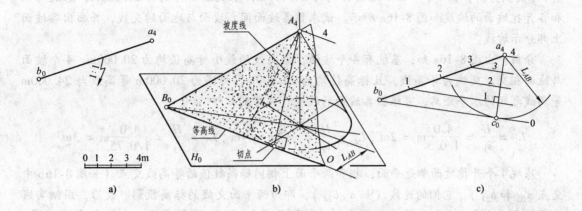

图8-14　用倾斜线表示平面时等高线的作法

分析：如果过点 B 作平面上标高为 O 的等高线（图8-14b），那么等高线 O 和点 A 之间的水平距离应为

$$L_{AB} = \frac{H_{AB}}{i} = \frac{4-0}{1/1}\mathrm{m} = 4\mathrm{m}$$

在图8-14c 中以点 a_4 为圆心，以 $L_{AB} = 4\mathrm{m}$ 为半径画圆。再自点 b_0 引圆的切线，切线可作两条，根据画有箭头表示坡向的弯折示坡线，确定其中的一条切线，则切点 c_0 到点 a_4 的距离为4m。点 C 的标高为0，记为 c_0。b_0c_0 为平面上一条标高为0的等高线，由此可作出其他等高线。将切点 c_0 和点 a_4 用直线连起来，即为平面上的坡度线，且 $c_0a_4 \perp b_0c_0$。

三、平面交线的标高投影

在标高投影中，两平面的交线，就是两平面上两对相同标高的等高线相交后所得交点的连线。令图8-15中平面 P 的坡度为1:1.5，平面 Q 的坡度为1:2，根据已知的绘图比例尺分别作出 P 和 Q 上标高数值相同的两条等高线15 和11，相同标高等高线的交点分别为点 a_{15} 和点 b_{11}，直线 $a_{15}b_{11}$ 即为两平面交线的标高投影，如图8-15b 所示。

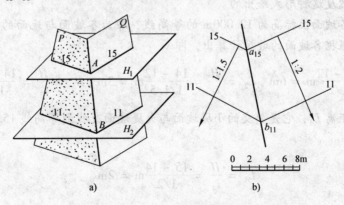

图8-15　平面相交的标高投影

【**实例分析**】例8-5 已知地面标高为24.000m，基坑底面标高为20.000m，基坑形状和各开挖坡面的坡度如图8-16a所示。试求作各坡面间、坡面与地面的交线，并画出各坡面上部分示坡线。

分析：由图8-16a知，基坑有4个坡面，等高线的最小标高值均为20.000m。4个坡面与地面相交，交线为等高线，且标高值均为24.000m。标高为20.000m等高线与24.000m等高线之间的水平距离，可根据各坡面的坡度计算得到，即

$$L_1 = \frac{H}{i_1} = \frac{4.0}{1/0.5}\text{m} = 2\text{m} , L_2 = \frac{H}{i_2} = \frac{4.0}{1/1}\text{m} = 4\text{m} , L_3 = \frac{H}{i_3} = \frac{4.0}{1/0.75}\text{m} = 3\text{m}$$

基坑4个开挖坡面都是平面，相邻两平面上相同标高数值的等高线交点（如图8-16b中交点a_{20}和b_{24}），它们的连线（如$a_{20}b_{24}$），即为两平面交线的标高投影。最后，用细实线画出部分示坡线，它们与等高线垂直，且从标高为24.000m的等高线画向标高为20.000m的等高线（指向下坡）。

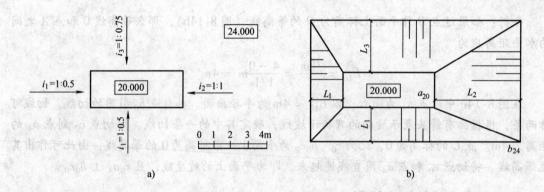

图8-16 求作基坑开挖的标高投影

【**实例分析**】例8-6 已知两土堤顶面的标高、各坡面的坡度、地面的标高，如图8-17a所示。试作出两堤之间、堤面与地面之间的交线。

分析：从图8-17a可知，两堤的堤顶边线为等高线15和14，所以各土堤坡面是以一条等高线和坡面的坡度这种形式给出的。

首先，作出各坡面上标高为12.000m的等高线，即为各坡面与地面的交线。它们的水平距离可以分别根据各坡面的坡度计算出，即

$$L_1 = \frac{H}{i_1} = \frac{15 - 12}{1/2}\text{m} = 6\text{m} , L_2 = \frac{H}{i_2} = \frac{14 - 12}{1/1.5}\text{m} = 3\text{m} , L_3 = \frac{H}{i_3} = \frac{14 - 12}{1/1}\text{m} = 2\text{m}$$

然后，求作距离L_4，它是斜交的小堤坡面与大堤坡面交线到等高线15.000的距离，根据坡度可得

$$L_4 = \frac{H}{i_4} = \frac{15 - 14}{1/2}\text{m} = 2\text{m}$$

最后，按图8-15原理将两坡面上相同标高的等高线的交线连成直线，如$a_{14}b_{12}$、$d_{14}c_{12}$等，即得所求（图8-17b）。

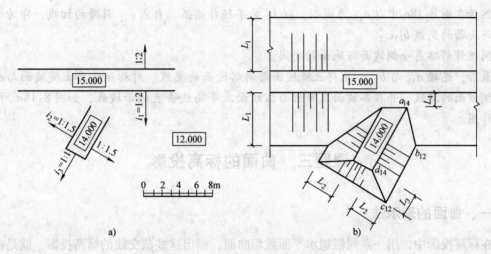

图 8-17　求作土堤交线的标高投影

【**实例分析**】　例 8-7　已知堤顶标高为 15.000m 的土堤和路面坡度 $i = 1:1.5$ 的上堤斜路，设地面标高为 12.000m，各坡面的坡度如图 8-18b 所示。试作堤与斜路坡面间、坡面与地面间的交线。

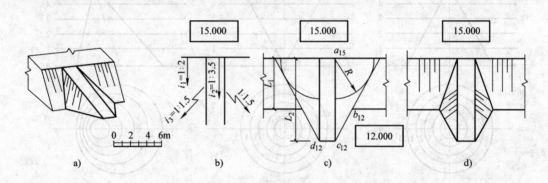

图 8-18　求作斜路坡面交线的标高投影

分析：首先，作土堤坡面与地面的交线。根据已知条件，计算出堤顶边线与地面间的水平距离

$$L_1 = \frac{H}{i_1} = \frac{15 - 12}{1/2}\text{m} = 6\text{m}$$

自堤顶边线量取 6m，作平行线，即为所求的交线，如图 8-18c 所示。

然后，作斜路坡面与地面的交线。根据已知的斜路路面坡度 $i = 1:3.5$，计算出

$$L_2 = \frac{H}{i_2} = \frac{15 - 12}{1/3.5}\text{m} = 10.5\text{m}$$

从而可作出斜路路面与地面的交线 $c_{12}d_{12}$。由图 8-18b 可知，斜路两侧坡面是以平面上一条倾斜直线和平面的坡度这种形式给出的，所以可按例 8-4 的方法作图。首先计算出

$$L_3 = R = \frac{H}{i_3} = \frac{15 - 12}{1/1.5}\text{m} = 4.5\text{m}$$

然后在图8-18c中以 a_{15} 为圆心，以 L_3 为半径作圆弧，自点 c_{12} 引圆的切线，即为斜路坡面与地面的交线 $b_{12}c_{12}$。

同理作斜路另一侧坡面与地面的交线。

最后，连接 a_{15} 与 b_{12}，求得土堤坡面与斜路坡面的交线。对称地作出土堤坡面与斜路另一侧坡面的交线，并在各坡面上画出与该坡面上等高线垂直的示坡线，如图8-18d所示，完成作图。

课题三 曲面的标高投影

一、曲面的表示法

在标高投影中，用一系列假想水平面截切曲面，画出这些截交线的标高投影，就是曲面的标高投影，即曲面常用一系列的等高线表示。本节主要介绍土建工程中常用的圆锥面（图8-19）和同坡曲面（图8-20）的标高投影。

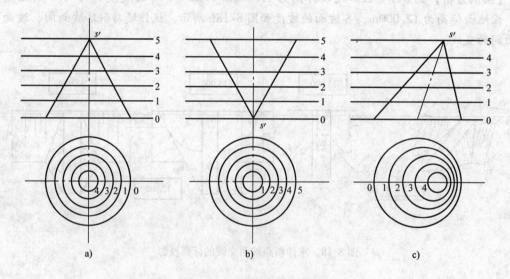

a)   b)   c)

图8-19 圆锥面的标高投影

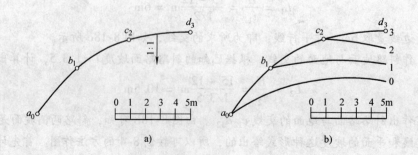

a)   b)

图8-20 同坡曲面的标高投影

二、圆锥面的标高投影

在标高投影中圆锥面的底圆为水平面。用一组间距相等的水平面与圆锥相交，截交线都为圆。用这组标有高度值的圆的水平投影来表示圆锥，直圆锥面的标高投影为一组同心圆，如图 8-19a 和图 8-19b 所示。

显然，当圆锥正放（锥顶朝上）时，等高线的标高值越大，则圆的直径越小，如图 8-19a 所示。当圆锥倒放时，等高线的标高值越大，则圆的直径也越大，如图 8-19b 所示。

【实例分析】例 8-8　已知带有圆角标高为 8.000m 的平台和标高为 4.000m 的地面，各坡面的坡度均为 1:1.5（图 8-21b）。试求作坡面之间、坡面与地面的交线，并画出坡面上部分示坡线。

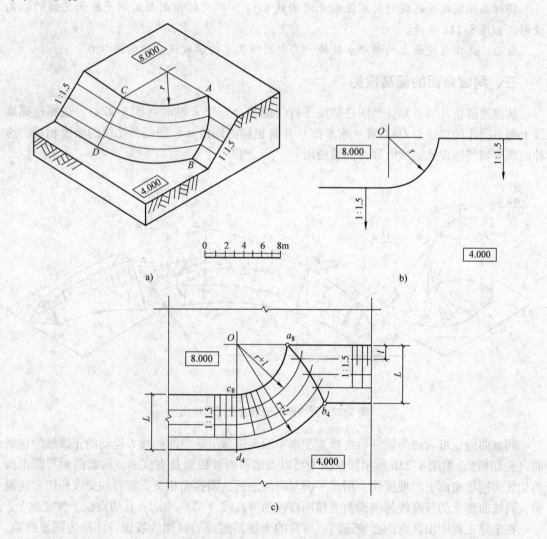

图 8-21　求作圆锥面与平面交线的标高投影

分析：首先，作出各坡面与地面的交线，它们均为标高为 4.000m 的等高线，该线与标

高为 8.000m 的等高线之间的水平距离

$$L = \frac{H}{i} = \frac{8-4}{1/1.5}\text{m} = 6\text{m}$$

圆角坡面为圆锥面，它与地面的交线也是圆锥面上一条标高为 4.000m 的等高线。在图 8-21c 中，以点 O 为圆心，$r+L$ 为半径作 1/4 圆弧即是，它与左侧坡面上等高线相切于点 d_4，与右侧坡面上等高线相交于点 b_4。

然后，为了求作圆锥面与右侧坡面的交线（曲线），可分别在圆锥面和右侧坡面上作出高差相同（本例中高差为 1m）的等高线，其平距

$$l = \frac{1}{i} = \frac{1}{1/1.5} = 1.5$$

将标高相同的等高线的交点连成光滑曲线 a_8b_4，即为圆锥面与右侧平坡面交线的标高投影，如图 8-21c 所示。

最后，画出各坡面上的部分示坡线，其中圆锥面上的示坡线应指向圆心 O。

三、同坡曲面的标高投影

从空间解析几何可知，当圆柱轴线平行（或重合）于 Z 轴时（图 8-22a），过圆柱螺旋线上每点所作的切线与 OXY 面（水平面）具有相同的倾角 α，即每条切线的坡度相同，这种由所有切线形成的切线面称为同坡曲面。

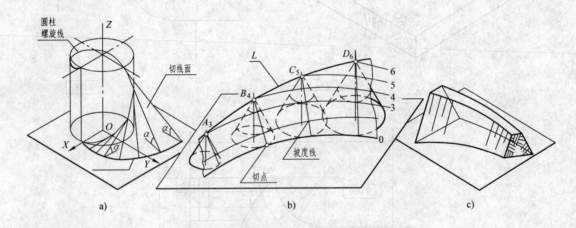

图 8-22　同坡曲面的形成及工程应用

同坡曲面也可看做为锥轴始终垂直于水平面而锥顶沿着空间曲线 L 运动的正圆锥的包络面（公切面），如图 8-22b 所示。从图中可以看出，同坡曲面是直纹面，同坡曲面与圆锥面的切线为同坡曲面上的坡度线。用水平面与同坡曲面、圆锥面相交，所得的交线相切。这说明，同坡曲面上的等高线与圆锥面上相同高程的等高线（圆）相切，且切点位于坡度线上。

在土建工程中山区弯曲盘旋道路、弯曲的土堤斜道等的两侧的坡面，往住为同坡曲面，如图 8-22c 所示。

【**实例分析**】例 8-9　已知同坡曲面上一条空间曲线的标高投影，曲线上点 A 的标高投影为 a_8，曲线的坡度 $i_0 = 1:6$。又知同坡曲面的坡度 $i = 1:2$ 和坡面的倾斜方向，如图 8-23a

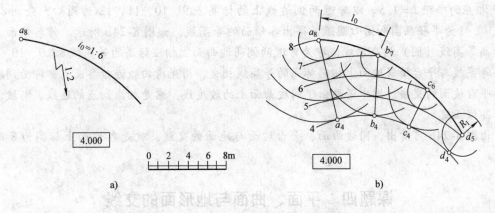

图 8-23　求作同坡曲面上的等高线

所示。试作同坡曲面上整数标高的等高线。

分析：为了便于作图，常采用图 8-23b 所示的原理，通过作各圆锥面上等高线的标高投影（圆）来求得同坡曲面上的等高线。

首先，计算出空间曲线上高差为 1m 的整数标高点之间的平距。

根据已知的绘图比例尺可作得曲线上的点 b_7、c_6、d_5，如图 8-23b 所示。

然后，计算出同坡曲面上高差为 1m 的整数标高等高线之间的平距 $l = \dfrac{1}{i} = 2$，以点 d_5、c_6、b_7、a_8 为圆心，分别以 l、$2l$、$3l$、$4l$ 为半径作同心圆，即为各圆锥面的等高线。

最后，作各圆锥面上相同标高的等高线（圆）的公切线（包络曲线），即为同坡曲面上相应标高的等高线 4、5、6、7。同一圆锥面上各切点的连线为圆锥面与同坡曲面的切线，也是同坡曲面的坡度线，如图 8-23b 中 a_8a_4、b_7b_4 等。

【**实例分析**】例 8-10　已知平台标高为 12.000m，地面标高为 8.000m。欲修筑一条弯曲斜路与平台相连，斜路位置和路面坡度已知，所有填筑坡面的坡度 i 为 1:1.5，如图 8-24a 所示。试作各坡面间、坡面与地面的交线。

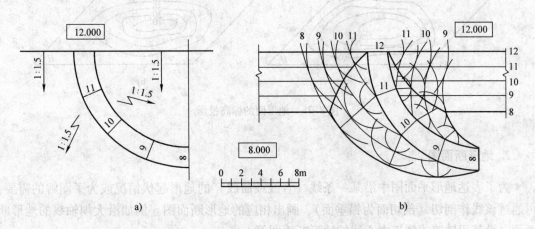

图 8-24　求作斜坡弯道坡面交线的标高投影

分析：因为已知弯道路面上等高线的高差为 1m，所以各坡面上等高线的高差也应是

1m，相应的平距 $l = 1.5$。以弯道两侧边线上的标高点9、10、11、12为圆心，分别以 l、$2l$、$3l$、$4l$ 为半径画圆和同心圆弧，得出各锥面的等高线，如图8-24b所示。作各锥面上相同标高等高线（圆）的公切线，即为弯道两侧同坡曲面上相应标高的等高线8、9、10、11。这些等高线与平台填筑坡面上相同标高的等高线相交，用光滑曲线连接各交点，即为同坡曲面与平台坡面的交线。图中还画出了同坡曲面上的坡度线，它是相应切点的连线，与坡面上的等高线正交。

由图8-24b可看出，同坡曲面、平台坡面与地面的交线，就是各坡面上标高为8的等高线。

课题四　平面、曲面与地形面的交线

一、地形面

地形面是一个不规则曲面，在标高投影中仍然是用一系列等高线表示。

1. 地形平面图

在前面讲述标高投影法概念中已介绍了地形面的标高投影图。假想用一组高差相等的水平面切割地形面，截交线即是一组不同高程的等高线（图8-1），画出等高线的水平投影，并标注其高程值，即为地形面的标高投影，也叫地形平面图（简称地形图）。通过阅读地形平面图可以较全面地了解该区域地形起伏变化的情况。在图8-25的地形平面图中可了解图8-25a所示为山丘，图8-25b所示为洼地。相邻两峰之间，形状像马鞍的区域称为鞍部（图8-26），在鞍部两侧的等高线形状接近对称。在地形平面图中，相邻等高线间距小的地方表示该处地势较陡，反之则表示该处地势较缓，如图8-26所示该区域地形总体情况是上下两边地势较陡，右边地势较缓。地形平面图中应有绘图比例尺，或注明绘图所用的比例。

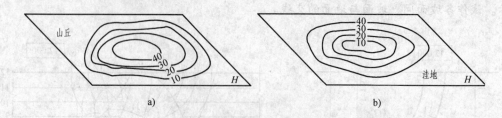

图8-25　地形面的标高投影

2. 地形断面图

为了表达地形平面图中沿某一条线（直线或曲线）的地形起伏情况或为了图解的需要，可通过该线作剖切（剖切面为铅垂面），画出相应的地形断面图。例如沿大坝轴线的地形断面图，沿某段铁路或隧道中心线的地形断面图等。

作地形断面图的方法：在图8-27所示的地形平面图中画出剖切位置线 A—A，它与地形面上各等高线的交点为1、2、3…如图8-27a所示，这些点之间的距离反映了相邻等高线在

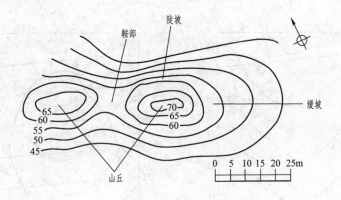

图 8-26   地形等高线

剖切位置线上的疏、密情况。在地形平面图上方（或下方）作一高度方向的比例尺，该比例尺可以与地形平面图中的比例尺相同，也可以不相同，在图 8-27 中采取相同的比例尺。将图 8-27a 中的 1、2、3…各点转移到图 8-27b 中最下面一条直线上，并由各点作纵坐标的平行线，使其与相应的高程线相交得到一系列交点。光滑连接各交点，即得地形断面图，并根据地质情况画上相应的材料图例。

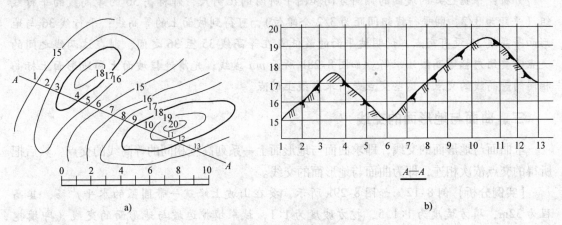

图 8-27   地形断面图

二、平面与地形面的交线

在建筑工程中，经常要应用标高投影来求解工程构筑物坡面的交线以及坡面与地面的交线，即坡脚线和开挖线。由于构筑物的表面可能是平面或曲面，地形面也可能是水平地面或是不规则地面，因此，它们的交线形状也不一样，但是求解交线的基本方法仍然是采用水平辅助平面来求两个面的共有点。如果交线是直线，只需求出两个共有点，并连成直线；如果交线是曲线，则应求出一系列共有点，然后依次光滑连接。

求平面与地形面的交线，应先求得平面和地形面上一系列相同高程等高线的交点，交点的连线即为所求。

【实例分析】例 8-11   如图 8-28 所示，已知平面的等高线和坡度及倾斜方向，试求作坡平面与地形面的交线。

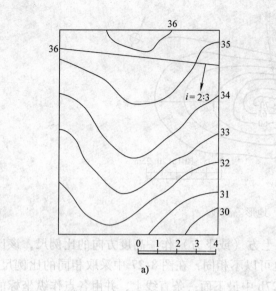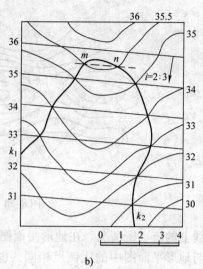

图 8-28　平面与地形面的交线

分析：根据已知的坡面的倾斜方向和图中所附的比例尺，作标高 36 的等高线的平行线组（平距为 3/2，则平行线组间距为 3/2 个单位），可得到坡面上的等高线；平行线 36 与地形面等高线 36 没有交点，说明坡平面的最低点在等高线 35 至 36 之间，则在这两线之间的交点需要用内插等高线法求解。如图 8-28b 所示 mn 虚线；光滑连接坡面上和地形面上标高相同的等高线的交点，这些交点是所求交线上的点。

三、曲面与地形面的交线

求曲面与地形面的交线，即求曲面与地形面上一系列高程相同的等高线的交点，然后把所得的交点依次相连，即为曲面与地形面的交线。

【实例分析】例 8-12　如图 8-29a 所示，要在山坡上修筑一带圆弧的水平广场，其高程为 32m，填方坡度为 1:1.5，挖方坡度为 1:1，试求填挖边坡与地形面的交线（即填挖边界）。

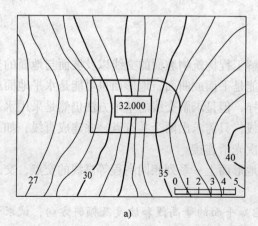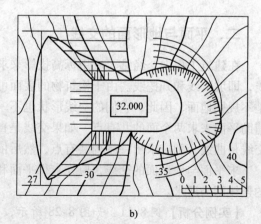

图 8-29　水平广场的标高投影

分析：等高线32为此广场的填挖分界线；用对应等高线的水平面剖切坡面，得到与等高线的交点，然后把交点相连，即得到交线。首先，确定填挖分界线。水平广场高程为32m，则地面标高为32m的等高线为填挖分界线，32等高线与广场边缘的交点即为填挖分界点。然后，确定坡面形状。高程比32m高的地形，是挖土部分，即广场两侧的坡面是平面，坡面下降方向是朝着广场内部的，广场圆弧边缘的坡面是倒圆锥面；高程比32m低的地方是填土部分，其坡平面下降的方向，朝着广场外部。再作等高线确定截交线。挖方部分坡度为1:1，得平距为1，则可在挖土部分两侧平面边坡作间隔为单位1的等高线，同理，填方边坡也作出等高线（平距为2），在广场半圆边缘作间隔为单位1的圆弧，即为倒圆锥面上的等高线，连接等高线的交点，即为填挖边界线；最后，在等高线26与27及39与40之间的交线，可以用内插法来确定，如图8-29b所示。

【实例分析】　例8-13　已知带有弯道的标高为25.000m的水平道路，两侧开挖坡面的坡度为1:1，填筑坡面的坡度为1:1.5，路宽为8m，道路的标准断面如图8-30所示。试求作坡脚线和开挖线。

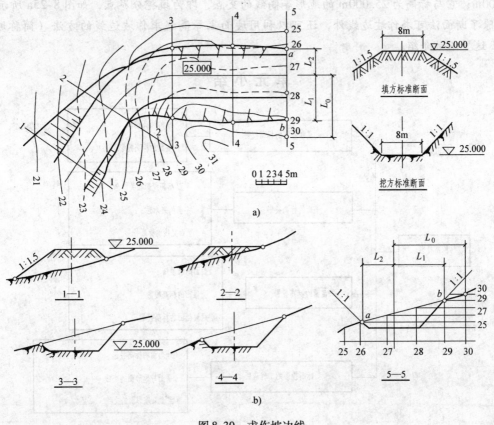

图8-30　求作坡边线

分析：从图8-30a可看出，地形等高线与道路边线接近于平行，若通过作两侧坡面的等高线来求开挖线，则较困难。在这种情形下，利用断面法作开挖线较为方便。作图步骤如下：

1）在已知的地形平面图中作了五个断面位置线，它们的间距可以相等，也可根据地形起伏变化情况不相等，其中断面2和3的剖切位置线相交于弯道的圆心，如图8-30a所示。

2）过每条断面位置线作相应的地形断面。以断面5为例，剖切位置线与地形等高线交于点25、26、…、30，保持各点间距不变，移到图纸右边且放成水平位置，如图8-30b所示。过这些交点作竖直线，与高度比例尺上相应标高的水平线相交，用光滑曲线徒手连接，即得地形断面图5—5。请注意，作地形断面图时应同时作出道路中心线的位置，如图8-30中距离L_0所示。

3）作开挖（或填筑）断面。根据道路中心线、道路宽度、坡面的坡度和路面标高25.000m，可在地形断面图5—5中画出开挖的道路断面，两侧1∶1的斜线与地形断面交于点a和点b，即为开挖线上的点，如图8-30b所示。把点a到道路中心线的距离L_0量取到地形平面图中断面位置线5—5上（以道路中心线为尺寸基准），得到点a。同理可得点b。

4）利用步骤2）和3）的方法可作得断面位置线1、2、3、4上的点，徒手用线连接各点，即得开挖线或坡脚线。

5）填挖分界点。不挖也不填筑的点称为填挖分界点。在本例中道路路面标高为25.000m，它与标高为25.000m的地形等高线的交点，即为填挖分界点，如图8-25a所示。

除了断面法可求作坡边线外，还可以利用坡面上等高线求作坡边线的方法（简称坡面法），这里不做介绍。

单 元 小 结

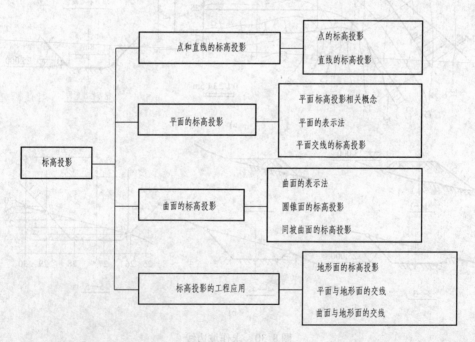

单元九

建筑形体的表达方法

知识目标：
- 了解视图选择应注意的事项，掌握绘制建筑形体的方法和步骤。
- 了解建筑形体尺寸标注的组成和注意事项，掌握常规尺寸的标注。
- 了解剖面图和断面图的形成，掌握剖面图和断面图的画法。
- 了解建筑视图的简化画法。
- 了解识读建筑形体的基本要求，掌握识读视图的方法和步骤。

能力目标：
- 能够根据要求进行视图的选择。
- 能够根据要求绘制建筑形体的投影图。
- 能够正确绘制剖面图和断面图。
- 能够正确识读建筑视图。

课题一　建筑形体的画法及视图选择

一、建筑形体的画法

大部分建筑物都属于组合体，由不同的基本形体按一定的方式组合而成。绘制建筑形体的具体步骤为：形体分析——确定安放位置、投射方向和视图数量——画投影图。下面以肋式杯形基础为例，介绍建筑形体的画法。

1. 形体分析

在绘制建筑形体投影图时，首先采用形体分析法，将一个复杂的建筑形体"分解"为若干个基本形体，分析它们的组合形式和相对位置，并据此进行画图。

如图 9-1 所示的肋式杯形基础的形体，可以看成由四棱柱底板、中间四棱柱（其中挖去一楔形块）和 6 块梯形棱柱肋板叠加组成。四棱柱在底板中央，前后各肋板的左、右外侧面与中间四棱柱左、右侧面共面，左右两块肋板在四棱柱左右侧面的中央。

2. 确定安放位置

根据基础在房屋中的位置，形体应平放，使 H 面平行于底板底面，V 面平行于形体的正面。

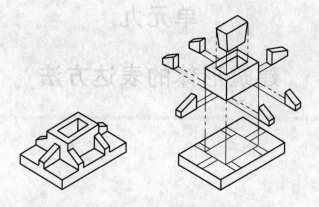

图 9-1　肋式杯形基础

3. 确定视图数量

确定的原则是用最少数量的视图把形体表达完整、清楚。

4. 画视图

1）根据形体大小和注写尺寸需占的位置，选择适宜的图幅和比例。

2）布置视图。

3）画视图底稿。按形体分析的结果，使用绘图仪器和工具，顺次画出三面视图。画每一基本形体时，先画其最具有特征的视图，然后画其他视图。

4）加深图线。经检查无误之后，按各类线宽要求，用较软的铅笔或墨线进行加深。

二、视图选择

视图选择包括两个方面，一是选择视图数量，二是确定正立面图。

1. 选择视图数量

一般的建筑形体，可用三视图（即平面图、正立面图和侧立面图）表示。如图 9-2 所示台阶的三视图。选择视图数量的原则是在能够保证清晰、完整地表达物体的前提下，选用最少数量的视图。某些特殊情况也可选用单个视图、两个视图或者更多的视图表示建筑形体。在视图选择时，应尽量少用背面图和底面图，左侧立面图和右侧立面图中一般选用虚线较少的一个，情况相同时，习惯上选用左侧立面图。

如图 9-3 所示为一管道的三视图。该形体由同轴的圆柱和圆锥台组成，很显然，只需正面图和表示圆柱圆锥底面的侧立面图就能完全表达清楚，平面图是多余的视图。当然，选择平面图省略正立面图也能表达清楚，但正立面图作为主要视图不宜省略，而且这样排列的两个视图也不如前一种的排列好，所以一般不选用。

当房屋各向立面变化较大时，可采用四个、五个或更多的视图，如图 9-4 所示。每个视图下方应标注图名，并在图名下用粗实线画一根横线。这种多面投影图，若在一张图纸内画不下所有视图时，允许把各视图分开布置在几张连续编号的图纸上。

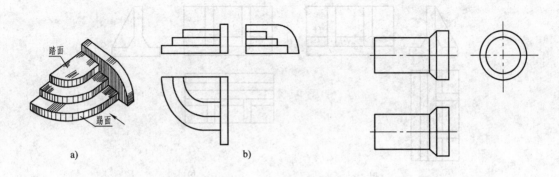

图 9-2　三视图表示建筑形体　　　　　　　　　　图 9-3　管道的三视图
a）立体图　b）三视图

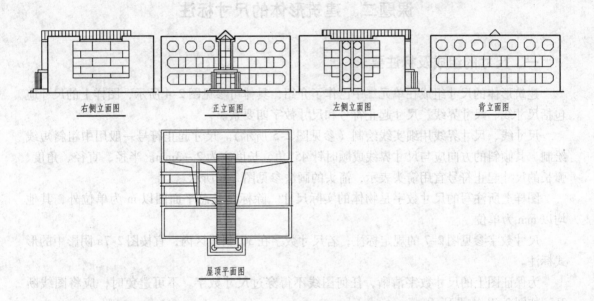

图 9-4　多个图表示建筑形体

2. 确定正立面图

在绘制建筑形体视图时，通常以正立面图为主要图样。因为观看某一建筑物时，一般先看到正面，能给人留下初步的印象。选择正立面图的原则是：

1）考虑建筑形体的正常位置，把建筑形体的主要平面或主要轴线放置成平行或垂直位置。

2）最能反映建筑物的形体特征，例如房屋的正面是能够反映该房屋特征的面。

3）在其他视图中尽量减少虚线。

4）合理使用图纸。如图 9-5 所示为一挡土墙模型的视图。图 9-5a、图 9-5b 两组视图中正立面图都可以，但图 9-5b 图比图 9-5a 好，图面布置合理，图幅经济。

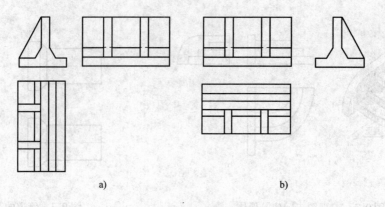

a)　　　　　　　　　　　　　　b)

图 9-5　挡土墙的视图选择

课题二　建筑形体的尺寸标注

一、尺寸的组成及标注要求

建筑形体的尺寸组成在单元二中已作了介绍，具体可参见图 2-4 所示，图样上的尺寸应包括尺寸线、尺寸界线、尺寸起止符号和尺寸数字四要素。

尺寸线、尺寸界线用细实线绘制（参见图 2-5 所示）。尺寸起止符号一般用中粗斜短线绘制，其倾斜的方向应与尺寸界线成顺时针 45°角，长度宜为 2～3mm。半径、直径、角度、弧长的尺寸起止符号宜用箭头表示，箭头的画法参见图 2-6 所示。

图样上所注写的尺寸数字是物体的实际尺寸。除标高及总平面图以 m 为单位外，其他均以 mm 为单位。

尺寸数字参见图 2-7 的规定标注；若尺寸数字在 30°斜线区内，宜按图 2-7a 阴影中的形式标注。

为保证图上的尺寸数字清晰，任何图线不得穿过尺寸数字。不可避免时，应将图线断开，如图 2-7b 左图所示。

尺寸数字应依其读数方向写在尺寸线的上方中部，如没有足够的注写位置，最外面的数字可注写在尺寸界线的外侧，中间相邻的尺寸数字可错开注写，也可引出注写，如图 2-7c 所示。

二、尺寸的排列与布置

尺寸的排列与布置应注意以下几点：

1）尺寸宜注写在图样轮廓线以外，不宜与图线、文字及符号相交。必要时，也可标注在图样轮廓线以内（图 9-6）。

2）互相平行的尺寸线，应从被注写的图样轮廓线由近向远整齐排列，小尺寸在里面，大尺寸在外面。小尺寸距图样轮廓线距离不小于 10mm，平行排列的尺寸线的间距宜为 7～10mm，并保持一致（图 9-7）。

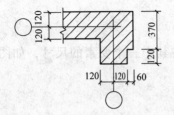

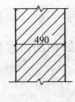

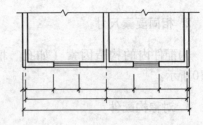

图9-6　尺寸数字的注写　　　　　　　　　　图9-7　尺寸的排列

3）总尺寸的尺寸界线，应靠近所指部位，中间的分尺寸的尺寸界线可稍短，但其长度应相等。

三、正方形、坡度及非圆曲线等的尺寸标注

1. 正方形的尺寸标注

标注正方形的尺寸，可用"边长×边长"的形式，也可在边长数字前加正方形符号"□"，如图2-17所示。

2. 坡度的尺寸标注

标注坡度时，在坡度数字下应加注坡度符号，坡度符号为单面箭头，一般指向下坡方向。坡度也可用直角三角形形式标注，如图2-18所示。图中在坡面高的一侧水平边上所画的垂直于水平边的长短相间的等距细实线，称为示坡线，也可用它来表示坡面。

3. 非圆曲线的尺寸标注

外形为非圆曲线的构件，可用坐标形式标注尺寸，如图9-8所示。

四、尺寸的简化标注

1. 连续排列的等长尺寸

可用"等长尺寸×个数=总长"的形式标注，如图9-9a所示；也可用如图9-9b所示的形式进行标注。

图9-8　非圆曲线的尺寸标注

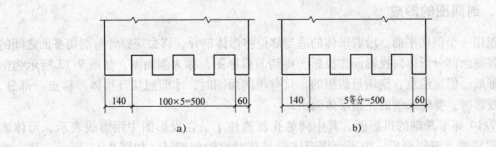

a)　　　　　　　　　　　　b)

图9-9　等长尺寸的简化标注

2. 相同要素尺寸

构配件内的构造因素（如孔、槽等）如相同，可仅标注其中一个要素的尺寸，如图9-10所示。

3. 对称构配件

对称构配件采用对称省略画法时，该对称构配件的尺寸线应略超过对称符号，仅在尺寸线的一端画尺寸起止符号，尺寸数字应按整体全尺寸注写，其注写位置与对称符号对齐，如图9-11 所示。

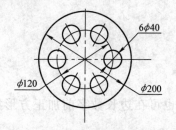

图 9-10 相同要素尺寸的标注方法

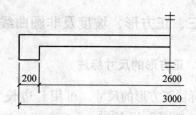

图 9-11 对称尺寸的标注方法

4. 相似构件

两个构配件，如个别尺寸数字不同，可在同一图样中将其中一个构配件的不同尺寸数字注写在括号内，该构配件的名称也应注写在相应的括号内，如图 9-12 所示。

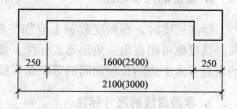

图 9-12 相似构件尺寸标注方法

课题三 剖 面 图

三面正投影图主要表达物体的外部形状和大小，但是物体内部的孔洞以及被外部遮挡的轮廓线则需要用虚线来表示。当形体内部的形状较复杂时，在投影中就会出现很多虚线，且虚线相互重叠或交叉，既不便看图，又不利于标注尺寸，而且难于表达出形体的材料。在工程中为了解决这个问题，采用剖面图来表示形体的内部形状。

一、剖面图的形成

假想用一个剖切平面，沿着形体的适当部位将形体剖开，移去观察者与剖切平面之间的部分，将剩余部分形体向投影面作投影所得到的投影图，称为剖面图，如图 9-13 所示为剖面图的形成。但应注意：剖切是假想的，只有画剖面图时，才假想切开形体并移走一部分，画其他投影时，要将未剖的完整形体画出。

图 9-14 杯形基础的投影图，其中间的孔被遮住了，在投影图中用虚线表示，形体表达不是很清楚。现假想用一个平面将形体沿着其对称轴剖切开，如图 9-13 所示，移去观察者和剖切平面之间的形体，将剩余部分形体向 V 面投影，所得到的投影图就是剖面图，

如图 9-15 所示。这样在正面投影图中的虚线变成实线，更清晰地表达了杯形基础的内部形状。

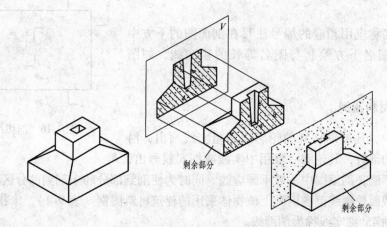

图 9-13 剖面图的形成

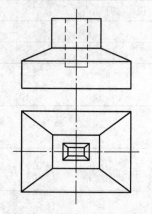

图 9-14 杯形基础的投影图

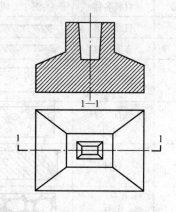

图 9-15 剖面图的画法

二、剖面图的画法

1. 确定剖切位置

作剖面图时，一般使剖切平面平行于某一基本投影面，这样能够使断面的投影反映实形，并通过形体上的孔、洞、槽等内部结构的对称轴线或对称中心。

2. 剖切符号和剖面图的名称

画剖面图时，应用规定的符号标明剖切位置、投射方向，如图 9-16 所示。剖切符号由剖切位置线和投射方向线组成。剖切位置线用来表示剖切符号的位置。《房屋建筑制图统一标准》规定的剖切位置线，是用不穿越图形的两段短粗线表示剖切位置，长度为 6~10mm；在端部用与剖切线垂直的短粗线表示投射方向，长度为 4~6mm，如图 9-16 所示。

为了方便读图，应对剖面图的剖切位置进行编号。一般采用阿拉伯数字，按顺序由左至右、由上到下连续编排，并应注写在剖切投射方向线的端部。如剖切位置线需要转折时，在转角处外侧一般应加注与该符号相同的编号，如图 9-16 所示。

剖面图的名称应用相应的编号注写在剖面图的下方中部位置，并在图名下方绘制与图名等长的粗实线，如图 9-15 所示。

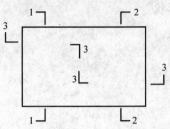

图 9-16　剖切符号

3. 线型及材料图例

在剖面图中，凡被剖切到的轮廓线用粗实线画出，沿投射方向看到的部分，其轮廓一般用中实线或细实线画出，看不见的部分不画，剖面图中一般不画虚线。同时为使剖到部分和未剖到部分区别开来，图样清晰，应在截面轮廓线范围内画上该物体采用的建筑材料图例（表9-1），未指明材料时，画上间距相等的45°细实线称为剖面线。

表 9-1　常用的建筑材料图例

序号	材料名称	图 例	说 明
1	自然土壤		包括各种自然土壤
2	夯实土壤		
3	砂、灰土		
4	砂砾石、碎砖三合土		
5	石材		
6	毛石		
7	普通砖		1）包括实心砖、多孔砖、砌块等砌体 2）断面较窄时，不易画出图例线时，可涂红
8	混凝土		1）本图例仅适用于承重的混凝土及钢筋混凝土 2）包括各种强度等级、骨料、添加剂的混凝土
9	钢筋混凝土		3）在剖面图上画出钢筋时，不画图例线 4）断面较窄，不易画出图例线时，可涂黑
10	多孔材料		包括水泥珍珠岩、沥青珍珠岩、泡沫混凝土、非承重加气混凝土、软木、蛭石制品等
11	木材		1）上图为横断面，上左图为垫木、木砖或木龙骨 2）下图为纵断面
12	金属		1）包括各种金属 2）图形小时，可涂黑

4. 画剖面图时应注意的问题

1）剖切平面是假想的，目的是为了清楚地表达物体内部形状，所以除了剖面图和断面图外，其他的各个投影图都要按照原来没有剖切时的形状画出。同一物体如果需要几个剖面图表示时，可以进行几次剖切，每次剖切均按完整的物体进行。

2）剖切面没有剖切到，但沿投射方向可以看见的部分的轮廓线都必须用中实线或细实线画出，不能遗漏。如图 9-17 所示为几种常见孔槽的剖面图的画法，图中加"○"的线是初学者容易漏画的线条，希望引起注意。

3）为了保持图面清晰，一般在剖面图中不画虚线。

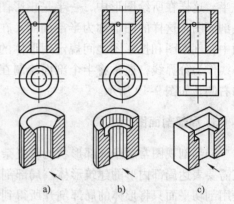

a)   b)   c)

图 9-17 几种常见孔槽剖面图的画法

三、剖面图的种类

由于建筑形体或配件的形状变化复杂，在绘图时，应根据表达形体内部构造的不同要求，选择不同数量、不同位置的剖切平面来剖切形体，才能使形体的内部形状表达清楚。常用的剖切图有全剖面图、半剖面图、局部剖面图、阶梯剖面图和旋转剖面图。

1. 全剖面图

全剖面图是用一个剖切平面将形体完全地剖开，移去剖切平面和观察者之间的部分，对剩余的部分作投影图所得到的图形，如图 9-18 所示。全剖面图适用于外部结构比较简单，而内部结构比较复杂的不对称形体或对称形体。全剖面图在建筑工程图中普遍采用，如房屋的各层平面图及剖面图均是假想用一剖切平面在房屋的适当部位进行剖切后作出的投影图。

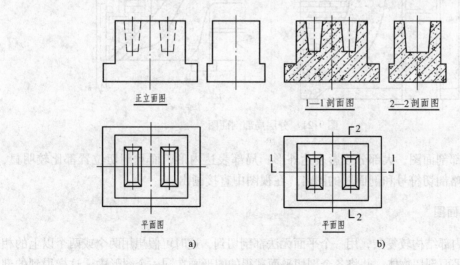

图 9-18 全剖面图

2. 半剖面图

当物体的内外形状均为对称时，为了在同一个图形中，既表示形体的外部形状，又表达形体的内部结构，在剖切形体时，可以只剖切形体的一半，这样在所绘图形中，一半是投影图，一半是剖面图，这样的图形称为半剖面图。在半剖面图中，剖面图和投影图之间规定用形体的对称中心线作为分界线，通常将半个剖面绘制在分界线的右侧，如图 9-19 所示。

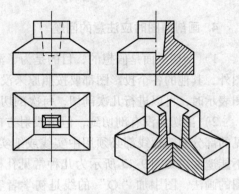

图 9-19　半剖面图

3. 局部剖面图

局部剖视图常用于外部形状比较复杂，仅仅需要表达局部内形的建筑形体。局部剖面图是用剖切平面只将形体的局部剖开所得到的剖面图，如图 9-20 所示。局部剖面图只是物体整个外形投影图中的一部分，一般不标注剖切位置线。局部剖面与外形之间要用波浪线分开，波浪线不能与轮廓线重合，也不得超出轮廓线之外，在工程图中，常用分层局部剖面图来表达楼面、地面和屋面所用材料和构造做法，如图 9-21 所示。

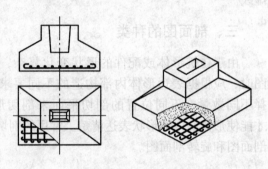

图 9-20　局部剖面图

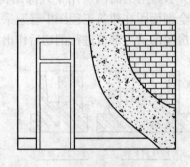

预应力板　沥青　硬木地面

水泥砂浆找平层

花篮梁

图 9-21　分层局部剖面图

注意：局部剖面图，大部分投影表达外形，局部表达内形，而且剖切位置都比较明显，所以一般可省略剖切符号和剖面图的图名，在视图中直接画出。

4. 阶梯剖面图

当物体的内部结构较复杂，用一个平面无法都剖切到，这时可假想用两个或两个以上的相互平行的剖切平面剖切物体，并将各个剖切平面截得的图形画在同一个图形中，这样得到的剖面图称为阶梯剖面图，如图 9-22 所示。在阶梯剖面图中，因为是假想的剖切平面，所以几个平行的剖切平面的分界线不能画出来；并且不应该在图形的轮廓线位置上转折剖切平面。

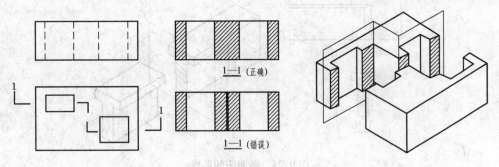

图9-22 阶梯剖面图

5. 旋转剖面图

当物体不能用一个或几个互相平行的平面进行剖切时，需要用两个或两个以上的相交平面剖切物体。剖开以后，将倾斜于基本投影面的剖切部分旋转到平行于基本投影面后，再向基本投影面投影，这样得到的投影图称为旋转剖面图，如图9-23所示。

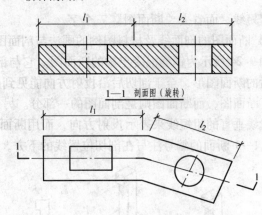

图9-23 旋转剖面图

课题四 断 面 图

对于某些单一的杆件或需要表示某一局部的截面形状时，可以只画出形体与剖切平面相交的那部分图样，即断面图。

一、断面图的形成

断面图是假想用剖切面将物体某部分切断，仅画出该剖切面与物体接触部分的图形，如图9-24所示。断面图与剖面图的不同之处在于：断面图仅画出截断面的投影，而剖面图除画出截断面的投影外，还需画出沿投射方向看到的其他部分的轮廓线的投影，因此剖面图包含断面图，如图9-25所示。断面图在建筑工程中，主要用来表达建筑构配件的内部构造。

二、断面图的画法

1）断面的剖切符号，只用剖切位置线表示；并以粗实线绘制，长度为6～10mm。

2）断面剖切符号的编号，宜采用阿拉伯数字，按顺序连续编排，并注写在剖切位置线的一侧，编号所在的一侧即为该断面的剖视方向。

3）断面图的正下方只注写断面编号以表示图名，如1—1、2—2等，并在编号数字下面

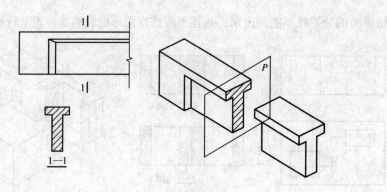

图 9-24　断面图的形成

画一粗短线，而省去"断面图"三个字。

4）断面图的剖面线及材料图例的画法与剖面图相同。

图 9-24 所示为钢筋混凝土梁的断面图。它与剖面图的区别在于：断面图只需画出物体被剖后的断面图形，至于剖切后沿投射方向能见到的其他部分，则不必画出。显然，剖面图包含了断面图，而断面图则是剖面图的一部分。另外，断面的剖切位置线的外端，不用与剖切位置线垂直的粗短线来表示投射方向，而用断面编号数字的注写位置来表示。如图 9-25所示，1—1 断面的编号注写在剖切位置线的下方，则表示剖切后向下投影。

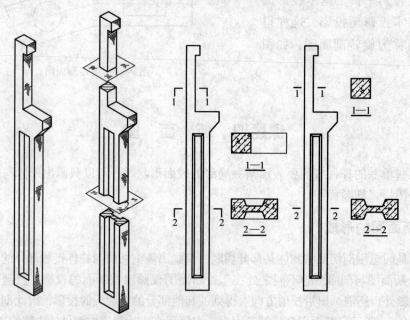

图 9-25　断面图和剖面图

三、断面图的种类

断面图主要用于表达形体或构件的断面形状，根据其安放位置不同，一般可分为移出断面图、重合断面图和中断断面图三种形式。

1. 移出断面图

将断面图画在投影图之外的叫移出断面图。当一个物体有多个断面图时，应将各断面图按顺序依次整齐地排列在投影图的附近，如图 9-25 所示为预制钢筋混凝土柱的移出断面图。根据需要，断面图可用较大的比例画出。

2. 重合断面图

断面图旋转 90° 后重合画在基本投影图上，叫重合断面图。其旋转方向可向上、向下、向左、向右。图 9-26 为楼板的重合断面图。它是将被剖切的断面向下旋转 90° 而成。画重合断面图时，其比例应与基本投影图相同；且可省去剖切位置线和编号。重合断面的轮廓线应用细实线画出，以表示与建筑形体的投影轮廓线的区别。

3. 中断断面图

断面图画在构件投影图的中断处，称为中断断面图。它主要用于一些较长且均匀变化的单一构件。图 9-27 所示为槽钢的中断断面图，其画法是在构件投影图的某一处用折断线断开，然后将断面图画在当中。画中断断面图时，原投影长度可缩短，但尺寸应完整地标注。

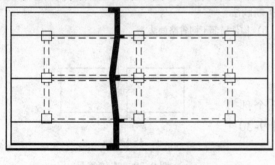

图 9-26　重合断面图

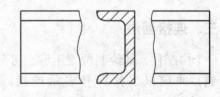

图 9-27　中断断面图

课题五　简化画法

采用简化画法，可适当提高绘图效率，节省图纸图幅。《房屋建筑制图统一标准》（GB/T 50001—2010）规定了几种简化画法和简化标注。

一、相同要素的简化画法

当物体上有多个完全相同且连续排列的构造要素时，可仅在两端或适当位置画出一个或几个完整形状，其余要素在所处位置用中心线或中心线交点表示，但要注明个数。如相同构造要素少于中心线交点，则其余部分应在相同构造要素位置的中心线交点处用小圆点表示，如图 9-28 所示。

二、折断画法

对于较长的构件，如沿长度方向的形状相同，或按一定规律变化，可断开省略绘制，断

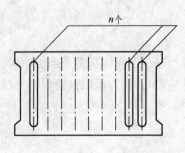

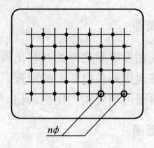

图9-28　相同要素的简化画法

开处应以折断线表示，如图9-29所示。应注意：在用折断省略画法所画出的较长构件的图形上标注尺寸时，尺寸数值应标注其全部长度。

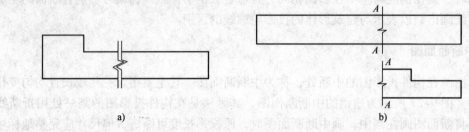

图9-29　折断画法

a）较长构件的折断省略画法　b）构件局部不同省略画法

三、连接画法

一个构配件，如绘制位置不够，可分成几个部分绘制，并应以连接符号表示连接，如图9-30所示。

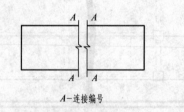

图9-30　连接符号

课题六　建筑形体视图的识读

一、识读视图的基本知识

根据已知视图想象出空间物体的形状和大小，称为读图。读图比画图要难一些，画图是从三维到二维的思维过程，而读图是从二维到三维的思维过程。识读建筑视图应掌握的基本知识包括以下几方面：

1. 掌握三面投影关系

即"长对正、高平齐、宽相等"的关系，了解建筑形体的长、宽、高三个方向和上、下、左、右、前、后六个方向在形体投影图上的对应位置。

2. 形体分析

熟练掌握基本形体的投影特点及其读图方法，并能对建筑形体进行形体分析。

3. 线面分析

掌握各种位置的线、平面、曲面以及截交线、相贯线的投影特点，能进行线面分析。

4. 掌握形体的各种表达方法

掌握单面、两面、三面、多面投影图，辅助投影图，剖面图，断面图等的特性和画法。

5. 掌握尺寸标注方法

确定形体的形状和大小，并能用尺寸配合图形来确定建筑形体的形状和大小。

二、基本方法与步骤

1. 读图的基本方法

识读建筑视图的基本方法包括形体分析法和线面分析法两种。形体分析法适用于组合关系比较简单的形体；对于组合关系比较复杂的形体，应在形体分析的基础上，再辅以线面分析法。

形体分析法是分析组合体视图的基本方法。把比较复杂的视图，按线框分成几个部分，运用三视图的投影规律，分别想清楚各形体的形状及相互连接方式，最后综合起来想出整体的空间形状。运用线、面的投影规律，分析视图中图线和线框所代表的意义和相互位置，从而看懂视图的方法，称为线面分析法。这种方法主要用来分析视图中的局部复杂投影。

2. 读图的步骤

读图的基本步骤是首先进行形体分析（或结合线面分析），然后想象出各几何体的形状，最后想象出整体形状。

读图一定要几个视图对照起来读，因为只看一个视图不能确定物体的形状，有时看两个视图也不能确定物体的形状。读图时，首先要从能够反映形体特征的视图着手。如先看视图上形状明显的图形，再在其他视图中找出对应的图形是什么形状，由此想象出所示的几何体形状。

【实例分析】例 9-1　根据图 9-31a 所示建筑形体的三视图想象出物体的形状。

读图时，首先要从能够反映形体特征的平面图着手，可以看出下部为一个类似槽形"⌒"的形体，后面为一个圆柱。对照其他两个视图，采用形体分析法对该形体的三视图进行分析，然后分析出每个简单形体的形状和相对位置关系，得到的基本体下部为一个类似槽形"⌒"的基础，上面为一个"⌒"形的墙身，在墙身的两端上部各切割掉一块，并在墙身中间插一个空心圆柱。分别画出各部分的草图，如图 9-31b 所示。综合起来可以画出如图 9-31c 所示的整体空间形状。

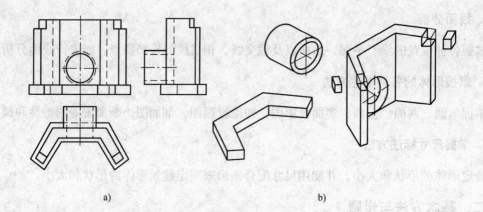

a)   b)

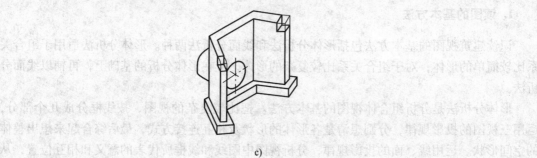

c)

图 9-31 涵洞口的读图

单 元 小 结

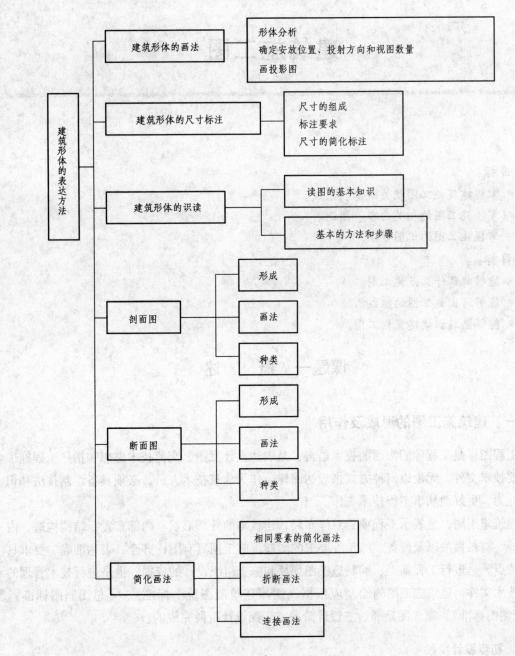

单元十

建筑施工图

知识目标：
- 掌握建筑施工图相关概念、形成。
- 掌握施工图的相关内容、图例。
- 掌握施工图的识图方法。

能力目标：
- 能够解释什么是施工图。
- 能够写出施工图的组成。
- 能够熟练识读建筑施工图。

课题一 概 述

一、建筑施工图的形成及作用

工程图样是工程师们沟通的技术语言，是表达设计意图、交流技术思想和指导工程施工的重要技术文件。无论以何种方式来表达图样，作为建筑技术人员，必须具备绘制技法和识图的能力，更好地从事工程技术工作。

建筑施工图，是表示工程项目总体布局，建筑物的外部形状、内部布置、结构构造、内外装修、材料做法以及设备、施工等要求的图样。施工图具有图样齐全、表达准确、要求具体的特点，是进行工程施工、编制施工图预算和施工组织设计的依据，也是进行技术管理的重要技术文件。建筑施工图的绘制应依据《房屋建筑制图统一标准》、《总图制图标准》、《建筑制图标准》。施工图是通过三设计阶段或者两设计阶段完成的。

1. 初步设计阶段

设计人员根据业主的建造要求和有关政策性的文件、地质条件、环境、气候、文化背景等进行初步方案设计，绘制房屋的初步方案设计图，简称初设或方案图。在方案图中包括方案设计说明、总平面布置图、平面图、立面图、剖面图、建筑效果图、建筑经济技术指标等。方案图报业主查看，并将最终确定方案报规划、消防、交通、人防等部门审批，是取得施工许可证的依据。

2. 技术设计阶段

根据相关部门审批通过的方案，组织各有关专业技术人员进一步完成各种技术问题，解决工种矛盾，确定技术上可行、经济上合理的技术方案。对于大多数中小型建筑而言，此过程及图样均由建筑师在初步设计阶段完成。

3. 施工图设计阶段

施工图设计是各专业设计人员根据初步设计方案和技术设计方案绘制，用来指导施工的图样。一套完整的施工图一般包括建筑施工图（建施）、结构施工图（结施）、给水排水施工图、采暖通风施工图及电气施工图等专业图样，也可将给水排水、采暖通风和电气施工图合在一起统称设备施工图。排序一般是全局性的在前，局部性的在后；先施工的在前，后施工的在后；重要的在前，次要的在后。全套图样中，说明和图样及相关规范标准详尽地配合表达所有设计意图。

二、建筑施工图（建施）的内容

建筑施工图表达房屋的规划位置、朝向、外部造型、功能布局、内外装修、细部构造、固定设施及施工要求等，主要包括：

1. 图样目录

图样目录类同教材目录，是对成套图样顺序、类别、编号、图名等内容的一个列表，是工程人员查阅图样的依据，主要包括建筑施工图目录、结构施工图目录、设备施工图目录。

2. 建筑设计总说明

主要介绍建筑设计依据、工程概况、建筑结构类型、防火防震等级、构造要求等，同时含有对图样的一些必要的详细补充说明。因工程大小、施工技术等不同而有所区别。

3. 总平面图

总平面图表达新建工程的总体位置情况，主要明确建筑红线，新建工程位置及朝向，与原有建筑、拆除建筑及周边构筑物的位置关系，以及周围道路、绿化、地形地貌、设备管道等内容。

4. 平面图

建筑平面图主要表达建筑物的轴线定位、房间布局、构件尺寸及位置、材料和标高、交通等情况，是编制施工组织计划、开展建筑施工和编制预算的依据。

5. 立面图

表达建筑物外立面的正投影图称为立面图。

6. 剖面图

为了表达建筑内部构造而在某一位置假想剖切得到的正投影图。

7. 详图

扩大绘制的详细局部图样。

三、建筑施工图的制图方法

建筑制图的方法有两种：手工制图和计算机制图。从目前全国乃至全球的建筑设计方法来看，主要使用计算机制图。手工制图是最早使用的制图方式，也是目前制图方法、制图标准制定的依据，同时也是计算机制图的基础，它的特点是制图出图速度慢、灵活性差，很难满足现在建筑业发展的需求。而计算机制图速度快、修改方便、可满足现代化计算机看图需求，准确度高，清晰。

计算机制图的步骤基本跟手工制图相同，但准确性、灵活性及效率更高。一般顺序为：平面、立面、剖面、详图，具体各图绘制时，以轴线—墙体—门窗—标注—文字及其他细节为序（可调整顺序）。目前国际、国内使用的最多的制图软件有 AutoCAD、天正建筑等。

课题二　总 平 面 图

一、总平面图的形成及作用

总平面图分规划总平面图、建筑总平面图、施工总平面图、设备总平面图等。建筑总平面图主要是表达新建工程的总体位置的布置情况，主要明确建筑红线，新建工程位置及朝向，与原有建筑、拆除建筑及周边构筑物的位置关系，以及周围道路、绿化、地形地貌、设备管道等内容。它是新建工程定位的依据，是施工总平面布置图的制图依据，同时也是给水排水、电气照明等管线的布置依据。

建筑总平面图涉及内容多，设计制图要求严谨，根据《总图制图标准》（GB/T 50103—2010）的规定，总平面图用正投影原理绘制，同时要求遵守图例制图规则，严格按照比例大小绘制，比例一般采用1:300、1:500、1:1000、1:2000、1:5000，并能按照实际情况和政府单位提供的地形图进行选择。总平面图的坐标、标高、距离均以"m"为单位，并至少取至小数点后两位。

二、总平面图的内容及图例

1. 图名、图例和说明

建筑总平面图比例较小、表达的内容多、反映的范围大，通常情况下使用制图标准的图例绘图，如有新加图例必须加以单独示意，对于在图中未表达完成的内容，可以用说明在总图上添加。建筑总平面图常用图例详见表10-1。

表 10-1　总平面图常用图例

序号	名称	图　例	备　注
1	新建建筑物	$X=$ $Y=$ ① 12F/2D $H=59.00m$	新建建筑物以粗实线表示与室外地坪相接处±0.000 外墙定位轮廓线 建筑物一般以 ±0.000 高度处的外墙定位轴线交叉点坐标定位。轴线用细实线表示，并标明轴线号 根据不同设计阶段标注建筑编号，地上、地下层数，建筑高度，建筑出入口位置（两种表示方法均可，但同一图样采用一种表示方法） 地下建筑物以粗虚线表示其轮廓 建筑上部（±0.000 以上）外挑建筑用细实线表示 建筑物上部连廊用细虚线表示并标注位置
2	原有建筑物		用细实线表示
3	计划扩建的预留地或建筑物		用中粗虚线表示
4	拆除的建筑物		用细实线表示
5	建筑物下面的通道		—
6	散状材料露天堆场		需要时可注明材料名称
7	其他材料露天堆场或露天作业场		需要时可注明材料名称

（续）

序号	名称	图　例	备　注
8	铺砌场地	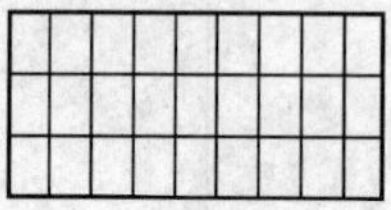	—
9	敞棚或敞廊	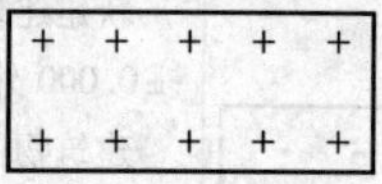	
10	高架式料仓	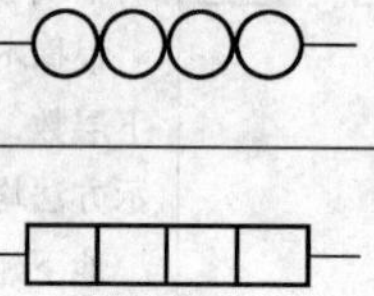	—
11	漏斗式贮仓		左、右图为底卸式 中图为侧卸式
12	冷却塔（池）	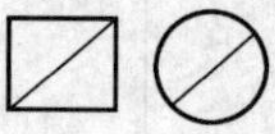	应注明冷却塔或冷却池
13	水塔、贮罐	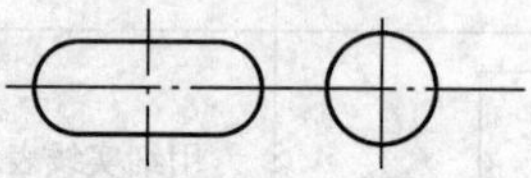	左图为卧式贮罐 右图为水塔或立式贮罐
14	水池、坑槽		也可以不涂黑
15	明溜矿槽（井）	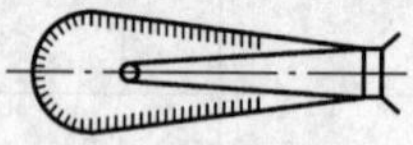	—
16	斜井或平硐	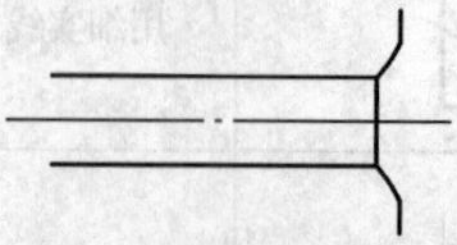	—
17	烟囱	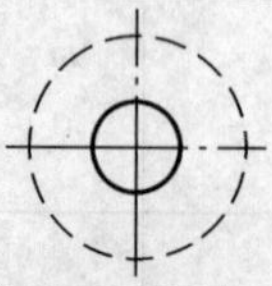	实线为烟囱下部直径，虚线为基础，必要时可注写烟囱高度和上、下口直径
18	围墙及大门	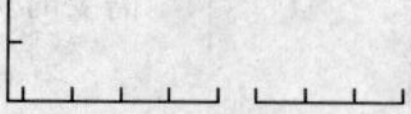	
19	挡土墙	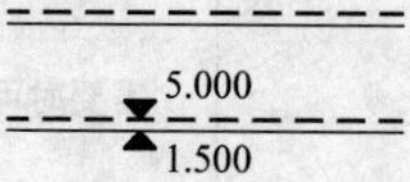 5.000 1.500	挡土墙根据不同设计阶段的需要标注 墙顶标高 墙底标高

（续）

序号	名称	图　例	备　注
20	挡土墙上设围墙		—
21	台阶及无障碍坡道	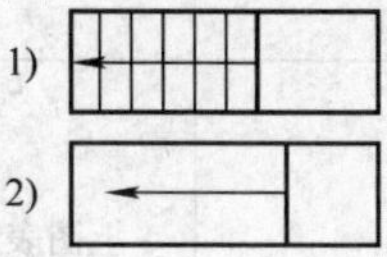 1) 2)	1）表示台阶（级数仅为示意） 2）表示无障碍坡道
22	露天桥式起重机	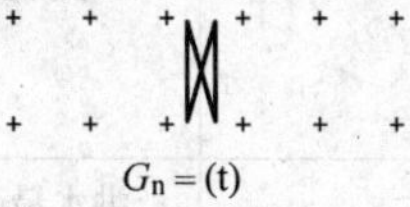 $G_n = (t)$	起重机起重量 G_n，以吨计算 "＊"为柱子位置
23	露天电动葫芦	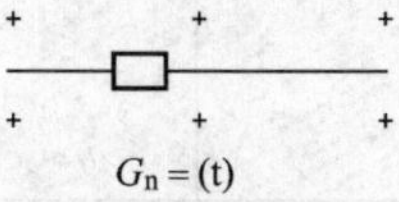 $G_n = (t)$	起重机起重量 G_n，以吨计算 "＊"为支架位置
24	门式起重机	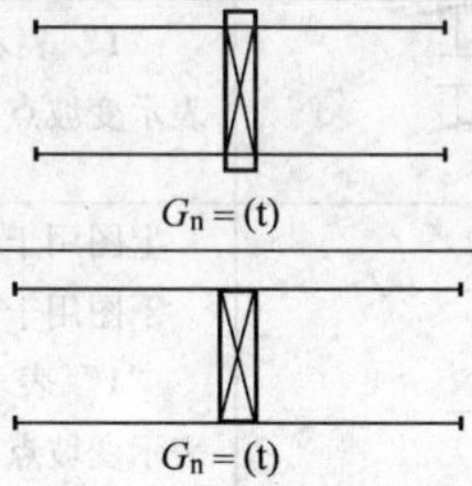 $G_n = (t)$ $G_n = (t)$	起重机起重量 G_n，以吨计算 上图表示有外伸臂 下图表示无外伸臂
25	架空索道	I　　I	"I"为支架位置
26	斜坡卷扬机道		—
27	斜坡栈桥 （皮带廊等）	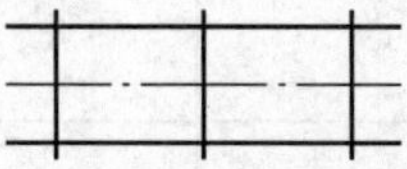	细实线表示支架中心线位置
28	坐标	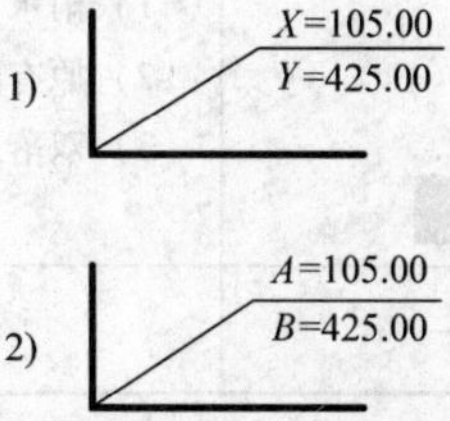 1) $X=105.00$ $Y=425.00$ 2) $A=105.00$ $B=425.00$	1）表示地形测量坐标系 2）表示自设坐标系坐标数字平行于建筑标注
29	方格网交叉点标高	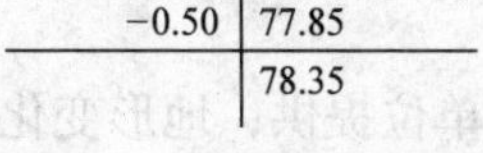 -0.50 $\dfrac{77.85}{78.35}$	"78.35"为原地面标高 "77.85"为设计标高 "−0.50"为施工高度 "−"表示挖方（"+"表示填方）
30	填方区、挖方区、 未整平区及零线	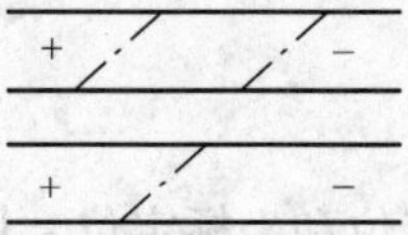 ＋　　／　　− ＋　　／　　−	"+"表示填方区 "−"表示挖方区 中间为未整平区 点画线为零点线

（续）

序号	名称	图例	备注
31	填挖边坡	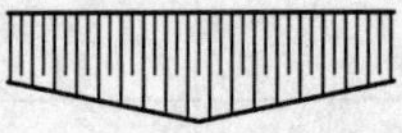	—
32	分水脊线与谷线	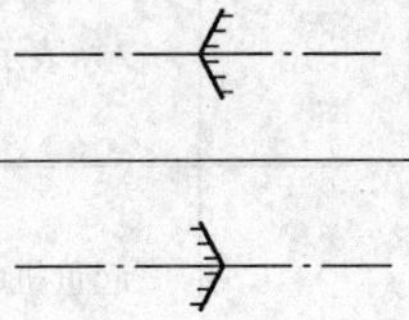	上图表示脊线 下图表示谷线
33	洪水淹没线		洪水最高水位以文字标注
34	地表排水方向		—
35	截水沟	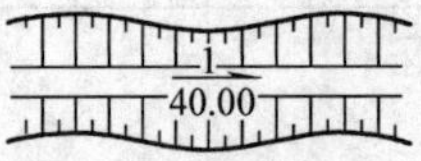 40.00	"1"表示1%的沟底纵向坡度，"40.00"表示变坡点间距离，箭头表示水流方向
36	排水明沟	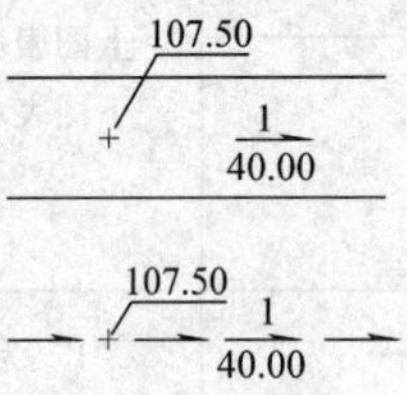 107.50 $\frac{1}{40.00}$ 107.50 $\frac{1}{40.00}$	上图用于比例较大的图面 下图用于比例较小的图面 "1"表示1%的沟底纵向坡度，"40.00"表示变坡点间距离，箭头表示水流方向 "107.50"表示沟底变坡点标高（变坡点以"+"表示）
37	有盖板的排水沟	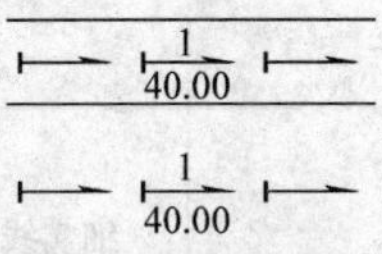 $\frac{1}{40.00}$ $\frac{1}{40.00}$	—
38	雨水口	1) 2) 3) 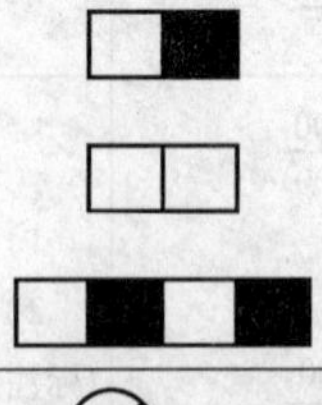	1）雨水口 2）原有雨水口 3）双落式雨水口
39	消火栓井		—

2. 新建建筑物的地形

一般情况下，对应位置的地形图由政府单位提供，地形变化较大的，应绘制相应的等高线，地形变化较小的，可以不绘制。

3. 新建建筑物的外形及定位

建筑物的定位一般有两种方法，即尺寸定位和坐标定位。尺寸定位通过与原有建筑物或原有道路的距离关系定位，坐标定位分测量坐标定位和建筑坐标定位。

4. 标高

总图中的标高均以"m"为单位，一般都要保留到小数点后三位，在总平面图中，可以保留到小数点后两位。除总图中的标高外，立面图和剖面图是标注标高最多的施工图。

5. 绘制原有建筑、新建建筑、拆除建筑、道路系统等

原有建筑、新建建筑、拆除建筑、道路系统等按照图例要求绘制即可，同时要标注新建建筑物的层数、入口、对应点的坐标以及周边建筑物、构筑物的尺寸等，道路系统应注明起点、变坡、转折点、终点、转弯角度以及道路中心线的标高、坡向的箭头等。

6. 指北针或风向频率玫瑰图

指北针或风向频率玫瑰图都可以用来表示方位，而风向频率玫瑰图还可以表达该地区常年的风向频率。每个地方都有其风向频率玫瑰图，它是根据当地多年平均统计的各个方向吹风次数的百分数，按照一定比例绘制的，风的吹向指向中心。实线表示全年风向频率，虚线表示按6、7、8三个月统计的风向频率，如图10-1所示。

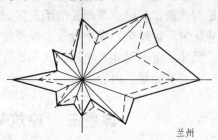

图 10-1　指北针和风向频率玫瑰图

7. 绿化规划、给水排水、电气、采暖管道布置及其他

三、总平面图的识读

1. 总平面图的识读步骤

1）查看图名、比例，查看图示说明，这是阅读建筑施工图的首要步骤。

2）查看工程性质，对比设计说明，依据图例及线型熟悉用地范围、地形地貌及周边环境状况。

3）查看整个总图的标高以及新建建筑物的标高、定位尺寸、定形尺寸等。

4）查看新建建筑物的朝向，阅读风向玫瑰图，判断建筑物的层数、平面形状等。

5）查看新建建筑物与原有建筑物的关系，熟悉道路系统及相关情况，熟悉绿化情况。

6）查看整个建筑设备的规划安排，即给水、排水、供暖、供电、网络等设备系统管线走向。

2. 总平面图的识读举例

如图 10-2（见书后插页）所示为某别墅区建筑总平面图，采用 1:500 的比例绘制，通过基地经济技术一览表可以看出规划总用地面积、建筑占地面积、道路用地面积、绿化用地面积等，通过主要技术经济指标，可以知道建筑密度、容积率、绿地率等指标。整个别墅区一共有 25 栋别墅，均通过坐标及定位尺寸来定位并绘制了别墅的外形轮廓线、屋顶屋脊线、层数、建筑高度及入口和停车位，可以通过图中的风向玫瑰图判定入口朝向。图中道路系统绘制了中心线、道路边线，分段表示了道路标高及坡度，同时用箭头表达了小区的主要入口和次要入口。整个小区四周的粗虚线为规划红线，规划红线由城市规划所定。另外，总图的线型线宽使用要特别注意，新建建筑物以粗实线绘制、规划红线用特粗虚线绘制等。

四、总平面图的绘制步骤

1）在天正建筑软件中设定相关字体、单位、比例、坐标原点、标注等。
2）根据设计资料文件的规定及给定的坐标定点，并绘制红线系统、已有道路系统。
3）绘制已有建筑物、构筑物的平面轮廓图。
4）根据定位尺寸、坐标等绘制新建建筑的平面轮廓图、新建道路系统图。
5）添加与原有建筑、新建建筑相关的填充标记、符号、楼层号等系列符号。
6）绘制新建建筑周边绿化、场地设计、场地设施等图样，添加新增图例等。
7）标注定位尺寸、定形尺寸、坐标、文字、方位标注符号等。
8）添加图框，完善标题栏内容。

课题三　建筑平面图

一、建筑平面图的形成及作用

假想用水平剖切平面沿窗台上方位置（除屋顶平面图外）将房屋剖开，移去剖切平面以上的部分，向下所作的正投影，称为建筑平面图，简称为平面图。

建筑平面图主要表达建筑物的轴线定位、房间布局、构件尺寸及位置、材料和标高、交通等情况，是编制施工组织计划、开展建筑施工和编制预算的依据。

一套完整的施工图中，通常情况下至少含有底层平面图、标准层平面图和顶层平面图，常用的比例为 1:50、1:100、1:200，其中 1:100 用得最为广泛。底层、标准层和顶层平面图三者的区别在于楼梯画法不同、是否有入口等。

二、建筑平面图的内容及图例

1. 建筑轴线或轴网

建筑轴线在施工平面图中主要起辅助性定位作用，所有的建筑构件位置、相关尺寸等都是通过轴线来确定的，同时定位轴线也是识别建筑施工图的主要辅助工具。按照《房屋建筑制图统一标准》（GB/T 50001—2010）规定，定位轴线有如下绘制要求：

1）定位轴线应用细单点长画线绘制。

2）定位轴线编号应写在直径 8～10mm 的细实线圆内，并注写在轴线端部。编号顺序：水平方向用阿拉伯数字从左到右编写，垂直方向用拉丁字母从下到上编写，I、O、Z 不得用做轴线编号。当字母数量不够使用时，可增用双字母或者单字母加数字注脚。

3）组合较复杂的平面图中定位轴线可采用分区编号，统一注写规则即可。

4）附加定位轴线的编号应以分数形式表示，以前主轴为依据。

5）一个详图用于几根轴线时，应同时注明各有关轴线的编号。

6）通用详图中的定位轴线，应只画圆，不注写轴线编号。

7）圆形与弧形平面图中的定位轴线，其径向轴线应以角度进行定位，其编号宜用阿拉伯字表示，从左下角或者 -90°（若径向轴线很密，角度间隔很小）开始，按逆时针顺序编号；其他环向轴线宜用大写拉丁字母表示，从外向内顺序编写。

8）折线形平面图中定位轴线的编号按照图 10-3 所示的形式编写。

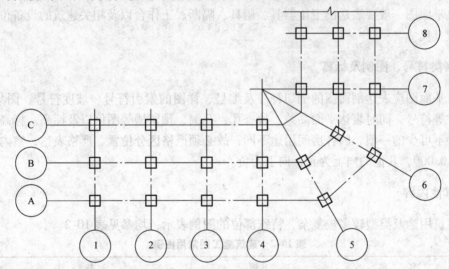

图 10-3　折线形平面图中定位轴线的编号

2. 平面尺寸

平面图的尺寸分为外部尺寸和内部尺寸两种，主要表达建筑开间、进深，墙体柱子的宽度，交通系统尺寸等。

外部尺寸分为三层，最外部的一层为总尺寸，是从两端墙体外边线标注的尺寸；中间层为轴线之间的尺寸；最里面的一层为细部尺寸，表达门窗尺寸、窗间墙尺寸以及与轴线之间的尺寸关系等。图样轮廓线以外的尺寸线及细部尺寸距图样最外轮廓之间的距离不宜小于10mm；三层尺寸的间距宜为 7～10mm（8mm 最为常用），并应保持一致；内部尺寸主要表达墙体宽及墙段、室内门、通道等相关尺寸。

3. 建筑平面布置、方位

平面图主要表达建筑平面布置情况，主要包括各类主要房间和次要房间的用途、水平交通系统和垂直交通系统的位置、建筑各类构件的相关尺寸和形状、建筑标高关系等。不同用途的建筑表达的内容不同，要结合建筑设计和建筑构造情况综合分析。

建筑物的方位关系一般是在底层平面图中用指北针或者风玫瑰图来表达的，根据方位关系可以判断建筑物的朝向，一般入口在哪面墙上，就称建筑物朝哪个方向，比如北方的住房一般门开南墙，就称之为朝南建筑或者坐北朝南建筑。

4. 建筑构件

建筑平面图一般会表达墙体、柱子、门窗、楼梯等主要构件和阳台、散水、台阶、烟道、通风道等次要构件的位置和尺寸。平面图会表达门窗的具体名称、位置、宽度以及与轴线的关系，门窗的数量和材料做法可以查看门窗表，具体详细构造做法查看详图即可。平面图中，楼梯、散水等以示意图为主，详细做法查看详图。

5. 设备布置

建筑平面图一般要表达出卫生器具、厨具、隔断、工作台以及相关建筑的设备位置、名称、形状及尺寸。

6. 各类符号、图例及标高

建筑平面图应表达剖面图的剖切符号及编号、详图的索引符号、坡度符号、图集符号、辅助构件等符号，同时表达平面高差、检查孔、孔洞、预留槽等图例以及标高。标高是建筑平面图必不可少的一项，因各房间用途不同，故必须严格区分位置、严格表达，室内一层地坪面为 ±0.000，其他的向上为正，向下为负。

7. 其他内容

因建筑用途及类型较多较复杂，特殊部位的图例表示，均参见表 10-2。

表 10-2　建筑施工图常用图例

序号	名　称	图　例	备　注
1	墙体	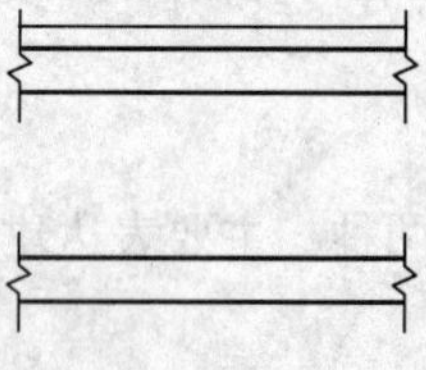	1）上图为外墙，下图为内墙 2）外墙细线表示有保温层或有幕墙 3）应加注文字或涂色或图案填充表示各种材料的墙体 4）在各层平面图中防火墙宜着重以特殊图案填充表示
2	隔断	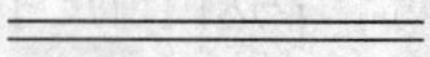	1）加注文字或涂色或图案填充表示各种材料的轻质隔断 2）适用于到顶与不到顶隔断
3	玻璃幕墙		幕墙龙骨是否表示由项目设计决定

（续）

序号	名　称	图　例	备　注
4	栏杆		—
5	楼梯	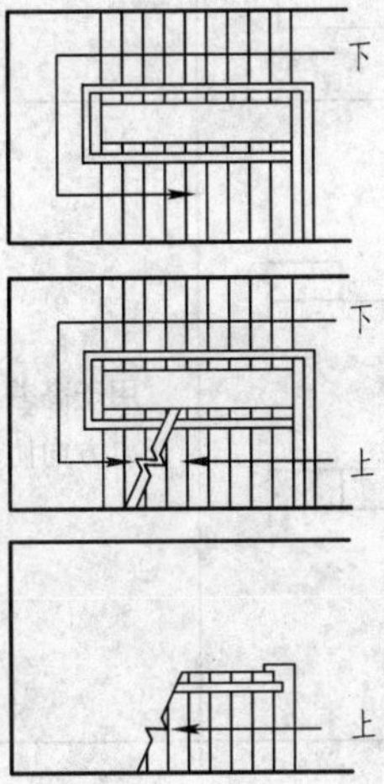	1）上图为顶层楼梯平面，中图为中间层楼梯平面，下图为底层楼梯平面 2）需设置靠墙扶手或中间扶手时，应在图中表示
6	坡道	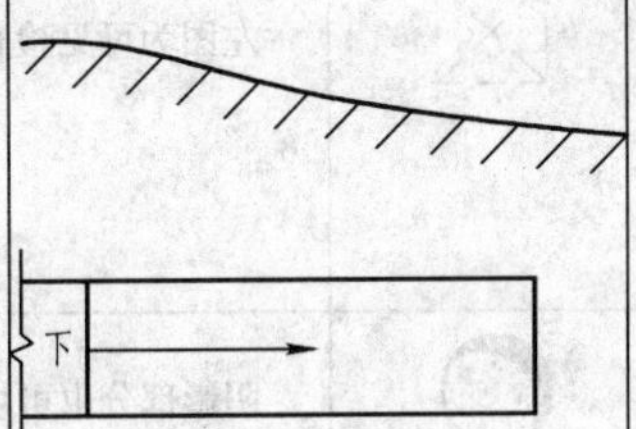	长坡道
		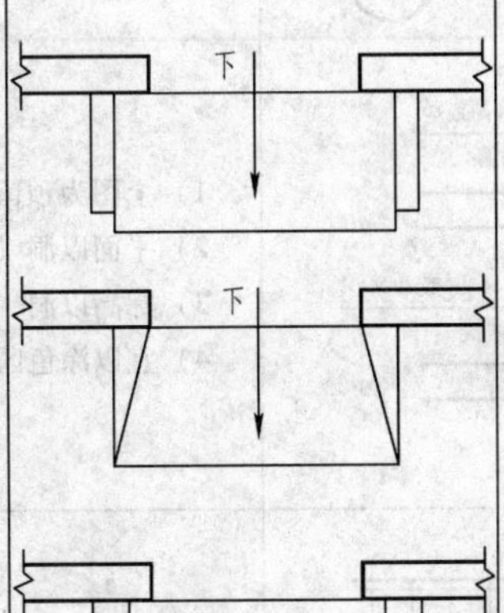	上图为两侧垂直的门口坡道，中图为有挡墙的门口坡道，下图为两侧找坡的门口坡道

（续）

序号	名　称	图　例	备　注
7	台阶	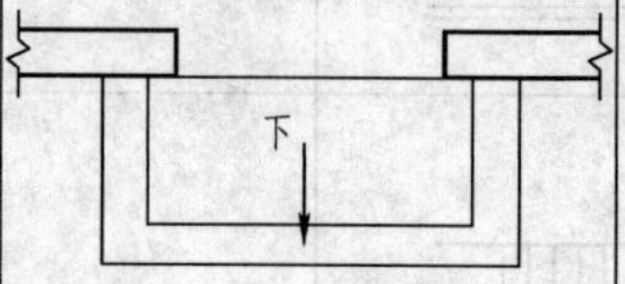	—
8	平面高差	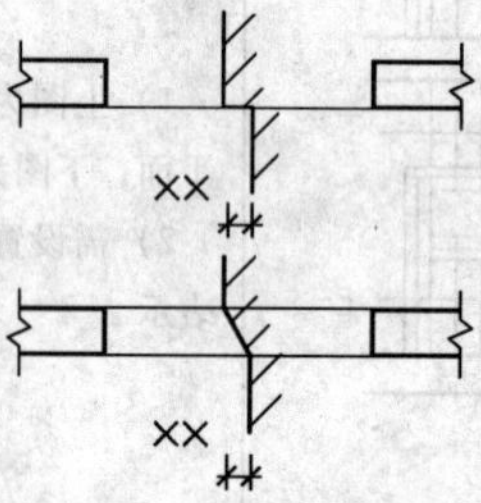	用于高差小的地面或楼面交接处，并应与门的开启方向协调
9	检查口		左图为可见检查口，右图为不可见检查口
10	孔洞		阴影部分也可填充灰度或涂色代替
11	坑槽		—
12	墙预留洞、槽	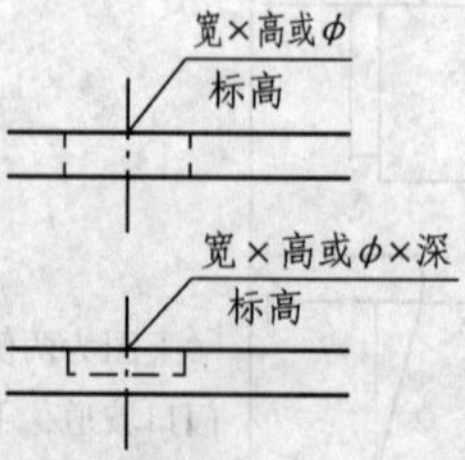 宽×高或φ 标高 宽×高或φ×深 标高	1）上图为预留洞，下图为预留槽 2）平面以洞（槽）中心定位 3）标高以洞（槽）底或中心定位 4）宜以涂色区别墙体和预留洞（槽）
13	地沟	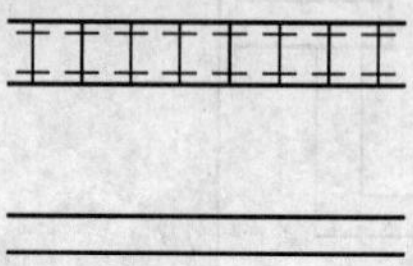	上图为有盖板地沟，下图为无盖板明沟

（续）

序号	名　称	图　　例	备　　注
14	烟道	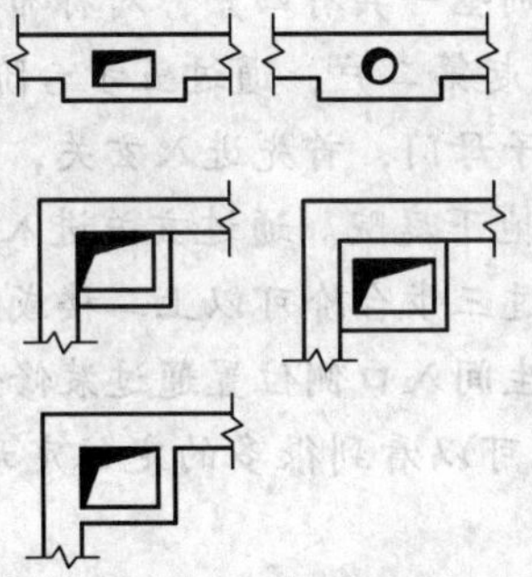	
15	风道	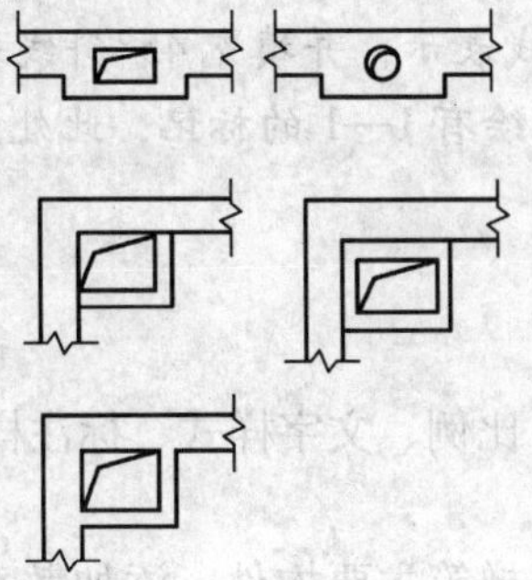	1）阴影部分也可填充灰度或涂色代替 2）烟道、风道与墙体为相同材料，其相接处墙身线应连通 3）烟道、风道根据需要增加不同材料的内衬
16	新建的墙和窗	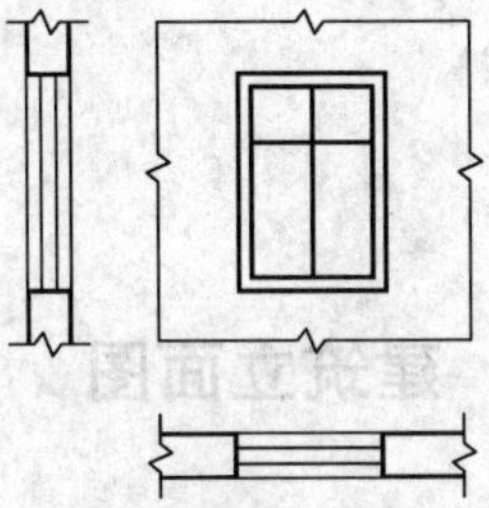	—

三、建筑平面图的识读

建筑平面图反映的信息较多，很多时候需要前后对照识图。为了更为完整地识读，要从总体出发，从框架信息到各个平面图细节逐一识读，具体步骤如下：

1）查看整套图的组成和建筑设计说明，了解平面图的整体构成，阅读平面图标题栏的内容，从图名开始识读。一般情况下，平面图从底层开始识读，查阅建筑物的平面形状、房屋朝向、房间的布置关系和用途以及交通情况。

2）依次查阅建筑各主要构件尺寸、数量及表达，以及所用建筑材料。

3）查阅标高，核对厨房、卫生间、楼梯间、阳台等特殊位置。

4）依据建筑类型查看辅助设备设施、必要说明和新添加项。

【实例分析】例 10-1　下面以某别墅一层平面图（图 10-4，见书后插页）为例，具体识读如下：

　　一层平面图采用 1:50 的比例绘制，表达了新建别墅底层的平面布置情况：横向有 17 道轴线，纵向有 11 道轴线；轴线均与墙体的中心线重合，墙体统一采用 200mm 宽。通过右上角的指北针判断，入口方位为南偏东，别墅一共有四户，对称布置。整栋建筑的外墙边缘设置了 800mm 宽的散水。从首层平面图左起第二户，通过五步台阶进入别墅 LN1 – 2，入户门代号为 FDM1330，为 1300mm 宽的防盗子母门，首先进入玄关，玄关正对大门位置留有窗户 LC1115，既可以通风透气，又可以察看地下庭院。通过玄关进入起居室（即客厅），可以在本图中看到布置的客厅家具，另一侧通过三步台阶可以上二楼或者下地下室，也可以通过过道走到一楼的餐厅、厨房、卫生间，卫生间入口侧位置通过装修做了衣柜。可以通过餐厅位置的 FDM1026 门进入后花园。此外，还可以看到很多的定位定形尺寸以及标高，也可以看到室外散水及绿化等。

　　在整个平面图中，定位轴线用单点画线绘制，特别注意的是在使用 CAD 软件绘图时，线型的前后调整。图中墙体边线以粗实线表示，并填充 45°斜线表示砖材料，柱子同样填充了钢筋混凝土材料等。LN1 – 2 别墅前后绘有 1—1 的标记，此处为剖切位置，详细图见课题五中 1 – 1 剖面图介绍。

四、平面图的绘制步骤

　　1）打开天正建筑软件，设置层高、比例、文字样式、标注样式等。
　　2）绘制轴网，标注轴号。
　　3）依次绘制墙体、柱子、门窗、楼梯等主要构件，添加散水、阳台、雨篷等次要构件（在绘制所有构件时必须设置好构件参数）。
　　4）添加尺寸、符号、文字等。
　　5）添加图框，完善标题栏，打印出图。

课题四　建筑立面图

一、建筑立面图的形成及作用

　　建筑立面图是指在与建筑立面相平行的投影立面上形成的正投影图，主要表达建筑的外观构造、建筑风格、色彩搭配、材料用法等，为了突出建筑外形，一般用粗实线表示立面图的最外轮廓线，而凸出墙面的雨篷、阳台、柱子、窗台、窗楣、台阶、花池等投影用中粗线画出，地坪线用加粗线（标准粗度的 1.4 倍）画出，其余如门、窗及墙面分格线，落水管以及材料符号引出线，说明引出线等用细实线画出。建筑物内部的不可见轮廓线省略不画。建筑立面图是立面设计的重要依据，也是工程概预算、施工的重要依据，立面造型在设计上主要取决于城市规划、文化背景、艺术处理等，在施工上主要表达建筑各部位的高度、外貌和装修等。

　　建筑立面图一般至少有三个，命名方式有以下三种：

　　1）轴号命名方式，一般是按照观察者的视觉方向从左到右的顺序用两侧轴号命名，比如①—⑩立面图或者⑩—①立面图。

　　2）方位命名方式，建筑立面的朝向是哪个方位，就以哪个方位命名立面图，比如立面图向北，就为北立面图；立面图向东，就为东立面图。

3）立面主次命名方式，一般是将建筑物的主要入口或者主要特征的立面命名为正立面图，其余以背立面图、左立面图和右立面图命名。

二、建筑立面图的内容及图例

1）表达建筑的室外地坪线、台阶、勒脚、花池、门窗、雨篷、阳台、室外楼梯、墙体分界线、雨水管、屋顶、轮廓线等内容。

2）表达立面高度尺寸，一般有层高、门窗高、护栏高、雨篷高、洞口高、女儿墙高、装饰物高等内容。

3）表达主要标高，主要包括室外地坪标高、台阶标高、层标高、门窗标高、扶手标高、装饰物标高、檐口标高及其他设备放置标高等。

4）外墙面的分格、装饰做法。外墙面的分格主要有楼层分格线、装饰分格线等，有些设计可以没有分格。装饰做法及标注一般必须要有，或者进行标注说明、图集说明。

5）定位轴线、详图索引及辅助文字说明。

6）名称标注及比例，立面图一般用 1∶100、1∶150、1∶200 的比例。

其他立面图的图例见平面图图例。

三、建筑立面图的识读

建筑识图的其中一项规则是全套图样前后对照识图，为充分识图，建筑立面图的识别也要遵守这一点。识图步骤如下：

1）查看图纸标题栏内容，阅读图名、说明及比例。

2）从下到上依次识图，识别室内外高差、主要和次要入口、层高、标高、门窗等。

3）阅读相关文字提示、索引标注、墙面装修做法等。

4）查看整体立面，通过对比平面图等，建立建筑物的整体设计立体感，加深理解。

5）查看定位轴线与轴线尺寸。

【实例分析】例 10-2　下面以某别墅的立面图（图 10-5，见书后插页）为例，具体识读如下：

立面图采用 1∶50 的比例绘制。结合平面图可以看出所反映的建筑正立面的入口位置、外立面轮廓线变化、门窗立面、外墙面装饰装修及造型设计、构件详细做法索引，以及系列尺寸及标高。

为了突出表达，建筑立面采用多种线型宽度，立面外轮廓线采用粗线，中粗线绘制门窗洞口形状、房屋屋脊，细实线表达散水、平台、雨水管、门窗等细节部位。通过标注可以看到别墅一楼层高为 3.75m，二楼和三楼层高均为 3m，一楼窗户均为落地窗，二楼、三楼窗台高为 0.9m、窗高均为 1.55m。通过立面图可以看出，别墅的屋顶类型为坡屋顶，各不同高度位置均标有标高，屋顶最高处即屋脊位置标高为 13.341m。整个立面图，集中在最上部和最下部采用引线的标注方式注写了墙体外装修材料、阳台栏杆材料及形式、外立面构件材料、屋顶材料做法等，比如外墙勒脚采用浅黄色毛面仿石砖贴面、外墙采用砖红色面砖等。

课题五 建筑剖面图

一、建筑剖面图的形成及作用

建筑剖面图简称剖面图，是假想用一个正立投影面或者侧立投影面的平行面将建筑剖切，移去剖切立面与观察者之间的部分，用正投影原理投射剩余部分到投影面上的投影图。具体剖切的位置，根据实际需要确定，一般应为通过楼梯位置、门窗洞口、内部构造相对复杂的位置等。

剖面图是整个建筑图样的重要组成部分，也是施工、概预算的主要依据，其主要表达建筑的内部构造情况、垂直向的分层、楼地面、屋顶、楼梯的构造及相关尺寸、标高等。剖面图的表达应与建筑首层平面图的剖切符号一致，剖切符号可用阿拉伯数字、罗马数字或拉丁字母编号。

二、建筑剖面图的内容及表示

1）图名和比例，剖面图必须与前面的剖切位置相对应，比例一般和平面图一致。

2）定位轴线和轴线尺寸。剖面图的定位轴线和立面图有所区别，所有能表达的轴线全部要表达出来，并且要标注轴线尺寸和总尺寸。

3）建筑的内部分层、分割情况，门窗、墙体、楼梯、节能层等被剖切的情况。一般情况下，所有被剖切的建筑构件都需要填充对应材料符号，并标示相关尺寸。

4）屋顶被剖切的情况。一般屋顶涉及的内容较多，特别是保温隔热、防水、坡度等要有所重视，平屋顶和坡屋顶又有所区别，故屋顶单独列为一项。

5）建筑的高度尺寸、标高。剖面图中涉及的标高较多，主要有分层标高、楼梯标高、窗户位置标高等。尺寸主要是高度方向的尺寸，一共三道尺寸，分别为总尺寸、楼层尺寸、细部尺寸。

6）次要建筑构件、索引符号及其他。阳台、台阶、雨篷、散水、勒脚等次要构件被剖切的部分都需要绘制出来。索引符号主要是针对剖面图中没表达详细的部位，通过索引，用详图表示。

三、建筑剖面图的识读

1）查看剖面图图名、轴线符号，并对照平面图。

2）查看墙体、柱子、楼板、门窗、楼梯、屋顶等主要建筑构件，识别对应的尺寸、标高。

3）查看剖面图上被剖切的次要建筑构件。

【实例分析】例 10-3　下面以某别墅剖面图（图 10-6）为例，具体识读如下：

1—1 剖面图采用的比例与平面图、立面图一致，与一层平面图上的 1—1 剖切位置线、轴线符号相对照，它反映了别墅通过客厅、室内台阶、走廊、餐厅、后花园的垂直剖面的地下室、楼板厚度、墙体构造、梁柱、门窗等结构形式、所用材料、分层高度以及垂直组合空间情况。通过剖面图可以看出室内楼梯造型，通过系列尺寸及标高，可以看出垂直高度尺寸

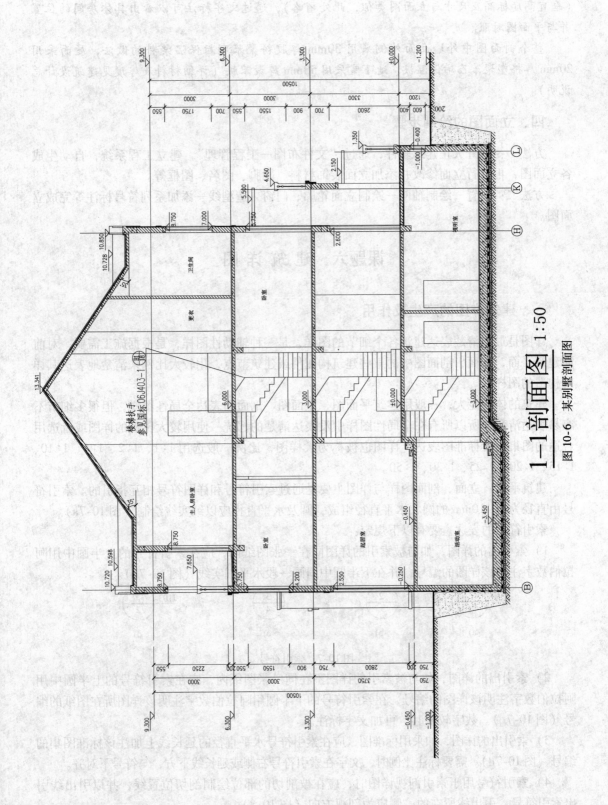

1—1剖面图 1:50

图 10-6　某别墅剖面图

（垂直高度标高及尺寸与立面图类似，此处省略），通过文字标注可以看出具体房间的位置并与平面图对照。

整个剖面图中外墙立面外侧采用 30mm 厚胶粉聚苯颗粒保温浆料的做法，屋面采用 20mm 厚挤塑聚苯乙烯保温板，地下室采用 50mm 厚聚苯板（详细材料及厚度见建筑设计总说明）。

四、立面图的绘制步骤

方法一：打开天正建筑软件，通过"文件布图—工程管理"，建立工程系统，自动生成各立面图，再进行立面修改并添加立面装饰材料、勒脚、图名、图框等。

方法二：设置—绘制轴网—绘制立面轮廓、门窗、造型线—添加系列符号标注等完成立面图。

课题六　建筑详图

一、建筑详图的产生及作用

详图是最能清楚表达建筑各个细节的图样，是一种辅助性图样，是根据施工需要，对前面建筑平面、立面、剖面图中的某些建筑构配件或建筑节点，用较大比例来清楚地表达其详细构造的图样。

建筑的体积庞大，一般用建筑平面图、立面图、剖面图表达全局性图样，但很多细节不容易表达清楚，所以所有在全局性图样中没表达清楚的都统一使用较大比例的详图或者选用合适的图集或者标准图表达。详图也被称为大样图，比例一般选用 1:1、1:2、1:5、1:10、1:15、1:20、1:25、1:30、1:50。

建筑平面、立面、剖面图样与详图主要是通过索引符号和详图符号相互指引的。索引符号由直径为 8~10mm 的圆和水平直径组成，圆及水平直径应以细实线绘制（图 10-7a）。

索引符号的表达主要有以下规定：

1）索引出的详图，如与被索引的详图同在一张图纸内，应在索引符号的上半圆中用阿拉伯数字注明该详图的编号，并在下半圆中间画一段水平细实线（图 10-7b）。

图 10-7　索引符号

2）索引出的详图，如与被索引的详图不在同一张图纸内，应在索引符号的上半圆中用阿拉伯数字注明该详图的编号，在索引符号的下半圆用阿拉伯数字注明该详图所在图纸的编号（图 10-7c）。数字较多时，可加文字标注。

3）索引出的详图，如采用标准图，应在索引符号水平直径的延长线上加注该标准图集的编号（图 10-7d）。需要标注比例时，文字在索引符号右侧或延长线下方，与符号下对齐。

4）索引符号用于索引剖视详图时，应在被剖切的部位绘制剖切位置线，并以引出线引出索引符号，引出线所在的一侧应为剖视方向（图 10-8）。

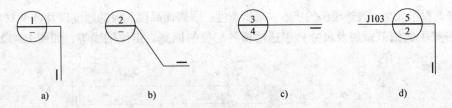

图 10-8　索引符号用于索引剖视详图

详图的位置和编号以详图符号表示。详图符号的圆直径为 14mm，应以粗实线绘制，其表达主要有以下规定：

1）详图与被索引的图样同在一张图纸内时，应在详图符号内用阿拉伯数字注明详图的编号（图 10-9）。

2）详图与被索引的图样不在同一张图纸内时，应用细实线在详图符号内画一水平直径，在上半圆注明详图编号，下半圆中注明被索引的图样的编号（图 10-10）。

图 10-9　与被索引图样同在一张　　　　　图 10-10　与被索引图样不在同一
　　　图纸内的详图符号　　　　　　　　　　　　张图纸内的详图符号

二、建筑详图内容及图集

建筑详图又有节点详图、局部详图，建筑详图是针对建筑构件节点的扩大详细图示和某一平面布局的局部扩大再说明，主要有外墙详图、楼梯详图、门窗详图、卫生间详图等。

1. 外墙详图

外墙详图是建筑剖面图上外墙体的放大图样，主要表达外墙与地面、楼面、屋面的形状、尺寸、材料及其构造做法，墙身处的勒脚、台阶、明沟以及墙体中的窗户、窗台等细部大小、材料及构造做法，如图 10-11 所示。

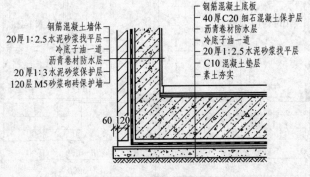

图 10-11　外墙详图

2. 楼梯详图

楼梯详图主要表达楼梯底层、中间层、顶层的平面尺寸以及形成楼梯间的墙体、柱子、门窗的平面投影大小；表达楼梯的步数、踏步宽度、踢脚面高度、板的厚度以及各类材料做法；表达栏杆扶手的细节做法及尺寸；表达楼梯各部位的标高、定位轴线等，如图10-12所示。

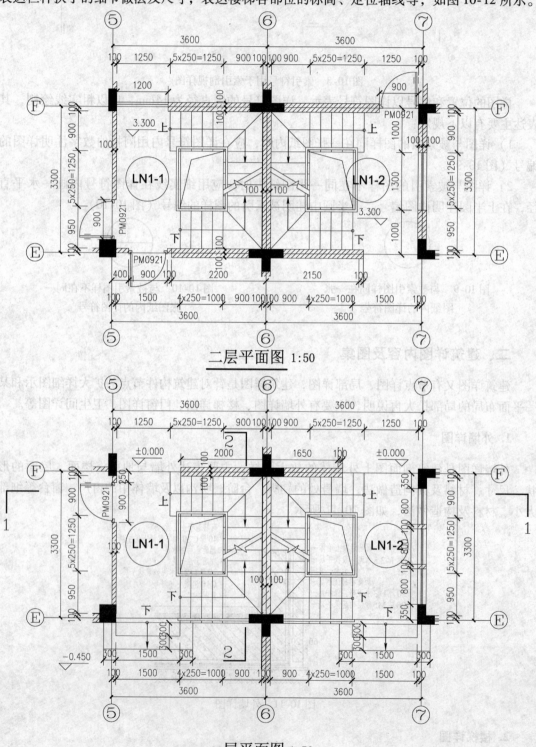

图 10-12　楼梯详图

3. 门窗详图

门窗详图主要表达门窗的立面图尺寸、节点详图、材料做法及必要的文字说明，如图 10-13 所示。

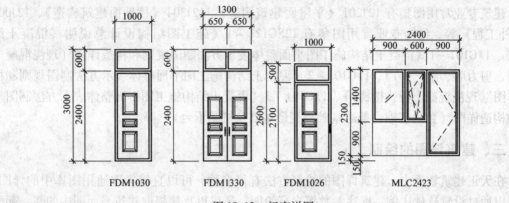

图 10-13 门窗详图

4. 卫生间详图

因为卫生间在平面图上比例较小，不能反映出卫生间细节，所以使用卫生间局部放大图样即卫生间详图。主要表达卫生间的详细尺寸、标高、排水坡度、地漏位置、卫生洁具的形状和数量、卫生间的必要装修做法等，如图 10-14 所示。

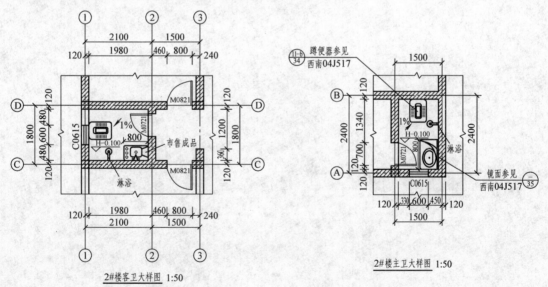

图 10-14 卫生间详图

5. 其他构件详图

为了贯彻现行的建筑设计标准，规范建筑设计，充分发挥科学的政策引导，积极推广新技术、新材料的使用，特推广使用《国家建筑标准设计图集》。

建筑图集分为国家标准图集和地方标准图集。国家标准图集又分建筑图集、结构图集、给排水图集、电气图集、暖通图集、弱电图集、市政路桥图集、人防图集等。建筑图集提供标准的建筑做法和设计，以减少设计人员的工作，规范建筑设计。

建筑专业常用图集有 12J201《平屋面建筑构造》、12J304《楼地面建筑构造》、12J003《室外工程》等，结构专业常用图集有 12SG121-1《施工图结构设计总说明（混凝土结构)》、11G101-1《混凝土结构施工图平面整体表示方法制图规则和构造详图（现浇混凝土框架、剪力墙、梁、板)》、11G101-2《混凝土结构施工图平面整体表示方法制图规则和构造详图（现浇混凝土板式楼梯)》、11G101-3《混凝土结构施工图平面整体表示方法制图规则和构造详图（独立基础、条形基础、筏形基础及桩基承台)》等。

三、建筑详图的绘制

在天正建筑软件中，建筑详图的绘制方法有很多种，可以直接提取通用图库中的详图，也可以通过设置软件比例、标注参数等自行绘图，还可以直接提取建筑平面图中的某一部分进行放大、标注等修改而成。

课题七　工 程 案 例

下面是某办公楼的建筑施工图（图 10-15~图 10-25 见书后插页），供读者识读训练。

单 元 小 结

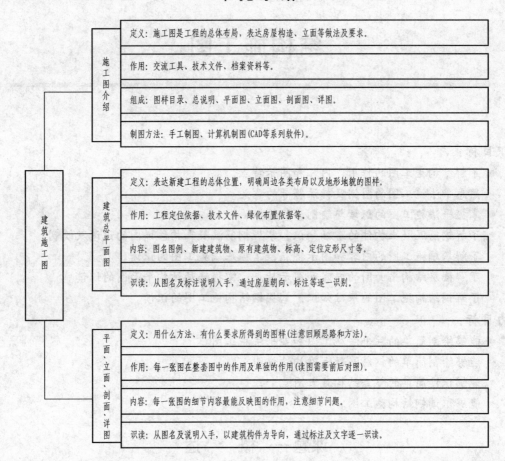

施工图介绍

- 定义: 施工图是工程的总体布局, 表达房屋构造、立面等做法及要求。
- 作用: 交流工具、技术文件、档案资料等。
- 组成: 图样目录、总说明、平面图、立面图、剖面图、详图。
- 制图方法: 手工制图、计算机制图(CAD等系列软件)。

建筑总平面图

- 定义: 表达新建工程的总体位置, 明确周边各类布局以及地形地貌的图样。
- 作用: 工程定位依据、技术文件、绿化布置依据等。
- 内容: 图名图例、新建建筑物、原有建筑物、标高、定位定形尺寸等。
- 识读: 从图名及标注说明入手, 通过房屋朝向、标注等逐一识别。

平面、立面、剖面、详图

- 定义: 用什么方法、有什么要求所得到的图样(注意回顾思路和方法)。
- 作用: 每一张图在整套图中的作用及单独的作用(读图需要前后对照)。
- 内容: 每一张图的细节内容最能反映图的作用, 注意细节问题。
- 识读: 从图名及说明入手, 以建筑构件为导向, 通过标注及文字逐一识读。

(建筑施工图)

单元十一

结构施工图

知识目标:
- 了解结构施工图的作用、内容和图示特点。
- 熟悉平法施工图的图例及标注符号的意义。
- 掌握平法施工图的识读与绘制。
- 了解钢筋混凝土构件的基础知识,掌握钢筋混凝土构件详图的识读及绘制。
- 了解基础施工图的内容和图示特点,掌握基础施工图的识读。
- 了解楼层结构平面图的内容和图示特点,掌握楼层结构平面图的识读。
- 了解钢结构施工图的基础知识,掌握钢结构施工图的识读。

能力目标:
- 能够绘制简单的柱平法施工图和梁平法施工图。
- 能够绘制简单的钢筋混凝土梁构件详图。
- 能够识读简单的整套结构施工图。
- 能够识读钢结构施工图。

课题一 概 述

一、房屋结构简介

一套完整的房屋工程施工图,除了前述的建筑施工图外,还必须根据使用要求和作用于建筑物上的荷载要求,进行结构选型和构件布置,再通过力学计算,确定房屋各承重构件的材料、形状、大小以及内部构造等,并将设计结果按正投影法绘成图样以指导施工,这种图样称为结构施工图,简称"结施"。

房屋建筑物主要由基础、墙、柱、梁、楼板和屋面板组成骨架,这种骨架称为房屋的结构,组成骨架的梁、板、柱等称为构件,承受各种外力和荷载作用。对于房屋建筑而言,房屋各部分自身的重量,室内设备、家具及人群的重量等所产生的荷载由楼板传给梁、柱或墙,再通过基础传给地基。

二、结构施工图的作用和内容

1. 结构施工图的作用

结构施工图是施工放线、基础施工、钢筋混凝土构件制作、构件安装、编制预算和进行施工组织设计的重要依据。

2. 结构施工图的内容

（1）结构设计说明　根据工程的复杂程度，结构设计说明的内容有多有少，但一般均包括四个方面的内容：主要设计依据；自然条件及使用要求；施工要求；选用结构材料的类型、规格、强度等级以及对材料的质量要求等。

（2）结构平面图　主要表示房屋结构中的各种承重构件总体平面布置的图样，主要包括：基础平面图、楼层结构平面图、屋面结构平面图。

（3）结构构件详图　主要表示各承重构件的形状、大小、材料和构造的图样以及各承重结构间的连接节点、细部节点等构造的图样。主要包括：梁、板、柱及基础结构详图；楼梯结构详图；屋架结构详图。

三、结构施工图的图示特点及识读方法

1. 图示特点

结构施工图与建筑施工图一样，均是采用直接正投影方法绘制并配合剖面图和断面图几种基本表达方式，但由于它们反映的侧重点不同，故在比例、线型及尺寸标注等方面有所区别。

（1）比例　根据结构施工图所表达的内容及深度的不同，其绘制比例可采用表 11-1 所给数据。

表 11-1　结构施工图绘制比例

图　名	常用比例	可用比例
结构平面图 基础平面图	1:50、1:100、1:150	1:60、1:200
圈梁平面图、总图中管沟、地下设施等	1:200、1:500	1:300
详图	1:10、1:20、1:50	1:5、1:30、1:25

（2）结构施工图中常用的图线　结构施工图的图线选择要符合《建筑结构制图标准》（GB/T 50105—2010）的规定。各图线型、线宽应符合表 11-2 的要求。

表 11-2　图线

名称		线　型	线宽	一　般　用　途
实线	粗	——————	b	螺栓、钢筋线、结构平面图中的单线结构构件线、钢木支撑及系杆线，图名下横线，剖切线
	中粗	——————	$0.7b$	结构平面图及详图中剖到或可见的墙身轮廓线，基础轮廓线，钢、木结构轮廓线，钢筋线
	中	——————	$0.5b$	结构平面图及详图中剖到或可见的墙身轮廓线，基础轮廓线，可见的钢筋混凝土构件轮廓线，钢筋线
	细	——————	$0.25b$	标注引出线、标高符号线、索引符号线、尺寸线

（续）

名称		线 型	线宽	一 般 用 途
虚线	粗	—— —— —— ——	b	不可见的钢筋、螺栓线、结构平面图中的不可见的钢、木支撑线及单线结构构件线
	中粗	— — — — —	$0.7b$	结构平面图中不可见的构件、墙身轮廓线及不可见的钢、木结构构件线，不可见的钢筋线
	中	- - - - -	$0.5b$	结构平面图中不可见的墙身轮廓线及钢、木构件轮廓线，不可见的钢筋线
	细	- - - - - -	$0.25b$	基础平面图中的管沟轮廓线，不可见的钢筋混凝土构件轮廓线
单点长画线	粗	——— · ——— ·	b	柱间支撑、垂直支撑、设备基础轴线图中的中心线
	细	— · — · —	$0.25b$	定位轴线、对称线、中心线、重心线
双点长画线	粗	——— ·· ———	b	预应力钢筋线
	细	— ·· — ·· —	$0.25b$	原有结构轮廓线
折断线		——— ⌇ ———	$0.25b$	断开界限
波浪线		∼∼∼∼∼	$0.25b$	断开界限

（3）常用构件代号　由于结构构件的种类繁多，为了便于绘图和读图，在结构施工图中常用代号来表示构件的名称。常用构件的名称、代号见表 11-3。

表 11-3　常用构件的名称、代号

序号	名　称	代号	序号	名　称	代号	序号	名　称	代号
1	板	B	18	连系梁	LL	35	垂直支撑	CC
2	屋面板	WB	19	基础梁	JL	36	水平支撑	SC
3	空心板	KB	20	楼梯梁	TL	37	基础	J
4	槽形板	CB	21	框架梁	KL	38	设备基础	SJ
5	折板	ZB	22	框支梁	KZL	39	桩	ZH
6	密肋板	MB	23	屋面框架梁	WKL	40	承台	CT
7	楼梯板	TB	24	檩条	LT	41	挡土墙	DQ
8	盖板或沟盖板	GB	25	屋架	WJ	42	地沟	DG
9	挡雨板或檐口板	YB	26	托架	TJ	43	梯	T
10	吊车安全走道板	DB	27	天窗架	CJ	44	雨篷	YP
11	墙板	QB	28	框架	KJ	45	阳台	YT
12	天沟板	TGB	29	刚架	GJ	46	梁垫	LD
13	梁	L	30	支架	ZJ	47	预埋件	M
14	屋面梁	WL	31	柱	Z	48	钢筋网	W
15	吊车梁	DL	32	框架柱	KZ	49	钢筋骨架	G
16	圈梁	QL	33	构造柱	GZ	50	暗柱	AZ
17	过梁	GL	34	柱间支撑	ZC			

注：预应力钢筋混凝土构件代号，应在构件代号前加注"Y-"，如 Y-KL 表示预应力钢筋混凝土框架梁。

2. 识读方法

1）从上往下、从左往右的看图顺序是施工图识读的一般顺序，比较符合看图的习惯，同时也是施工图绘制的先后顺序。

2）由前往后看，根据房屋的施工先后顺序，从基础、墙柱、楼面到屋面依次看，此顺序基本也是结构施工图编排的先后顺序。

3）看图时要注意从粗到细，从大到小。先粗看一遍，了解工程的概况、结构方案等。然后看总说明及每一张图样，熟悉结构平面布置，检查构件布置是否合理、正确，有无遗漏，柱网尺寸、构件定位尺寸、楼面标高等是否正确。最后根据结构平面布置图，详细看每一个构件的编号、跨数、截面尺寸、配筋、标高及其节点详图。

4）纸中的文字说明是施工图的重要组成部分，应认真仔细逐条阅读，并与图样对照看，便于完整理解图样。

5）结施应与建施结合起来看。一般先看建施图，通过阅读设计说明、总平面图、建筑平立剖面图，了解建筑体形、使用功能、内部房间的布置、层数与层高、柱墙布置、门窗尺寸、楼梯位置、内外装修、材料构造及施工要求等基本情况，然后再看结施图。在阅读结施图时应同时对照相应的建施图，只有把两者结合起来看，才能全面理解结构施工图。

3. 识读步骤

1）先看目录，通过阅读图样目录，了解是什么类型的建筑，由哪个设计单位设计，图样共有多少张，主要有哪些图样，并检查全套各工种图样是否齐全，图名与图样编号是否相符等。

2）初步阅读各工种设计说明，了解工程概况，将所采用的标准图集编号摘抄下来，并准备好标准图集，供看图时使用。

3）阅读建施图。读图次序为：设计总说明、总平面图、建筑平面图、立面图、剖面图、构造详图。初步阅读建施图后，应能在头脑中形成整栋房屋的立体形象，能想象出建筑物的大致轮廓，为下一步结施图的阅读做好准备。

4）阅读结施图。结施图的阅读可按下列步骤进行：

① 阅读结构设计说明。准备好结施图所套用的标准图集及地质勘察资料以备用。

② 阅读基础平面图、详图与地质勘察资料。基础平面图应与建筑底层平面图结合起来看。

③ 阅读柱平面布置图。根据对应的建筑平面图校对柱的布置是否合理，柱网尺寸、柱断面尺寸及与轴线的关系尺寸有无错误。

④ 阅读楼层及屋面结构平面布置图。对照建施平面图中的房间分隔、墙体的布置，检查各构件的平面定位尺寸是否正确，布置是否合理，有无遗漏，楼板的形式、布置、板面标高是否正确等。

⑤ 按前述的施工图识读方法，详细阅读各平面图中的每一个构件的编号、断面尺寸、标高、配筋及其构造详图，并与建施图结合，检查有无错误与矛盾。看图中发现的问题要一一记下，最后按结施图的先后顺序将存在的问题全部整理出来，以便在图纸会审时加以解决。

⑥ 在前述阅读结施图中，涉及采用标准图集时，应详细阅读规定的标准图集。

课题二　钢筋混凝土构件详图

一、钢筋混凝土基本知识

1. 混凝土

混凝土由水泥、砂子（细骨料）、石子（粗骨料）和水按一定比例配合、拌制、浇捣、养护后硬化而成。混凝土的特点是抗压强度高，但抗拉强度低，一般仅为抗压强度的 1/10 ~ 1/20。因此，混凝土构件容易在受拉或受弯时断裂。混凝土的强度等级应按立方体抗压强度标准值确定，规范规定的混凝土强度等级有 C15、C20、C25、C30、C35、C40、C45、C50、C55、C60、C65、C70、C75、C80 共 14 个等级。符号 C 后面的数字表示以 N/mm² 为单位的立方体抗压强度标准值。例如 C25 表示混凝土立方体抗压强度的标准值为 25N/mm²。数字越大，表示混凝土的抗压强度越高。

2. 钢筋的强度和品种

目前我国钢筋混凝土和预应力钢筋混凝土中使用的钢筋按生产加工工艺的不同，可分为热轧钢筋、钢丝、钢绞线和热处理钢筋四大类。普通钢筋混凝土构件中使用的热轧钢筋由低碳钢、普通低合金钢在高温状态下轧制而成，按强度不同可分为以下几种级别，见表 11-4。

表 11-4　常用钢筋的种类、符号和强度

种类	符号	说　明	公称直径 /mm	抗拉强度 设计值 f_y	抗压强度 设计值 f'_y	屈服强度 标准值 f_{yk}
HPB300	ϕ	热轧光圆钢筋	6 ~ 22	270	270	300
HRB335	Φ	普通热轧带肋钢筋	6 ~ 50	300	300	335
HRBF335	Φ^F	细晶粒热轧带肋钢筋				
HRB400	Φ	普通热轧带肋钢筋	6 ~ 50	360	360	400
HRBF400	Φ^F	细晶粒热轧带肋钢筋				
RRB400	Φ^R	余热处理带肋钢筋				
HRB500	Φ	普通热轧带肋钢筋	6 ~ 50	435	410	500
HRBF500	Φ^F	细晶粒热轧带肋钢筋				

3. 钢筋的分类和作用

混凝土构件中的钢筋，按其作用和位置不同分为以下几种，钢筋配置构造示意图如图 11-1 所示。

1）受力筋，是构件中最主要的受力钢筋。主要承受拉、压应力的钢筋，用于梁、板、柱、墙等钢筋混凝土构件受力区域中。受力钢筋是通过结构计算确定的，分为直筋和弯起筋两种。

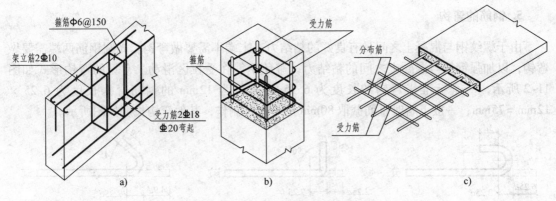

图 11-1　钢筋配置构造示意图

a）梁　b）柱　c）板

2）箍筋，也称钢箍，用以固定受力筋的位置，并受一部分斜拉应力，多用于梁和柱内。

3）架立筋，用以固定梁内箍筋位置，与受力筋、箍筋一起形成钢筋骨架，一般只在梁内使用。

4）分布筋，用于板或墙内，与板内受力筋垂直布置，用以固定受力筋的位置，是按构造要求配置的钢筋。分布筋将承受的重量均匀地传给受力筋，同时抵抗热胀冷缩所引起的温度变形。

5）其他钢筋，构件因在构造上的要求或施工安装需要而配置的钢筋，如预埋锚固筋、吊环等。

4. 混凝土保护层

为了使钢筋不发生锈蚀，保证钢筋与混凝土间有足够的粘结强度，梁、板受力钢筋的表面必须有足够的混凝土保护层。钢筋外边缘至混凝土外边缘的距离，称为混凝土保护层厚度 c。设计使用年限为 50 年的钢筋混凝土结构，最外层钢筋的保护层厚度应符合表 11-5 的规定，设计使用年限为 100 年的钢筋混凝土结构的最外层钢筋的保护层厚度为表 11-5 中数值的 1.4 倍。

表 11-5　混凝土保护层的最小厚度　　　　　　　　（单位：mm）

环境类别	板、墙、壳	梁、柱、杆
一	15	20
二 a	20	25
二 b	25	35
三 a	30	40
三 b	40	50

注：1. 混凝土强度等级不大于 C25 时，表中保护层厚度数值应增加 5mm。

　　2. 钢筋混凝土基础宜设置混凝土垫层，基础中钢筋的混凝土保护层厚度应从垫层顶面算起，且不应小于 40mm。

5. 钢筋的弯钩

由于螺纹钢与混凝土之间具有良好的粘结力，末端不需要做弯钩。光圆钢筋两端需要做弯钩，以加强钢筋与混凝土之间的粘结力，避免钢筋在受拉区滑动。常见的弯钩形式如图 11-2 所示，一个标准半弯钩的长度为 $6.25d$，直径为 12mm 的钢筋弯钩长度为 $6.25 \times 12mm = 75mm$，一般下料时直筋截取 80mm 用于弯钩制作，其他弯钩长度如图所示。

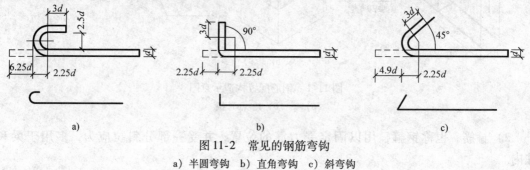

图 11-2   常见的钢筋弯钩

a) 半圆弯钩   b) 直角弯钩   c) 斜弯钩

6. 钢筋的表示

为了突出表示钢筋的配置情况，在构件结构图中，把钢筋画成粗实线，构件的外形轮廓线画成细实线；在构件断面图中，不画材料图例，钢筋用黑圆点表示。根据《建筑结构制图标准》（GB/T 50105—2010）的规定，钢筋在图中的表示方法应符合表 11-6 的规定。

表 11-6   钢筋的一般表示方法

序号	名 称	图 例	说 明
1	钢筋横断面	●	—
2	无弯钩的钢筋端部		下图表示长短钢筋投影重叠时，短钢筋的端部用45°短斜线表示
3	半圆弯钩的钢筋端部		—
4	带直钩的钢筋端部		—
5	带丝扣的钢筋端部		—
6	无弯钩的钢筋搭接		—
7	带半圆弯钩的钢筋搭接		—
8	带直弯钩的钢筋搭接		—

二、钢筋混凝土构件详图实例分析

1. 钢筋混凝土梁详图

对外形简单的梁，一般不必单独绘制模板图，只需在配筋图中把梁的尺寸标注清楚即可。当梁的外形复杂或预埋件较多时（如单层工业厂房中的吊车梁），一般都要单独画出模板图。

图 11-3 为一个钢筋混凝土梁的构件详图，包括立面图、断面图和钢筋表。梁的两端搁置在砖墙上，是一个简支梁。

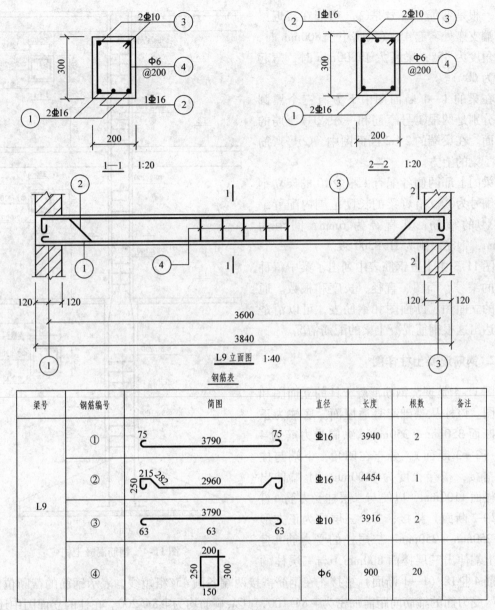

图 11-3　钢筋混凝土梁

在梁的配筋图中，钢筋用粗实线绘制，并对不同形状、不同规格的钢筋进行编号，如图 11-3 中①～④号钢筋。编号应用阿拉伯数字顺次编写并将数字写在圆圈内，圆圈应用直径为 6mm 的细实线绘制，并用引出线指到被编号的钢筋，其含义为：

通过读图可知在梁的底部配有 3 根 Φ 16 的受拉筋，其中角部是两根直筋，编号是①，

另有一根是弯筋，编号是②。弯筋在接近梁的两端支座处弯起45°（梁高小于800mm时，弯起角度为45°；梁高大于800mm时，弯起角度为60°）。

在梁的1—1断面图中下方有三个黑圆点，分别是两根①号直筋和一根②号弯筋的横断面。在梁端的2—2断面图中，②号弯筋伸到了梁的上方。

梁的上部两侧各配有1根Φ10的架立钢筋，编号为③。沿着梁的长度范围内配置编号为④的箍筋，其直径为6mm，间距为200mm，钢筋级别为HPB300级。

图11-3中下方钢筋表中列出了梁中每种钢筋的编号、简图、直径、长度和根数。通过梁的立面图、断面图和钢筋表，可以清楚地表达出这根钢筋混凝土梁的配筋情况。

2. 钢筋混凝土柱详图

图11-4是现浇钢筋混凝土柱的立面图和断面图。该柱从基础起直通屋面。底柱为正方形断面350mm×350mm。纵向受力筋为4Φ22（3—3断面），分布在四角，下端与柱基础搭接，搭接长度为1100mm，上端伸出二层楼面1100mm，以便与二层柱受力筋4Φ22（2—2断面）搭接；二、三层柱为正方形断面250mm×250mm。二层柱的受力筋4Φ22，上端伸出三层楼面800mm，与三层柱的

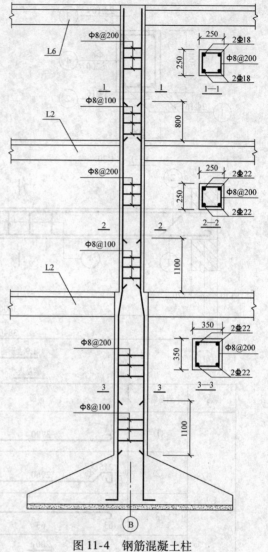

图11-4 钢筋混凝土柱

受力筋4Φ18（1—1断面）搭接。在钢筋搭接两端各画45°粗短线，表示钢筋的截断位置。搭接区受力筋的箍筋间距需加密为Φ8@100，其余箍筋均为Φ8@200。在柱的立面图中还画出了柱连接的二、三层楼面梁L2和四层屋面梁L6的局部立面。

课题三　平法制图规则

一、平法简介

为提高设计效率、简化绘图、改革传统的逐个构件表达的繁琐设计方法，我国推出了标准图集《混凝土结构施工图平面整体表示方法制图规则和构造详图》。钢筋混凝土结构施工图平面整体表示方法简称"平法"。所谓平法，就是把结构构件的尺寸和配筋等，按照平面整体表示方法制图规则，直接表达在各类构件的结构平面布置图上，再与标准构造详图相配

合，即构成一套完整的结构设计施工图。平法系列图集包括：

11G101-1《混凝土结构施工图平面整体表示方法制图规则和构造详图（现浇混凝土框架、剪力墙、梁、板）》。

11G101-2《混凝土结构施工图平面整体表示方法制图规则和构造详图（现浇混凝土板式楼梯）》。

11G101-3《混凝土结构施工图平面整体表示方法制图规则和构造详图（独立基础、条形基础、筏形基础及桩基承台）》。

二、柱平法施工图

柱平法施工图是在柱平面布置图上采用列表注写方式或截面注写方式直观地表达柱的配筋情况。两种方法均应标注柱编号及各楼层的结构标高和结构层高，其中柱编号由类型代号和序号组成，见表11-7。例如：KZ5 表示第 5 种框架柱；QZ6 表示第 6 种剪力墙上柱。

表11-7 平法施工图中的柱编号

柱 类 型	代 号	序 号
框架柱	KZ	××
框支柱	KZZ	××
梁上柱	LZ	××
剪力墙上柱	QZ	××

1. 列表注写方式

列表注写方式采用柱表和结构层高表相结合来表达柱的配筋情况。在柱平面布置图上，将柱的类型编号、柱段的起止标高、柱截面定形尺寸和定位尺寸及配筋制成柱表，并将结构标高及层高制成结构层高表，如图11-5所示。图11-5表明某高层建筑 1~16 层之间柱的平法施工图，图中包括框架柱 KZ1 和梁上柱 LZ1 两种类型的柱，有关的内容可见柱表。

框架柱 KZ1 截面尺寸是随楼层变化的，在 1~6 层截面尺寸为 750mm×700mm，在 7~11 层截面尺寸为 650mm×600mm，12 层至顶层截面尺寸为 550mm×500mm；框架柱 KZ1 的中心不是定位轴线的交点，因此，有必要在图中注明柱相对于定位轴线的关系，在柱的截面宽度方向用 b_1 和 b_2 表示，$b_1+b_2=b$，截面高度方向用 h_1 和 h_2 表示，$h_1+h_2=h$，表中明确各柱的 b_1、b_2、h_1 和 h_2 的数值，表中的数字和图中标注的位置对应，就可以知道每根柱的布置方式。

柱中纵筋采用同一规格时，列表用全部纵筋表示。柱中纵筋采用两种规格时，则用角筋和各边中部筋表示。KZ1 在 7~11 层中，柱中纵筋采用的角筋为 4Φ25，b 边一侧中部筋为 5Φ25，h 边一侧中部筋为 4Φ22，具体如图11-5中的柱表所示。

柱中箍筋的配置包括箍筋类型和箍筋配筋两种。在柱表上方列出常用箍筋类型，图11-5 中箍筋类型为 1（5×4），表示 b 方向的肢数为 5，h 方向的肢数为 4。

箍筋 类型 8

箍筋 类型 7

箍筋 类型 6

箍筋 类型 5

箍筋 类型 4

箍筋 类型 3

箍筋 类型 2

箍筋 类型 1

$(M \times N)$

箍筋类型号 $1(5 \times 4)$

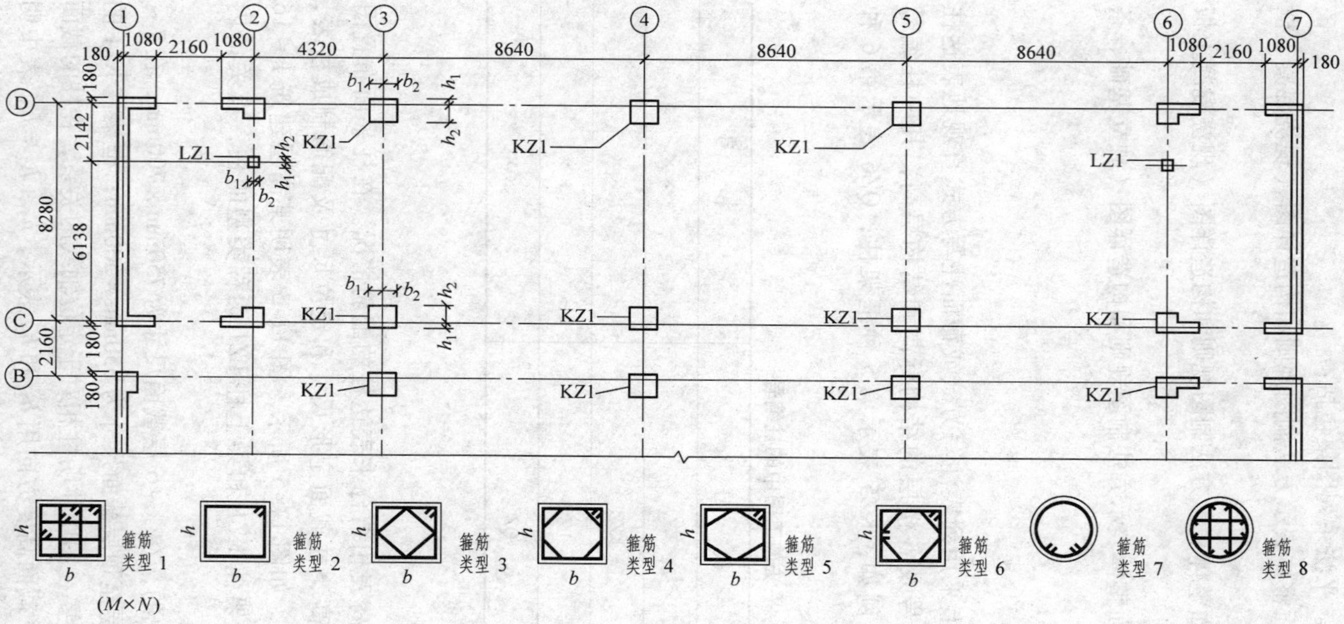

注: 1. 如采用非对称配筋, 筋在柱表中增加相应栏目分别表示中部筋。
2. 抗震设计箍筋对纵筋至少隔一拉一。
3. 类型1的箍筋肢数可有多种组合, 右图为5×4的组合, 其类型为固定形式。

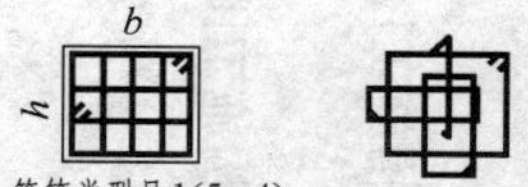

柱表

柱号	标高/m	$b \times h$ (圆柱直径 D)	b_1	b_2	h_1	h_2	角筋	b 边一侧 中部筋	h 边一侧 中部筋	箍筋 类型号	箍筋	备注
KZ1	−0.030~19.470	750×700	375	375	150	550	4Φ25	5Φ25	5Φ25	1(5×4)	Φ10@100/200	
	19.470~37.470	650×600	325	325	150	450	4Φ25	5Φ25	4Φ22	1(4×4)	Φ10@100/200	
	37.470~59.070	550×500	275	275	150	350	4Φ25	5Φ22	4Φ22	1(4×4)	Φ8@100/200	采用焊接封闭箍

−0.030~59.070柱平法施工图(局部)

图 11-5 柱平法施工图列表注写方式示例

结构层楼面标高
结构层高表

层号	标高/m	层高/m
屋面2 塔层2	65.670 62.370	3.30
屋面1 塔层1	59.070	3.30
16	55.470	3.60
15	51.870	3.60
14	48.270	3.60
13	44.670	3.60
12	41.070	3.60
11	37.470	3.60
10	33.870	3.60
9	30.270	3.60
8	26.670	3.60
7	23.070	3.60
6	19.470	3.60
5	15.870	3.60
4	12.270	3.60
3	8.670	4.20
2	4.470	4.50
1	−0.030	4.50
−1	−4.530	4.50
−2	−9.030	4.50

箍筋配筋见柱表，KZ1 在 1～6 层的箍筋直径为Φ 10，间距是 100/200，斜线"/"前表示加密区箍筋的间距为 100mm，其后表示非加密区箍筋的间距为 200mm，如果没有斜线"/"，则表示箍筋沿柱全高为同种间距。

2. 截面注写方式

截面注写方式是在柱平面布置图上省去柱表，而在同一编号的柱中选择一个画出比例放大的截面简图，直接在截面边上标注截面尺寸和配筋的数值。柱的配筋平面图采用双比例绘制，并在图上列表注明各柱段的截面尺寸和配筋情况，如图 11-6 所示。

图 11-6 表达的是某建筑第 6～11 层的柱平面布置图和配筋图。在结构楼层表中，这段楼层用粗实线注明。在图中对柱进行编号，相同编号的柱中选择一个截面，标注尺寸及绘制配筋图。其中，绘制配筋图的截面按另一种比例原位放大，进行配筋图的绘制和标注。

该柱布置图中有框架柱 KZ1、KZ2、KZ3，梁柱 LZ1，芯柱 XZ1。下面以 KZ1 为例解释柱平法施工图中的截面注写方式。从图中可以看到 KZ1 共有 9 根，分布在Ⓑ、Ⓒ、Ⓓ三轴的中部，在Ⓓ轴上标注 KZ1 的截面尺寸（650mm×600mm），及其相对定位轴线的定位尺寸。在Ⓒ轴上标注 KZ1 的具体配筋情况，分集中标注和原位标注。集中标注用引线引出，第一行表示框架柱的代号为 KZ1，第二行表示其截面为 650mm×600mm，第三行表示纵向角筋为 4Φ22，第四行表示箍筋直径为 10mm，HPB300 级，加密区箍筋的间距为 100mm，非加密区箍筋的间距为 200mm。原位标注表示柱两侧中部纵向钢筋的配筋情况，Ⓒ轴方向中部纵向钢筋为 5Φ22，③轴方向中部纵向钢筋为 4Φ20。

在截面注写方式中，对每根柱相对于定位轴线放置的位置，都要予以明确，这和列表注写方式完全一样，所不同的是这里直接画在图上，相同编号的柱如果只有一种放置方式，就可只标注一个。

三、梁平法施工图

梁平法施工图是在梁结构平面图上，采用平面注写方式或截面注写方式来表示梁的截面尺寸和钢筋配置的施工图。

平面注写法有集中标注和原位标注两种。集中标注中注写梁的通用数值，原位标注注写梁的特殊数值。当集中标注中的某项数值不适用于梁的某部位时，则将该项数值原位标注，施工时，原位标注取值优先。梁平法施工图如图 11-7 所示。

1. 集中标注

集中标注的内容包括梁的编号、截面尺寸、箍筋、上部通长筋或架立筋、梁侧面纵向构造钢筋或受扭钢筋。

1）梁的编号。注写前应对所有梁进行编号，梁的编号由梁类型代号、序号、跨数及有无悬挑代号几项组成，其含义见表 11-8。如 KL1（2A）表示第 1 号框架梁，2 跨，一端有悬挑；L5（4B）表示第 5 号非框架梁，4 跨，两端有悬挑，但悬挑不计入跨数。

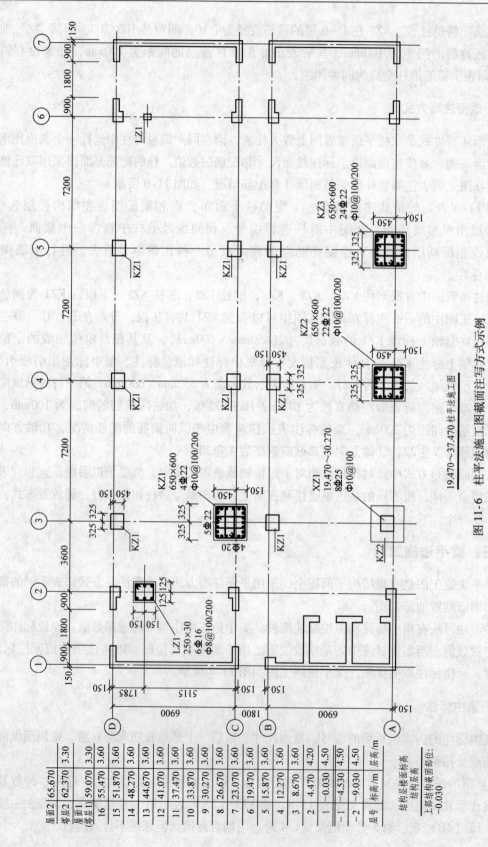

图 11-6　柱平法施工图截面注写方式示例

19.470～37.470 柱平法施工图

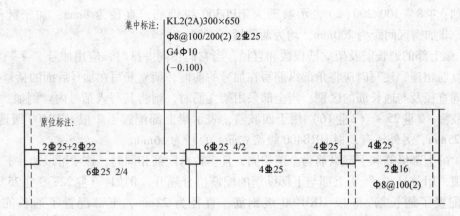

图 11-7　梁的集中标注和原位标注

表 11-8　梁编号

梁 类 型	代 号	序 号	跨数及是否带有悬挑	备 注
楼层框架梁	KL			
屋面框架梁	WKL			（×× A）为一端有悬挑，（×× B）为两端有悬挑，悬挑不计入跨数
框支梁	KZL	××	（××）、（×× A）、（×× B）	
非框架梁	L			
井字梁	JZL			
悬挑梁	XL		—	

2）梁的截面。如图 11-8 所示，如果为等截面时，用 $b×h$（宽×高）表示；如果为加腋梁时，用 $b×h \, Yc_1×c_2$ 表示，Y 表示加腋，c_1 为腋长，c_2 为腋高，如图 11-8a 所示；如果有悬挑梁且根部和端部的高度不同时，用斜线分隔根部与端部的高度值，即为 $b×h_1/h_2$，如图 11-8b 所示。

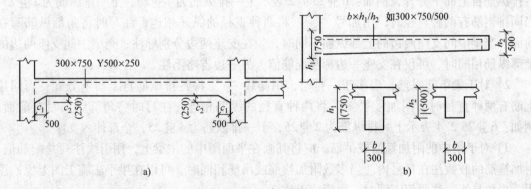

图 11-8　梁的截面尺寸注写

a）加腋梁截面尺寸注写示意　b）悬挑梁不等高截面尺寸注写示意

3）梁的箍筋。包括钢筋级别、直径、加密区与非加密区间距及肢数等。箍筋加密区与非加密区的不同间距及肢数应用"/"分隔，箍筋肢数应写在括号内。

例如：$\phi 8@100/200$（2）表示箍筋为 HPB300 级钢筋，直径为 8mm，加密区间距为 100mm，非加密区间距为 200mm，均为两肢箍。

4）梁上部的通长筋及架立筋根数和直径。当它们在同一排时，应用加号"＋"将通长筋与架立筋相连，注写时应将角部纵筋写在加号的前面，架立筋写在加号后面的括号内，以表示不同直径及与通长筋的区别。当全部采用架立筋时，则将其写入括号内。例如：2Φ25 用于双肢箍；2Φ25＋（2Φ16）用于四肢箍，表示梁上部配置了 2 根 HRB400 级通长筋，直径为 25mm，另外还有 2 根 HRB400 级架立筋，直径为 16mm。

当梁的上部纵筋和下部纵筋为全跨相同，且多数跨配筋相同时，该项可以加注下部纵筋的配筋值，用分号"；"将上部与下部纵筋的配筋值分隔开。例如：3Φ22；3Φ25 表示梁的上部配置了通长筋，3 根 HRB400 级钢筋，直径为 22mm，下部配置了通长筋，3 根 HRB400 级钢筋，直径为 25mm。

5）梁侧面纵向构造钢筋或受扭钢筋配置的注写，应按以下要求进行：当梁腹板高度 $h_w \geq 450$mm 时，须配置纵向构造钢筋，在配筋数量前加"G"，注写的钢筋数量为梁两个侧面的总配筋值，为对称配置。当梁侧面配置受扭纵向钢筋时，在配筋数量前加"N"，注写的钢筋数量为梁两个侧面的总配筋值，为对称配置。

例如：G4ϕ10 表示梁的两个侧面共配置了 4 根直径为 10mm 的 HPB300 级钢筋，每侧各配置 2 根。

6）梁顶面标高高差，是指相对于结构层楼面标高的高差值，对于位于结构夹层的梁，则指相对于结构夹层楼面标高的高差。若有高差，须将其写入括号内，无高差时则不注。当某梁的顶面高于所在结构层的楼面标高时，其标高高差为正值，反之为负值。

2. 原位标注

原位标注主要标注梁支座上部纵筋（指该部位含通长筋在内的所有纵筋）及梁下部纵筋，或当梁的集中标注内容不适用于等跨梁或某悬挑部分时，则以不同数值标注在其附近。

1）梁支座上部的纵筋，注写在梁上方，且靠近支座。当多于一排时，用斜线"／"将各排纵筋自上而下分开，例如：6Φ25 4/2 表示上一排纵筋为 4Φ25，下一排纵筋为 2Φ25。当同排钢筋有两种直径时，用加号"＋"将两种直径的纵筋相连，注写时将角部纵筋写在前面。当梁中间支座两边的上部纵筋不同时，须在支座两边分别标注；当梁中间支座两边的上部纵筋相同时，可仅在支座一边标注配筋值，另一边省略不注。

2）对于梁下部纵筋，当多于一排时，用斜线"／"将各排纵筋自上而下分开；当同排钢筋有两种直径时，用加号"＋"将两种直径的纵筋相连，注写时将角部纵筋写在前面；例如：6Φ25 2/4 表示上一排纵筋为 2Φ25，下一排纵筋为 4Φ25，全部伸入支座。

3）对于梁中的附加箍筋或吊筋，应将其画在平面图中的主梁上，用引线注写总配筋值，附加箍筋的肢数注在括号内。当多数附加箍筋或吊筋相同时，可以在梁平法施工图上统一注明，少数与统一注明值不同时，再原位引注。

四、有梁楼盖板平法施工图

有梁楼盖板指以梁为支座的楼面与屋面板。为方便设计表达和施工识图，规定结构平面的坐标方向。当两向轴网正交布置时，图面从左至右为 X 向。在楼面板和屋面板布置图上，采用平面注写的表达方式，包括板块集中标注和板支座原位标注。板块集中标注内容有板块编号、板厚、贯通纵筋，以及当板面标高不同时的标高差。

1. 集中标注

（1）板块编号　板块编号见表11-9。

表 11-9　板块编号

板　类　型	代　　号	序　　号
楼面板	LB	××
屋面板	WB	××
悬挑板	XB	××

（2）板厚　板厚注写为 $h = \times\times\times$（为垂直于板面的厚度），如 $h = 80$，表示板厚为80mm；当悬挑板的端部改变截面厚度时，用斜线分割根部和端部的高度值，如 $h = 80/60$，表示悬挑板根部厚度为80mm，端部厚度为60mm。

（3）贯通纵筋　贯通纵筋按板块的下部和上部分别注写（当板块上部不设贯通纵筋时则不注），并以 B 代表下部，以 T 代表上部，B&T 代表下部与上部；X 向贯通纵筋以 X 打头，Y 向贯通纵筋以 Y 打头，两向贯通纵筋配置相同时则以 X&Y 打头。当为单向板时，分布筋可不必注写，而在图中统一注明。

如某一楼面板块注写 LB6　$h = 100$

B：$X \phi 10@120$；$Y \phi 8@100$

表示楼面板6号板；下部贯通钢筋 X 方向直径10mm，间距120mm；Y 方向直径8mm，间距100mm，板块上部未设贯通纵筋。

（4）板面标高高差　指相对于结构层楼面标高的高差，应将其注写在括号内，且有高差则注，无高差不注。

2. 板支座原位标注

板支座原位标注的内容包括上部非贯通纵筋和悬挑板上部受力钢筋，具体标注要求为：

1）板支座原位标注的钢筋，应在配置相同跨的第一跨表达（当在梁悬挑部位单独配置时则在原位表达）。

2）用一根中粗实线表示非贯通钢筋，线段上方注写钢筋编号，用圆圈数字表示。

3）布置的跨数，在括号内标注（××）表示横向布置的跨数，（××A）表示横向布置及一端的悬挑部位，（××B）表示横向布置及两端的悬挑部位。

4）当中间支座上部非贯通纵筋向支座两侧对称伸出时，可仅在支座一侧线段下方标注伸出长度，另一侧不注，如图11-9a所示。当支座两侧非对称延伸时，应分别在支座两侧标注延伸长度，如图11-9b所示。

5）一端贯通，一端非贯通，只需注非贯通一侧。

6）对线段画至对边贯通全跨或贯通全悬挑长度的上部通长纵筋，贯通全跨或伸出至全悬挑一侧的长度值不注，只注明非贯通筋另一侧的伸出长度值，如图11-10所示。

7）在板平面布置图中，不同部位的板支座上部非贯通纵筋及悬挑板上部受力钢筋，可

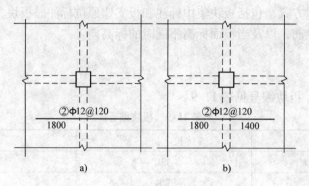

图 11-9　板支座上部非贯通筋的表示

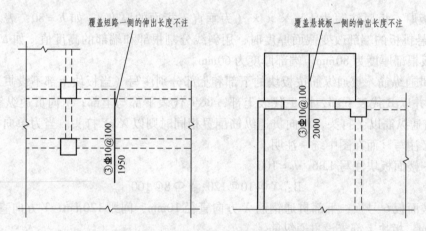

图 11-10　板支座非贯通筋贯通全跨或伸出至悬挑端

仅在一个部位注写，对其他相同者则仅需在代表钢筋的线段上注写编号及按本条规则注写横向连续布置的跨数即可。

例如，在板平面布置图某部位，横跨支承梁绘制的对称线段上注有⑤Φ10@100（4A）和1500，表示支座上部⑤号非贯通纵筋为Φ10@100，从该跨起沿支承梁连续布置4跨加梁一端的悬挑端，该筋自支座中线向两侧跨内的伸出长度均为1500mm。在同一板平面布置图的另一部位横跨梁支座绘制的对称线段上注有⑤（2）者，表示该筋同⑤号纵筋，沿支承梁连续布置2跨，且无梁悬挑端布置。

此外，与板支座上部非贯通纵筋垂直且绑扎在一起的构造钢筋或分布钢筋，应由设计者在图中注明。

8）当板的上部已配置贯通纵筋，但需增配板支座上部非贯通纵筋时，应结合已配置的同向贯通纵筋的直径与间距采取"隔一布一"方式配置。"隔一布一"方式，为非贯通纵筋的标注间距与贯通纵筋相同，两者组合后的实际间距为各自标注间距的1/2。当设定贯通纵筋为纵筋总截面面积的50%时，两种钢筋应取相同直径；当设定贯通纵筋大于或小于总截面面积的50%时，两种钢筋则取不同直径。

例如，板上部已配置贯通纵筋Φ12@200，该跨同向配置的上部支座非贯通纵筋为④Φ12@200，表示在该支座上部设置的纵筋实际为Φ12@100，其中1/2为贯通纵筋，1/2为④

号非贯通纵筋（伸出长度值略）。

五、独立基础平法施工图

独立基础平法施工图有平面注写与截面注写两种表达方式，当绘制独立基础平面布置图时，应将独立基础平面与基础所支承的柱一起绘制。当设置基础连系梁时，可根据图面的疏密情况，将基础连系梁与基础平面布置图一起绘制，或将基础连系梁布置图单独绘制。

在独立基础平面布置图上应标注基础定位尺寸；当独立基础的柱中心线或杯口中心线与建筑轴线不重合时，应标注其定位尺寸。编号相同且定位尺寸相同的基础，可仅选择一个进行标注，独立基础编号见表 11-10。

表 11-10　独立基础编号

类　　型	基础底板截面形状	代　　号	序　　号
普通独立基础	阶形	DJ_J	××
	坡形	DJ_P	××
杯口独立基础	阶形	BJ_J	××
	坡形	BJ_P	××

1. 独立基础平面注写方式

独立基础的平面注写方式分为集中标注和原位标注两种。

（1）集中标注　在基础平面图上集中引注基础编号、截面竖向尺寸、配筋三项必注内容，以及基础底面标高和必要的文字注解两项选注内容。素混凝土普通独立基础的集中标注，除无基础配筋内容外均与钢筋混凝土普通独立基础相同。

独立基础集中标注的具体内容，规定如下：

1）注写独立基础编号（必注内容），见表 11-10。

2）注写独立基础截面竖向尺寸（必注内容）。

下面按普通独立基础和杯口独立基础分别进行说明。

普通独立基础需注写基础截面竖向尺寸 $h_1/h_2/h_3/\cdots$。例如当阶形截面普通独立基础 $DJ_J\times\times$ 的竖向尺寸注写为 400/300/300 时，表示 $h_1=400mm$，$h_2=300mm$，$h_3=300mm$，基础底板总厚度为 1000mm。

对于杯口独立基础，当基础为阶形截面时，其竖向尺寸分两组，一组表达杯口内，另一组表达杯口外，两组尺寸以"，"分隔，注写为：a_0/a_1，$h_1/h_2/\cdots$，其含义如图 11-11 所示，其中杯口深度 a_0 为柱插入杯口的尺寸加 50mm。

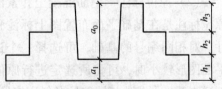

图 11-11　阶形截面杯口独立基础竖向尺寸

3）注写独立基础配筋（必注内容）。

注写独立基础底板配筋。普通独立基础和杯口独立基础的底部双向配筋注写规定：以 B 代表各种独立基础底板的底部配筋。X 向配筋以 X 打头，Y 向配筋以 Y 打头注写；当两向配筋相同时，则以 $X\&Y$ 打头注写。例如当独立基础底板配筋标注为：B：$X\Phi12@150$，$Y\Phi12@200$；表示基础底板底部配置 HRB400 级钢筋，X 向直径为 12mm，分布间距 150mm；Y

向直径为 12mm，分布间距 200mm。

注写杯口独立基础顶部焊接钢筋网。以 Sn 打头引注杯口顶部焊接钢筋网的各边钢筋。

例：当杯口独立基础顶部钢筋网标注为：Sn 2 ⊉ 16，表示杯口顶部每边配置 2 根 HRB400 级直径为 16mm 的焊接钢筋网。

注写高杯口独立基础的杯壁外侧和短柱配筋。具体注写规定如下：

a）以 O 代表柱壁外侧和短柱配筋。

b）先注写杯壁外侧和短柱纵筋，再注写箍筋。注写为：角筋/长边中部筋/短边中部筋，箍筋（两种间距）；当杯壁水平截面为正方形时，注写为：角筋/x 边中部筋/y 边中部筋，箍筋（两种间距，杯口范围内箍筋间距/短柱范围内箍筋间距）。

例：当高杯口独立基础的杯壁外侧和短柱配筋柱注为：O：4 ⊉ 22/⊉ 16@ 200/⊉ 16@ 180，φ10@ 150/300；表示高杯口独立基础的杯壁外侧和短柱配置 HRB400 级竖向钢筋和 HPB300 级钢筋，其竖向钢筋为：角筋为 4 ⊉ 22、长边中部筋为 ⊉ 16@ 200、短边中部筋为 ⊉ 16@ 180；其箍筋为直径 10mm 的 HPB300 级钢筋，杯口范围间距为 150mm，短柱范围间距为 300mm。

注写普通独立深基础短柱竖向尺寸及钢筋。当独立基础埋深较大，设置短柱时，短柱配筋应注写在独立基础中，具体注写规定如下：

a）以 DZ 代表普通独立深基础短柱。

b）先注写短柱纵筋，再注写箍筋，最后注写短柱标高范围。注写为：角筋/长边中部筋/短边中部筋，箍筋，短柱标高范围；当短柱水平截面为正方形时，注写为：角筋/x 边中部筋/y 边中部筋，箍筋，短柱标高范围。

例：当短柱配筋标注为：DZ：4 ⊉ 20/5 ⊉ 16/5 ⊉ 16，φ10@ 150，−2. 100 ～ −0. 060；表示独立基础的短柱设置在标高为 −2. 100 ～ −0. 060m 的高度范围内，配置 HRB400 级竖向钢筋和 HPB300 级箍筋。其竖向钢筋为：角筋为 4 ⊉ 20、x 边和 y 边中部筋均为 5 ⊉ 16；其箍筋为直径 10mm 的 HPB300 级钢筋，间距为 150mm。

4）注写基础底面标高（选注内容）。当独立基础的底面标高与基础底面基准标高不同时，应将独立基础底面标高直接注写在括号内。

5）必要的文字注解（选注内容）。当独立基础的设计有特殊要求时，宜增加必要的文字注解。例如基础底板配筋长度是否采用减短方式等，可在该项内注明。

（2）原位标注　钢筋混凝土和素混凝土独立基础的原位标注是在基础平面布置图上标注独立基础的平面尺寸。对相同编号的基础，可选择一个进行原位标注；当平面图形较小时，可将所选定进行原位标注的基础按比例适当放大；其他相同编号者仅注编号。

普通独立基础的原位标注为 x、y、x_c、y_c（或圆柱直径 d_c），x_i、y_i，$i=1$，2，3…。其中，x、y 为普通独立基础两向边长，x_c、y_c 为柱截面尺寸，x_i、y_i 为阶宽或坡形平面尺寸（当设置短柱时，尚应标注短柱的截面尺寸），如图 11-12 所示。

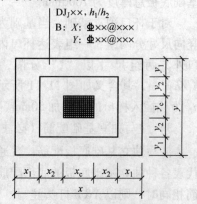

图 11-12　普通独立基础平面注写方式

2. 独立基础截面注写方式

独立基础的截面注写方式又可分为截面标注和列表注写（结合截面示意图）两种表达方式。

（1）截面标注　采用截面标注方式，应在基础平面布置图上对所有基础进行编号，见表 11-10。对单个基础进行截面标注的内容和形式，与传统"单构件正投影表示方法"基本相同。对于已在基础平面布置图上原位标注清楚的该基础的平面几何尺寸，在截面图上可不再重复表达，具体表达内容可参照图集中相应的标准构造。

（2）列表注写　对多个同类基础，可采用列表注写（结合截面示意图）的方式进行集中表达。表中内容为基础截面的几何数据和配筋等，在截面示意图上应标注与表中栏目相对应的代号。列表的具体内容见表 11-11。

表 11-11　独立基础几何尺寸和配筋

基础编号/截面号	截面几何尺寸				底部配筋（B）	
	x、y	x_c、y_c	x_i、y_i	$h_1/h_2/$	X 向	Y 向

注：表中可根据实际情况增加栏目。例如：当基础底面标高与基础底面基准标高不同时，加注基础底面标高；当为双柱独立基础时，加注基础顶部配筋或基础梁几何尺寸和配筋；当设置短柱时增加短柱尺寸及配筋等。

课题四　基础施工图

一、基础平面图

1. 基础平面图的形成

基础平面图是表示基坑在未回填土时的基础平面布置的图样，它是假想用一个水平剖切平面，沿建筑物底层室内地面把整幢建筑物剖切开，移去剖切平面以上的部分和基础回填土后，所做出的水平投影图。主要用于基础施工时的定位放线，确定基础位置和平面尺寸。

2. 基础平面图的图示内容

1）基础平面图的比例、轴线及轴线尺寸与建筑平面图一致。包括纵向和横向全部定位轴线编号，注出轴线间尺寸和总长、总宽尺寸。

2）基础平面图的尺寸。图中应注明基础的大小尺寸和定位尺寸。大小尺寸是指基础墙断面尺寸、柱断面尺寸以及基础底面宽度尺寸；定位尺寸是指基础墙、柱以及基础底面与轴线的联系尺寸。

3）剖切符号。图中还应注明剖切符号，对每一种不同的基础，都要画出它的断面图，并在基础平面图上用 1—1、2—2 等剖切符号表明该断面的位置。

3. 基础平面图的图示特点

为了使基础平面图简洁明了，一般在图中只画出被剖切到的基础墙轮廓线，用粗实线表示，可不绘制材料的图例。基础底面的轮廓线画中实线，可见的梁画粗实线（单线），不可见的梁画粗点画线（单线）；剖切到的钢筋混凝土柱断面，由于绘图比例较小，要涂黑表示。基础的大放脚等细部的可见轮廓线都省略不画，这些细部的形状和尺寸用基础详图表示。

二、基础详图

1. 基础详图的形成

基础详图通常是用较大比例的垂直剖面图表示。其主要作用就是将基础平面图中的细部构造按正投影原理将其尺寸、材料、做法更清晰、更准确地表达出来。

2. 基础详图的内容

基础详图包括基础的垫层、基础、基础墙（包括大放脚）、防潮层等的材料和详细尺寸以及室内外地坪标高和基础底部标高。基础详图采用的比例较大（如 1:20、1:10 等），墙身部分应画出墙体的材料图例。基础部分由于画出了钢筋的配置，所以不再画钢筋混凝土材料图例。详图的数量由基础构造变化决定，凡不同的构造部分都应单独画出详图，相同部分可在基础平面图上标出相同的号，只需画出一个详图。

条形基础的详图一般用剖面图表达。对于比较复杂的独立基础，有时还要增加一个平面图才能完整表达清楚。

三、基础施工图识读

现以单元十中的别墅的基础施工图为例，说明基础平面图和基础详图的图示内容和读图要点。

1. 基础结构平面布置图

该别墅基础形式为独立基础和条形基础，柱下为独立基础，外墙下为条形基础，如图 11-13 所示。由于该建筑结构相对于⑨轴左右对称，故在基础布置图中仅对①～⑨轴的基础进行标注。图中涂黑方框表示剖切到的钢筋混凝土框架柱，柱间沿定位轴线的构件为框架结构基础梁 DL，柱外的矩形表示的是独立基础的外轮廓。独立基础的编号从 J－1 至 J－11，从基础平面布置图中可以了解基础尺寸和基础相对于定位轴线的尺寸。例如，J－1 截面尺寸为 1800mm×1800mm，基础的外轮廓至定位轴线的距离标注在基础旁，不同位置其距离不同。各独立基础的具体配筋情况如图 11-14 所示。该别墅另一种基础形式为混凝土条形基础，外纵墙下为条形基础 TJ－1，宽为（200＋150＋100＋200）mm＝650mm，标注在⑤～⑥间，外横墙下为条形基础 TJ－2，宽为（250＋150＋100＋250）mm＝750mm，标注在Ⓗ～Ⓙ间，具体配筋情况如图 11-14 所示。

2. 基础详图

（1）独立基础详图　图 11-14 所示的该别墅独立基础详图，由平面图和断面图组成，JC－××为该别墅独立基础通用平面图，由图可知该独立基础为锥形独立基础，上底四周比柱截面各边宽 100mm，基础底板内双向配筋，具体配筋详见配筋表。由 1—1 断面图可知，

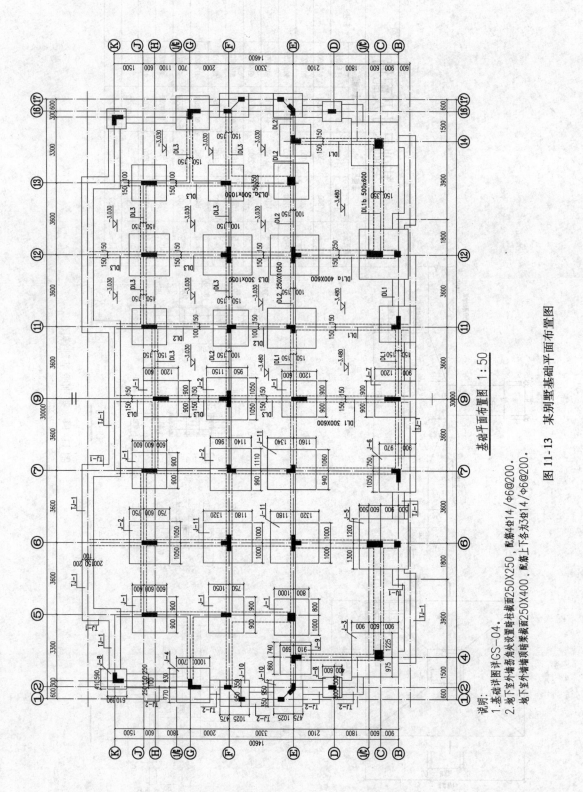

基础平面布置图 1：50

图 11-13　某别墅基础平面布置图

说明：
1.基础详图详 GS—04。
2.地下室外墙拐角处设置暗柱截面250X250，配筋4Φ14/Φ6@200。
地下室外墙顶部暗梁截面250X400，配筋上下各为3Φ14/Φ6@200。

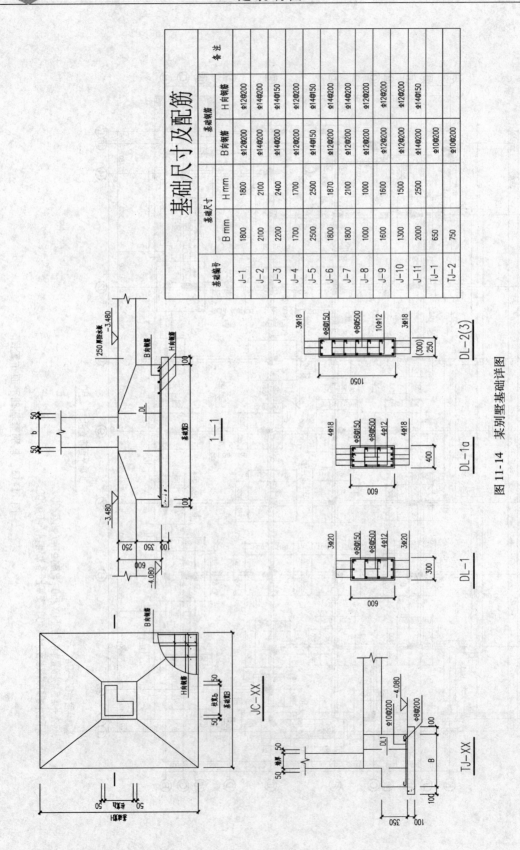

基础编号	基础尺寸		基础配筋		备注
	B mm	H mm	B向钢筋	H向钢筋	
J—1	1800	1800	Φ12@200	Φ12@200	
J—2	2100	2100	Φ14@200	Φ14@200	
J—3	2200	2400	Φ14@200	Φ14@150	
J—4	1700	1700	Φ12@200	Φ12@200	
J—5	2500	2500	Φ14@150	Φ14@150	
J—6	1800	1870	Φ12@200	Φ14@200	
J—7	1800	2100	Φ12@200	Φ14@200	
J—8	1000	1000	Φ12@200	Φ12@200	
J—9	1600	1600	Φ12@200	Φ12@200	
J—10	1300	1500	Φ12@200	Φ12@200	
J—11	2000	2500	Φ14@200	Φ14@150	
TJ—1	650		Φ10@200		
TJ—2	750		Φ10@200		

基础尺寸及配筋

图 11-14 某别墅基础详图

独立柱基础下面有垫层，厚度为100mm。基础上表面标高为 -3.480m，下表面标高为 -4.080m，基础高600mm，放坡高度250mm，且在柱间有基础梁 DL，见图 1 - 1 剖面中的虚线。由配筋表可知 J - 1 截面尺寸为 1800mm × 1800mm，沿 B 和 H 向配筋均为Φ12@200。

（2）条形基础详图　图 11-14 所示的该别墅条形基础详图，为外墙下的条形基础。对于不同位置，该条形基础的断面形状和配筋形式是类似的，所以只需画出一个通用的断面图 TJ - ××，再附上基础底板配筋表，就可以将各部分条形基础的形状、大小、构造和配筋表达清楚。由断面图和配筋表可知条形基础 TJ - 1 宽650mm，TJ - 2 宽750mm。该基础底板 B 向钢筋为Φ10@200，另一向钢筋为Φ8@200，两个方向的钢筋互相垂直形成钢筋网。基础底板下均设置 100mm 厚混凝土垫层，每边放宽 100mm。

实例中条形基础内设置连通的钢筋混凝土梁，称为地梁。由于地梁具有防潮作用，故又称为防潮层。其断面尺寸与基础墙和墙体尺寸有关，地梁钢筋配置如图 11-14 所示。例如：地梁 DL - 1 断面尺寸为 300mm × 600mm，上部配置纵向钢筋为 3Φ20，下部配置纵向钢筋为 3Φ20，梁两侧各配置构造钢筋 2Φ12，箍筋为Φ8@150，拉筋为Φ8@500。

课题五　楼层结构平面图

楼层结构平面图是表示每楼层的承重构件如楼板、梁、柱、墙的平面布置、类型、配筋和构造的图样。它是各承重构件的施工布置和施工制作的重要依据。本课题介绍用平面整体表示法绘制楼板平面图、梁平面图、柱平面图。

一、楼层结构平面图的形成

楼层结构平面图是假想用一个紧贴楼面的水平剖切面在所要表明的结构层的上部剖开，将剖切面以上部分楼层移开，将剩余部分向下作水平投影所得到的投影图。对多层建筑一般应分层绘制。但如果几层楼层构件的类型、大小、数量、布置均相同，可以只画一个结构平面图，并注明"×~×层"楼层结构平面图，或"标准层"楼层结构平面图。

二、楼层结构平面图的内容和图示特点

一般情况下，楼层结构平面图包括结构平面布置图、构件配筋详图和节点详图，当结构比较简单时，可将楼层结构平面布置图和构件配筋详图放在一起表示，例如单元十中别墅结构图属于后种情况。

1. 结构平面布置图

结构平面布置图是表示房屋上部结构布置的图样。结构布置图按楼层表示承重构件的平面布置情况，包括该层楼板、梁及下层楼盖以上的墙、门窗和雨篷等构件的布置情况。墙、柱、梁等可见的构件轮廓线用中实线表示，不可见构件的轮廓线用中虚线表示。钢筋用粗实线表示，每种规格的钢筋只画一根。如梁、屋架、支撑等可用粗点画线表示其中心位置。

结构平面布置图主要内容有以下几方面：

1）标注出与建筑图一致的轴线网及编号。

2）画出各种墙、柱、梁的位置和编号。

3）楼板部分：预制板的型号或编号、数量、铺设的范围和方向，现浇板的范围、厚度，留孔和洞的位置及尺寸。

4）注明圈梁或门窗洞过梁的位置和编号。

5）注出各种梁、板的底面标高和轴线间尺寸，有时也可注出梁的断面尺寸。

6）注出有关的剖切符号或详图索引符号。

7）附注说明选用预制构件的图集编号、各种材料强度等级，板内分布筋的级别、直径、间距等。

2. 钢筋混凝土板配筋图

钢筋混凝土板配筋图所用的比例、定位轴线与建筑平面图相同。图中被剖切的钢筋混凝土柱轮廓线用中实线绘制或涂黑，可见的钢筋混凝土楼板及构件的轮廓用细实线表示，楼板下面不可见结构的构件轮廓线用细虚线绘制。

钢筋混凝土板平法施工图中应注明每一楼板的编号、类型、板厚，贯通纵筋相同的板只需在一块板上集中标注，其余的注明板的编号即可。钢筋混凝土板平法施工图中应注明板支座上非贯通纵筋的钢筋种类、直径、间距、延伸长度等。与受力筋垂直的分布筋不必画出，但要在附注中或钢筋表中说明其级别、直径、间距（或数量）及长度等，并标注预留孔洞的大小及位置。

3. 钢筋混凝土梁配筋图

钢筋混凝土梁平面布置图应按楼层分别绘制，如果中间若干层梁的平面布置及配筋均相同，可绘成一张标准层梁平面布置图。梁平法施工图的平面注写方式，在梁平面布置图中，分别在不同编号的梁中各选一根梁，在其上注写截面尺寸和配筋的具体数值。采用平面注写方式时，不需绘制梁截面的配筋图。

钢筋混凝土梁平面布置图所用的比例、定位轴线与建筑平面图相同。图中被剖到的钢筋混凝土柱轮廓线用中实线绘制，可见的钢筋混凝土梁及构件的轮廓线用细实线表示，楼板下不可见的梁的轮廓线用细虚线绘制。梁的编号、尺寸、配筋情况等直接标注在平面图的各梁上。

4. 钢筋混凝土柱平面布置图

钢筋混凝土柱平面布置图所用的比例、定位轴线与建筑平面图相同。钢筋混凝土柱的平法施工图，是在分层绘制的柱平面布置图上，分别在同一编号的柱中选择一个截面，直接注写截面尺寸和配筋的具体数值。图中不详细绘制的钢筋混凝土柱，其轮廓线用中实线绘制，标注柱的编号，内部不画钢筋；详细绘制的钢筋混凝土柱的绘图比例为 1∶20 或 1∶25，柱的轮廓线用细实线表示，内部钢筋用粗实线及黑圆点表示，并注明柱的配筋情况。平法表示的柱平面布置图上不画梁和板的投影。

三、楼层结构平面图的识读

仍以单元十中的别墅为例，该房屋为框架结构，主要承重构件为梁、板、柱。其二层板配筋如图 11-15 所示（见书后插页），二层梁配筋如图 11-16 所示（见书后插页），二层柱配筋如图 11-17 所示（见书后插页）。

1. 板配筋图

图 11-15 所示为别墅二层现浇楼板配筋图。除楼梯另有结构详图外，楼板的钢筋配置都直接画出，并注写钢筋等级、直径和间距。依据《建筑结构制图标准》，板中钢筋的画法为：在结构楼板中配置双层钢筋时，底层钢筋的弯钩应向上或向左，顶层钢筋的弯钩应向下或向右。例如⑤~⑥轴与ⓕ~ⓙ轴间的楼板支撑在框架梁上，为双向板，板厚 $h = 120\text{mm}$。在板的底部纵向配置了$\Phi 10@150$ 的受力钢筋，横向配置了$\Phi 8@150$ 的受力钢筋，在板的上部沿框架梁配置①$\Phi 8@150$ 的负筋，承受支座处的负弯矩。在⑥轴框架梁处与其垂直布置$\Phi 8@150$ 的负筋，每侧伸出梁边缘 900mm。⑤轴处左侧相邻板上部钢筋伸出梁边缘 900mm，作为支座负筋。与负筋垂直的分布钢筋在配筋图中未画出，需在附注中或钢筋表中说明其级别、直径、间距（或数量）及长度等。

在⑦~⑪轴与ⓗ~ⓚ轴间的板块中画有折线，表示该处无楼板。在⑤~⑦轴与ⓔ~ⓕ轴间的板块中画有互相交叉细线，表示该处为楼梯间。

2. 梁配筋图

本例楼板由框架梁支承，其配筋图采用平面整体表示方法，如图 11-16 所示。读图时，可以从上向下，从左向右读图，先看集中标注，再看原位标注。原位标注优先于集中标注。例如：位于ⓙ轴的框架梁 KL1，共两跨，分别位于⑤~⑥轴和⑥~⑦轴间。截面尺寸为 $200\text{mm} \times 520\text{mm}$，箍筋为直径 8mm 的 HPB300 级钢筋，加密区间距为 100mm，非加密区间距为 200mm，均为两肢箍。梁上部通长钢筋为 2$\Phi 18$，下部通长钢筋为 2$\Phi 18$，中间用"；"分开。构造钢筋 G2$\Phi 12$ 表示梁的两个侧面共配置了 2 根直径为 12mm 的 HRB335 级钢筋，每侧各配置 1 根。该梁只有集中标注，无原位标注。

例如：位于⑫轴的框架梁 KL7，共四跨。截面尺寸为 $200\text{mm} \times 400\text{mm}$，箍筋为直径 8mm 的 HPB300 级钢筋，加密区间距为 100mm，非加密区间距为 200mm，均为两肢箍，梁上部通长钢筋为 2$\Phi 18$，下部通长钢筋为 3$\Phi 18$，中间用"；"分开。框架梁 KL7 在第一跨（ⓑ~ⓘ轴）中的原位标注表示梁下部钢筋为 2$\Phi 18$，箍筋$\Phi 8$ 间距为 100mm。框架梁 KL7 在第二跨（ⓘ~ⓔ轴）中的原位标注表示该跨左支座上部钢筋为 3$\Phi 18$，包括 2 根通长筋和 1 根负筋（该负筋在支座附近截断）；该跨右支座上部钢筋分成 2 排，第一排为 2$\Phi 18$ 的通长筋，第二排为 2$\Phi 20$ 的负筋。框架梁 KL7 在第三跨（ⓔ~ⓕ轴）中的原位标注表示该跨梁截面尺寸变为 $200\text{mm} \times 450\text{mm}$，梁下部配筋为 4$\Phi 20$，分成两排，第一排为 2$\Phi 20$，第二排为 2$\Phi 20$，其他标注依据集中标注。框架梁 KL7 在第四跨（ⓕ~ⓗ轴）中的原位标注表示与第二跨标注一样，只是左右支座上部钢筋互调。

3. 柱配筋图

本例为钢筋混凝土框架结构，其中框架柱为主要承重构件，如图 11-17 所示。该柱配筋图采用截面注写方式。由于该结构为对称结构，故在对称轴（⑨轴）左边标注柱内配筋情况，右边标注柱截面尺寸。该结构有框架柱 KZ 共 16 种类型，普通柱 Z 共 2 种类型。

现以⑥轴与ⓕ轴相交处的 KZ6 为例，说明平法表示柱配筋的方法。柱内绘制的钢筋包

括纵向钢筋和箍筋。引出线旁注写的第一行 KZ6 表示柱的编号；第二行 18 ⏀ 18 表示柱的纵
向钢筋为 18 根直径为 18mm 的 HRB400 级钢筋，其位置见柱中小黑圆点；第三行中 8@ 100/
200 表示柱的箍筋为直径 8mm 的 HPB300 级钢筋，加密区间距为 100mm，非加密区间距为
200mm。KZ6 的截面尺寸见⑫轴与Ⓕ轴相交处，KZ6 为 T 形截面，具体尺寸和相对轴线间的
尺寸如图 11-17 所示。

课题六   钢结构施工图

一、钢结构施工图概述

1. 钢结构的基本知识

　　钢结构是由各种形状的型钢，经焊接或螺栓连接组合而成的构造物，钢结构材料强度
高、重量轻、韧性好、制作简便、施工速度快、钢材可回收利用，因此，在建筑工程中得到
越来越多的应用，尤其是在厂房、高层建筑、桥梁、大跨度建筑和一些轻型结构的建设中。

　　建筑工程中常用的钢材按材料分包括 Q235、Q345、Q390 等；按构件的生产方式分主要
有热轧、冷弯和焊接；按构件的截面形式分有钢板、角钢、H 型钢、工字钢等及各种冷弯薄
壁型钢。常用的连接方式主要有焊接和螺栓连接。

2. 型钢的图例及标注

　　国标中列出了常用建筑型钢的种类和标注方法，见表 11-12。

表 11-12   常用型钢的图例及标注方法

序　号	名　　称	断　　面	标　　注	说　　明
1	等边角钢	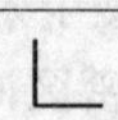 ∟	∟ $b×t$	b 为肢宽 t 为肢厚
2	不等边角钢	 ∟	 ∟ $B×b×d$	B 为长肢宽 b 为短肢宽 d 为肢厚
3	工字钢	 I	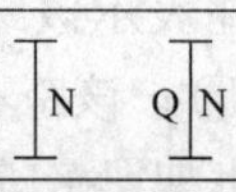 I N Q I N	轻型工字钢加注 Q 字，N 为工字钢的型号
4	槽钢	 [	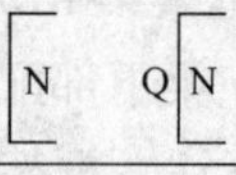 [N Q [N	轻型槽钢加注 Q 字，N 为槽钢的型号
5	方钢	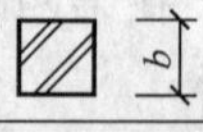 ▨ b	☐ b	
6	扁钢	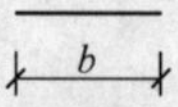 ⊢ b ⊣	— $b×h$	
7	钢板	 ——	$\dfrac{-b×t}{l}$	宽×厚 板长
8	圆钢	 ⊘	ϕd	
9	钢管	 ○	$DN××$ $d×t$	内径 外径×壁厚

（续）

序　号	名　　称	断　面	标　注	说　　明
10	薄壁方钢管	□	B □ $b×t$	
11	薄壁等肢角钢	⌐ a	B ⌐ $b×a×t$	
12	薄壁等肢卷边角钢	⌐ h	B ⌐ $h×b×t$	薄壁型钢加注 B，t 为壁厚
13	薄壁卷边槽钢	⌐ a	B ⌐ $h×b×a×t$	
14	薄壁卷边 Z 型钢	h ⌐ a	B ⌐ $h×b×a×t$	
15	T 型钢	T	TW×× TM×× TN××	TW 为宽翼缘 T 型钢 TM 为中翼缘 T 型钢 TN 为窄翼缘 T 型钢
16	H 型钢	H	HW×× HM×× HN××	HW 为宽翼缘 H 型钢 HM 为中翼缘 H 型钢 HN 为窄翼缘 H 型钢

3. 钢材的连接方式

钢材的连接方式通常采用焊接和螺栓连接，其中螺栓连接又分为普通螺栓、高强螺栓连接。

（1）钢结构的焊接表示及标注方法　焊接是最常用的钢结构连接方式。焊接的接头形式有：对接、顶接和搭接，在钢板较厚时，有时还需要开坡口；焊缝的形式有对接焊缝和角焊缝。常用焊缝的图形符号和辅助符号见表 11-13。

表 11-13　焊缝的图形符号和辅助符号

焊缝名称	示　意　图	图形符号	符号名称	示　意　图	辅助符号	标注方法
V 形		V	周围焊		○	
角焊缝		◣	三面焊		⊏	
I 形		‖	现场焊		▸	
定位焊缝		○	相同焊		◠	

（2）钢结构的螺栓连接及标注方法　螺栓连接拆装方便，便于维护，其连接及标注方法见表 11-14。

表 11-14　螺栓连接及标注方法

序　号	名　称	图　例		说　明
1	永久螺栓	$\frac{M}{\phi}$		
2	高强螺栓	$\frac{M}{\phi}$		1）细"＋"线表示定位线 2）M 表示螺栓型号 3）ϕ 表示螺栓孔直径 4）d 表示膨胀螺栓、电焊铆钉直径 5）采用引出线标注螺栓时，横线上标注螺栓规格，横线下标注螺栓孔直径
3	安装螺栓	$\frac{M}{\phi}$		
4	胀锚螺栓	d		
5	圆形螺栓孔	ϕ		
6	长圆形螺栓孔	ϕ ， b		
7	电焊铆钉	d		

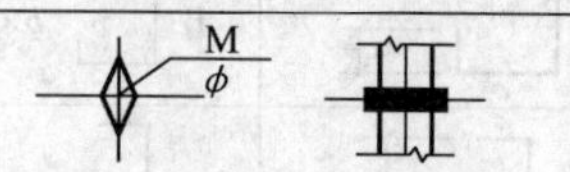

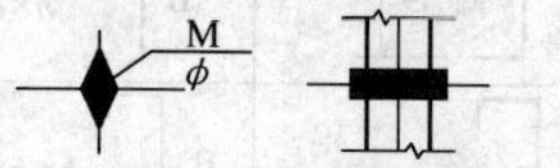

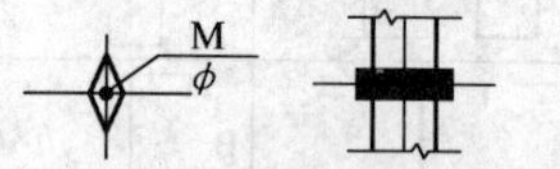

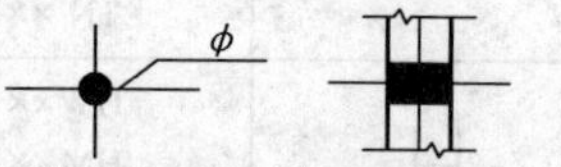

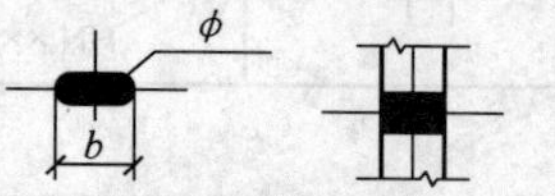

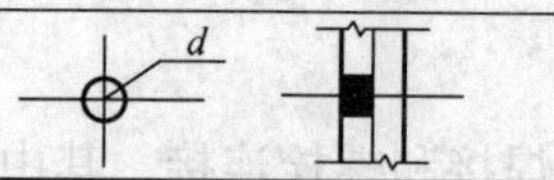

二、钢屋架结构图识读

钢屋架结构图主要包括屋架简图、屋架立面图和节点详图，还有预埋件详图、断面图、剖面图和钢材用料表等，是表达钢屋架的形式、大小、型钢规格、杆件连接情况的图样。下面以某厂房钢屋架的结构图为例，介绍钢屋架结构图的识读。

1. 钢屋架简图

钢屋架简图主要表示钢屋架的形式、尺寸以及杆件之间的连接情况。各杆件的几何中心线一般用粗（或中粗）实线表示，在屋架简图两端应标注定位轴线，如图 11-18 中的Ⓐ轴和Ⓑ轴。通过读图可知，屋架的跨度为 48m，高度为 4.5 m。此屋架由上、下弦杆，直杆和斜杆连接而成，杆件连接处称为节点。节点间的水平距离相等，用 3000×4 表示各节点间的水平距离均为 3000mm，共 4 段。由于该屋架为对称结构，各杆件的长度只在对称线一侧标注即可。另外在屋架简图中还标出了节点详图的索引符号，如图 11-18 中屋架的左边部分。

2. 钢屋架立面图

钢屋架立面图是钢屋架结构图中的主要图样，如图 11-19 所示。常选用 1∶50 的比例绘制。钢屋架立面图及上、下弦杆辅助投影图中杆件和节点板轮廓用粗（或中粗）线，其余用细线绘制。由于屋架的跨度、高度与杆件的断面尺寸相差较大，为了更清楚表达，所以常

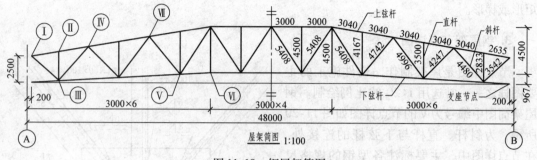

图 11-18　钢屋架简图

在立面图中采用两种不同的比例，即屋架轴线（杆件几何中心线）用 1∶50 的比例，节点和杆件（断面）用较大比例如 1∶25 绘制。

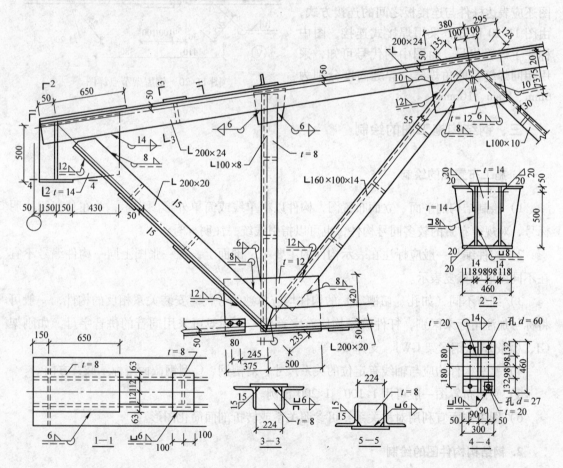

图 11-19　钢屋架立面图

从图 11-19 中可以看出钢屋架各杆件的角钢型号、根数、长度等情况，如斜杆 2L160 × 100 ×14 表示由两根不等边角钢组成，长肢宽 160mm，短肢宽 100mm，肢厚 14mm。又如上弦杆 2L200 ×24 表示由两根等边角钢组成，肢长 200mm，肢厚 24mm。从屋架立面图中还可了解各节点处的连接板情况，从图中可知，根据节点处杆件的根数和方向，连接板大部分为矩形或梯形。

3. 钢屋架节点详图

节点详图是屋架制作、构件施工的主要图样之一，常选用 1 : 20 的比例绘制。钢屋架简图中编号为 V 的节点详图如图 11-20 所示，为斜杆、直杆与下弦杆的连接处。在节点详图中，主要标注各型钢的规格尺寸和它的长度，还应注明各杆件的定位尺寸（如图中 250、205）和连接板的定位尺寸（如图中 410、380、20、420）。节点详图还应表达杆件与连接板之间的连接方式，由图 11-20 可知，采用焊接式连接，图中标注了焊缝代号。由图中的代号可知，采用相同焊缝，即角焊缝，焊缝高度分别为 6mm、8mm、10mm。

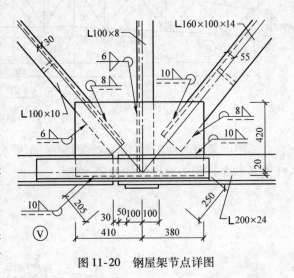

图 11-20　钢屋架节点详图

三、钢结构施工图的绘制

1. 施工布置图的绘制

1）绘制结构的平面、立面布置图，构件以粗单线或简单外形图表示，并在其旁侧注明标号，对规律布置的较多同号构件，也可以指引线统一注明标号。

2）构件编号一般应标注在表示构件的主要平、剖面上，在一张图上同一构件编号不宜在不同图形中重复表示。

3）细节不同（如孔、切槽等）的构件均应单独编号，对安装关系相反的构件，一般可将标号加注角标来区别，杆件编号均应有字首代号，一般可采用同音的拼音字母，如刚架 GJ、檩条 LT、钢屋架 GWJ、支撑 ZC 等。

4）每一构件均应与轴线有定位的关系尺寸，对槽钢、C 型钢截面应标示肢背方向。

5）平面布置图一般可用 1 : 100、1 : 200 比例。

6）图中剖面宜利用对称关系，可参照关系或转折剖面简化图形。

2. 钢结构构件图的绘制

钢结构构件图应以粗实线进行绘制，同时满足下列要求：

1）每一构件均应按布置图上的构件编号绘制成详图，构件编号用粗线标注在图形下方，图样内容及深度应能满足制造加工要求。

一般应包括：①构件本身的定位尺寸、几何尺寸；②标注所有组成构件的零件间的相互定位尺寸、连接关系；③标注所有零件间的连接焊缝符号及零件上的孔、洞及其相互关系尺寸；④标注零件的切口、切槽、裁切的大样尺寸；⑤构件上零件编号及材料表；⑥有关本图构件制作的说明（相关布置图号、制孔要求、焊缝要求等）。

2）构件的图形应尽量按实际位置绘制，以有较多尺寸的一面为主要投影面，必要时再以顶视（底视）或侧视图作为补充投影，或另剖剖面图表示。

3）构件与构件间的连接部位，应按设计图提供的内力及节点构造进行连接计算及螺栓与焊缝的布置，选定螺栓数量、焊脚厚度及焊缝长度；对组合截面构件还应确定缀板的截面与间距。对连接板、节点板、加劲板等，按构造要求进行配置放样及必要的计算。

4）构件图形一般应选用合适的比例绘制（1∶15、1∶20、1∶50），对于较长、较高的构件，其长度、高度与截面尺寸可以用不同的比例表示。

5）构件中每一零件均应编零件号，应尽量按主次部位顺序编号，相反零件可用相同编号，但在材料表中的正反栏内注明。材料表中应注明零件规格、数量、重量及制作要求（如刨边、热煨等），对焊接构件宜在材料表中附加构件重量1.5%的焊缝重量。

6）图中所有尺寸均以mm为单位（标高除外），一般尺寸注法：宜分别标注构件控制尺寸，各零件相关尺寸，对斜尺寸应注明其斜度，当构件为多弧形构件时，应分别标明每一弧形尺寸相对应的曲率半径。

7）对较复杂的零件或交汇尺寸应由放大样（比例不小于1∶5），或绘制展开图来确定其尺寸。

8）构件间以节点板相连时，应在节点板连接孔中心线上注明斜度及相连的构件号。

课题七　工程案例

本课题给出一套某办公楼的结构施工图（图11-21～图11-25，见书后插页）供学生进行独立识读，要求按照课题一中的结构施工图的识读方法和识读步骤来阅读施工图，通过识读了解结构施工图的组成、识读方法与步骤；掌握平法施工图的图示特点、制图规则及主要内容；掌握柱、梁、板平法施工图的制图要求和识读要点；能够识读典型工程的平法施工图。

单元小结

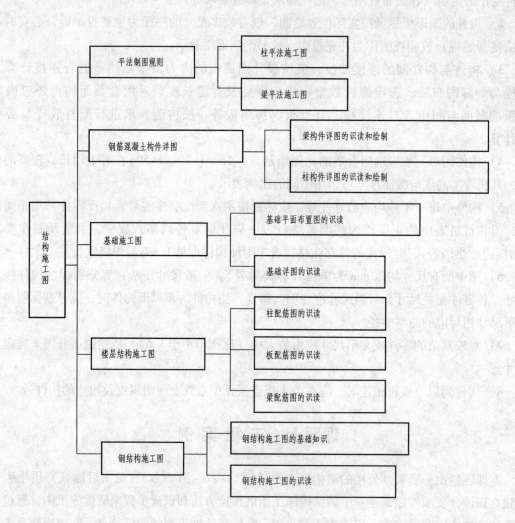

单元十二

建筑装修施工图

知识目标：
- 了解建筑装修施工图的内容。
- 掌握装修施工图的识读。

能力目标：
- 能够解释建筑装修施工图的形成。
- 能够掌握装修施工图的组成。
- 能够正确进行装修施工图的识读。

课题一 概 述

装修施工图是遵照装修设计规范要求绘制的用于指导建筑装修工程施工的技术文件，是指导建筑装修施工的主要依据。装修施工图是用于表达建筑物室内室外装饰美化要求的图样。它以透视效果为主要依据，采用正投影等投影法反映建筑的装饰结构、装饰造型、饰面处理，以及家具、陈设、绿化等布置内容。

装修设计是在建筑设计的基础上进行的，装修施工是在建筑主体结构完成后进行的。

一、装饰工程施工图的图示特点

装修施工图与建筑施工图的图示方法、尺寸标注、图例代号等基本相同。装饰工程施工图在建筑施工图的基础上，结合环境艺术设计的要求，更详细地表达了建筑空间的装饰做法以及整体效果。装修施工图既反映了墙、地、顶棚三个界面的装饰结构、造型处理和装修做法，又图示了家具、织物、陈设、绿化等的布置。目前装修施工图的制图按照《房屋建筑室内装饰装修制图标准》（JGJ/T 244—2011）执行。

二、装饰工程施工图的组成

装饰工程施工图一般由装饰设计说明、基本图和详图组成。其中基本图包括平面布置图、楼地面平面图、顶棚平面图，详图包括装饰构配件详图和装饰节点详图等。

三、装饰工程施工图的有关规定

1. 一般规定

装修施工图中图线、字体、比例、定位轴线及尺寸标注等与建筑施工图相同。应遵照

《房屋建筑制图统一标准》（GB/T 50001—2010）和《房屋建筑室内装饰装修制图标准》（JGJ/T 244—2011）。

2. 内饰符号

标高符号、剖切符号、详图符号、详图索引符号与建筑施工图相同。表示室内立面在平面图上的位置时，在平面图中用内饰符号注明视点位置、方向及立面编号，立面编号常用拉丁字母或阿拉伯数字，按顺时针顺序排列，如图 12-1 所示。符号中的圆圈用细实线绘制，直径 8~12mm；箭头和字母所在方向表示立面图的投射方向，同时相应字母也被作为相应立面图的编号，如箭头指向 A 方向的立面图称为 A 立面图。

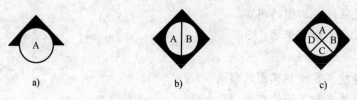

a)　　　　　　　　　　　b)　　　　　　　　　　　c)

图 12-1　常用的内视符号形式

a）单面内视符号　b）双面内视符号　c）四面内视符号

3. 文字说明

对材料、设备、装饰物、装饰图等用引出线引出并以文字说明。

4. 图例

装修施工图的常用图例符号见表 12-1。

表 12-1　装修工程施工图常用图例

图　例	名　称	图　例	名　称
	双人床		洗菜池
	煤气灶		衣柜
	椅子		单人沙发
	大型吊灯		吸顶灯
	书柜		电视

课题二　平面布置图

一、平面布置图的形成与表达

平面布置图是假想用一水平的剖切平面，沿需装饰的房间的门窗洞口处作水平全剖切，移去上面部分，对剩下部分所作的水平正投影图。它是在原建筑平面图的基础上，根据使用功能、艺术、技术等要求，对室内空间进行布置的图样，主要表明建筑的平面形状、建筑构造状况、室内家具设备的布置、景观设计、平面关系和室内的交通关系等。被剖切到的墙、柱等轮廓线，用粗实线表示；未被剖切的家具陈设、厨卫设备等轮廓线用细实线表示。

二、平面布置图的图示内容

1）比例，平面布置图的比例一般采用1∶100、1∶50，内容比较少时采用1∶200。

2）建筑主体结构，包括定位轴线、房间尺寸、门窗位置等。

3）室内家具布置，如沙发、茶几、床、桌、椅、柜、家电、卫生设备、绿化、装饰构件、装饰小品等的形状、位置。

4）绘制剖切符号，表明装饰剖面位置和投射方向。通过内饰符号注明视点位置、方向及立面编号等。

5）装修要求等文字说明。

三、平面布置图的绘制步骤

1）选择合适比例，确定图幅。

2）绘制建筑主体结构平面图。

3）绘制厨房设备、家具、卫生洁具、电器设备、隔断、装饰构件、绿化等的布置。

4）标注尺寸、剖面符号、详图索引符号、图例名称、文字说明。

5）描粗整理图线。

四、平面布置图的识读

1. 读图的方法

1）阅读各房间的主要尺寸，注意区分建筑尺寸和装修尺寸。

2）阅读各房间的功能布局，了解图中的基本内容。

3）阅读文字说明，了解装修对材料、规格、品种、色彩和工艺制作的要求。

4）阅读装修平面布置图上的内饰符号，明确投射方向和投影编号；阅读剖切符号，明确剖切位置、剖视方向以及剖面图的位置；阅读索引符号，明确被索引剖面及详图所在位置。

2. 实例分析

识读某别墅二层装修平面布置图（图12-2）。

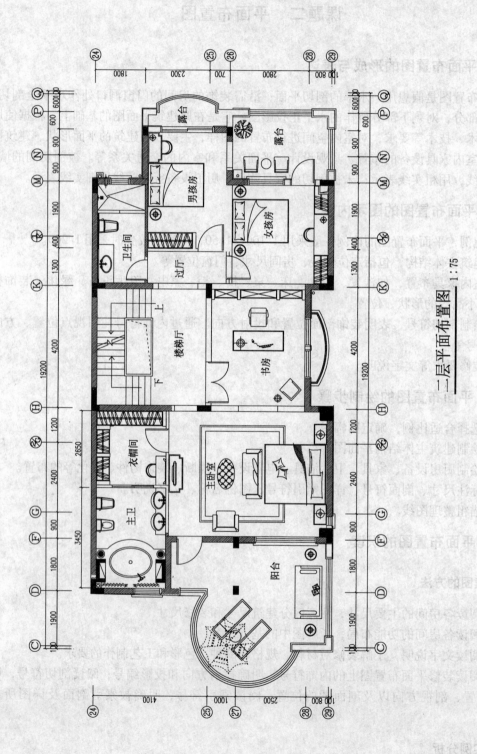

二层平面布置图 1:75

图 12-2 某别墅二层装修平面布置图

从图中看到该别墅二层房间的布局主要有主卧室、男孩房、女孩房、书房、卫生间、衣帽间、楼梯厅、阳台和露台。主卧室的平面布置主要有双人床及床头柜、影视柜、单人沙发；男孩、女孩房布置有单人床、衣柜、写字台；阳台布置有遮阳伞、休闲躺椅、沙发；主卫生间布置有浴室柜和马桶等，窗边的波浪线表示窗帘。

课题三 楼地面平面图

一、楼地面平面图的形成与表达

楼地面平面图是用一个假想的水平剖切平面在窗台略上的位置剖切后，移去上面的部分，向下所作的正投影图。与建筑平面图基本相似，不同之处是在建筑平面图的基础上增加了装饰和陈设的内容，主要表达楼地面的地面造型、装修材料名称、尺寸和工艺要求等。被剖切到的墙、柱等轮廓线，用粗实线表示；装修材料图例的填充线用细实线表示。

二、楼地面平面图的图示内容

1）楼地面平面图的常用比例为 1:50、1:60、1:80、1:100。

2）建筑平面图的基本结构和尺寸。

3）楼地面选用的材料、分格尺寸、拼花造型、颜色等。

三、楼地面平面图的绘制步骤

1）选择合适比例，确定图幅。

2）绘制建筑主体结构平面图和现场制作的固定家具、隔断、装饰构件。

3）绘制地面的拼花造型图案等。

4）标注尺寸、剖面符号、详图索引符号、图例名称、文字说明。

5）描粗整理图线。

四、楼地面平面图的识读

1. 读图的方法

阅读楼地面平面图，主要了解客厅、餐厅、卧室、厨房、卫生间等地面的面层材料名称、规格、拼花形式。

2. 实例分析

识读某别墅二层装修地面铺设图（图 12-3）。

从图中看到该别墅二层的主卧室、男孩房、女孩房、衣帽间、书房的地面均铺设实木复合木地板；主卫地面为米黄大理石水洗面地砖；露台地面为仿古砖；阳台的圆形部分铺设仿古砖，周围一圈米黄大理石，其余部分铺设米黄大理石水洗面地砖。另外所有的门槛石均为深咖网纹大理石。

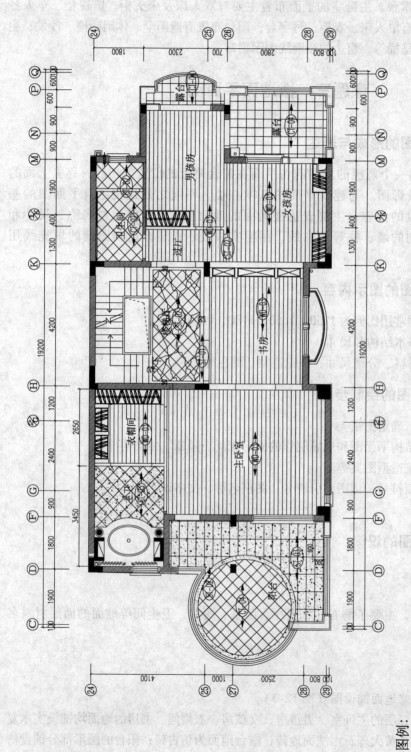

二层地面铺设图　1:75

图 12-3　某别墅二层装修地面铺设图

图例：

ST-01 深咖啡网纹大理石　　WD-01 实木复合木地板　　CT-01 仿古砖

ST-02 米黄大理石　　CT-02 地毯　　CT-04 仿古砖　　CT-05 仿古砖

ST-03 米黄大理石水洗面　　MC-01 马赛克　　CT-06 仿古砖　　CT-07 仿古砖

备注：所有门槛用深咖啡网纹大理石

课题四　顶棚平面图

一、顶棚平面图的形成与表达

顶棚平面图是用一个假想的水平剖切平面，沿需装饰房间的门窗洞口处作水平剖切，移去下面部分，对剩余的上面的墙体、顶棚所作的镜像投影图。顶棚平面图用于反映顶棚的平面形状、装饰做法以及所属设备的位置、尺寸等内容。被剖切到的墙、柱等轮廓线，用粗实线表示；未被剖切的家具陈设、厨卫设备以及各种灯具等的轮廓线用细实线表示。顶棚平面图通常采用"镜像"投影作图。

二、顶棚平面图的图示内容

1）顶棚平面图的常用比例是 $1:50$、$1:60$、$1:80$、$1:100$。

2）表明顶棚装饰造型的平面尺寸和形式，并通过附加文字说明其所用材料、色彩及工艺要求。

3）表明顶棚灯具的种类、式样、规格、数量及布置形式和安装位置。

4）表明空调通风口、顶部消防报警灯装饰内容及设备的位置等。

三、顶棚平面图的绘制

1）选择合适比例，确定图幅。

2）绘制顶棚平面轮廓图。

3）绘制顶棚的装饰造型，布置灯具等设备。

4）标注尺寸、剖面符号、详图索引符号、图例名称、文字说明。

5）描粗整理图线。

四、顶棚平面图的识读

1. 读图的方法

阅读顶棚平面图了解顶部灯具和设备设施的规格、品种与数量，了解顶棚所用材料的规格、品种及其施工设施要求，如有索引符号，找出详图对照阅读，弄清详细构造。

2. 实例分析

识读某别墅二层装修顶棚布置图（图12-4）。

从图中看到该别墅二层的主卧室的顶棚有彩绘图腾油画，周围用木饰面处理且装有射灯，房中央布置有艺术吊灯；男孩房与女孩房布置相同，顶棚都是白色乳胶漆处理，四周用木饰面处理且装有射灯、书房的中央布置了艺术吊灯；阳台、露台的中央布置了吸顶灯。

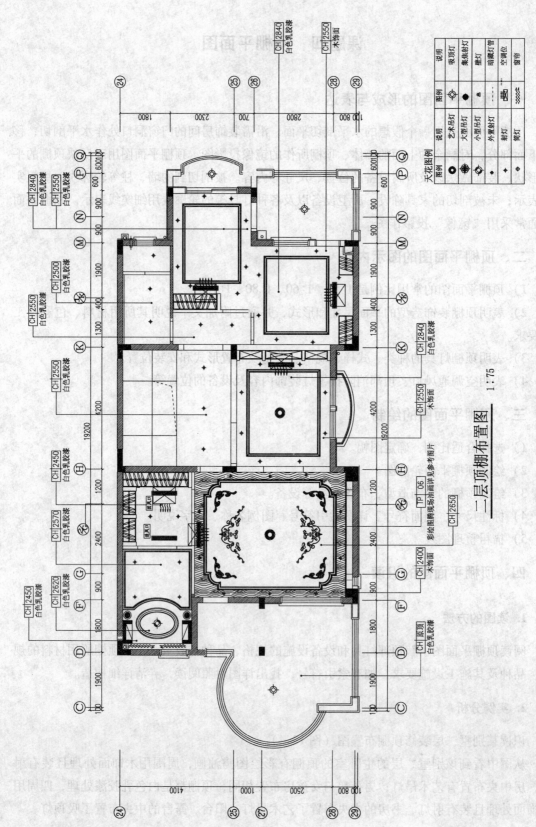

二层顶棚布置图
1:75

图 12-4 某别墅二层装修顶棚布置图

课题五　室内立面图

一、室内立面图的形成与表达

将建筑物装饰的内部墙面向铅直的投影面所作的正投影图就是室内立面图。图上主要反映室内墙柱面的装饰造型、饰面处理以及固定家具、壁挂等装饰位置与尺寸等。立面图的外轮廓线用粗实线表示。室内立面图一般选用较大比例。

二、室内立面图的图示内容

1）室内立面图的比例一般为 1：30、1：40、1：50、1：100。
2）门窗的位置、形式及墙面、顶棚上的灯具及其他设备。
3）固定家具、壁灯、挂画等在墙面中的位置，立面形式和主要尺寸。
4）墙面装饰的长度及范围，以及相应的定位轴线的符号、剖切符号等。
5）建筑结构的主要轮廓及材料图例。

三、室内立面图的绘制步骤

1）选择合适比例，确定图幅。
2）画出地面、楼板及墙面两端的定位轴线等。
3）绘制墙面的主要造型轮廓线。
4）绘制墙面次要轮廓线、剖面符号，进行尺寸标注、详图索引、文字说明。
5）描粗整理图线。

四、室内立面图的识读

1. 读图的方法

1）阅读室内立面图时要结合平面布置、顶棚平面图等对照阅读。室内立面图编号与平面布置图上的内视符号的编号相一致。
2）了解墙柱面上有几种不同的装饰面，以及这些装饰面所选用的材料与施工工艺要求。
3）阅读墙柱面的尺寸、索引符号、剖面符号，阅读引出线的文字说明，了解各细部的构造做法。

2. 实例分析

识读某别墅室内立面图（图 12-5）。

从图中看到主卧室 A 立面为布置电视的墙面，墙面贴有墙纸，电视左侧有两幅装饰画，上下布置，电视下面有一成品家具四斗柜，卧室房门贴有实木线条、饰面板饰面。

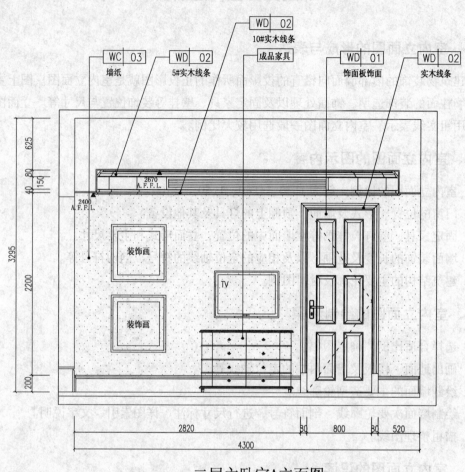

二层主卧室A立面图 1：30

图 12-5　某别墅室内立面图

课题六　装 修 详 图

一、装修详图的形成与表达

　　楼地面装修图、顶棚平面图、室内立面图一般用较小比例绘制，由于许多细部构造，如楼地面的拼花造型及细部做法、吊顶的构造及细部做法等无法显示清楚，为此，常在这些部位以较大比例绘制一些局部性的详图，也称作大样图，作用是能更详细地表达装修细部的内容。详图可以是平面图、立面图、剖面图、轴测图等。被剖到的墙、柱、梁、板等用粗实线，其余均用细实线表达。

二、装修详图的分类

1）楼地面详图：主要反映楼地面的拼花造型及细部做法。

2）顶棚详图：主要反映吊顶的构造及细部做法。

3）墙柱面详图：主要反映墙柱面的分层做法、材料细部构造做法。

4）装饰造型详图：主要反映墙柱的装饰造型，如屏风、花台、栏杆等的平面、立面或剖面图。

5）家具详图：主要指现场制作的固定式家具的详图。

6）窗、门及窗门套详图：主要反映窗门及窗门套的立面、剖面图。

三、装修详图的图示内容

1）装修详图的比例一般为 1∶2、1∶5、1∶10、1∶20 等。

2）表达细部构件的形状、材料、尺寸及做法。

四、装修详图的绘制步骤

1）选择合适比例，确定图幅。

2）绘制地面、楼板及墙面两端的定位轴线等。

3）绘制墙面的主要造型轮廓线。

4）绘制墙面次要轮廓线、剖面符号，进行尺寸标注、详图索引、文字说明。

5）描粗整理图线。

五、装修详图的识读

1. 读图的方法

1）要结合装修平面布置、立面图、剖面图看详图来自建筑构造的哪一部位。

2）注意剖切符号、索引符号的位置、编号与投射方向。

3）细读文字说明。

2. 实例分析

识读某别墅家具详图（图 12-6）。

家具详图通常由家具立面图、平面图、剖面图和节点大样图等组成。图 12-6 是男孩房衣柜的立面图和剖面图。从衣柜的立面图可以看到衣柜的立面形式、尺寸和材料，该衣柜柜门为饰面板饰面，周围贴有实木线条。立面图有 B—B 剖面位置。从剖面图可以看到衣柜内部分为四层，饰面板饰面，还可以看到合页安装的位置。

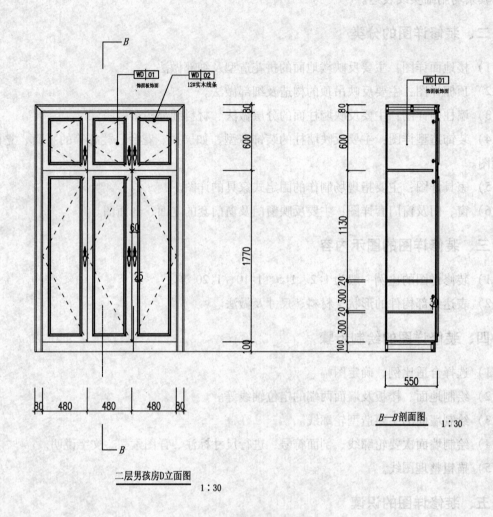

图 12-6　某别墅家具详图

课题七　工程案例

　　下面是某办公楼二层的装修图（图 12-7 ~ 图 12-9），以供读者进一步熟悉室内装修施工图。

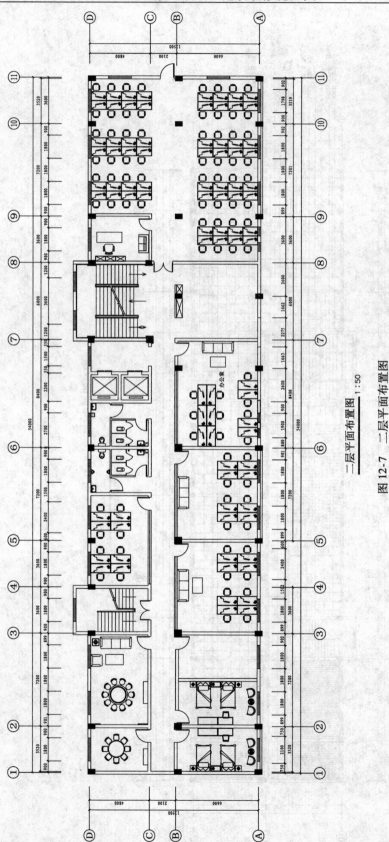

二层平面布置图　1:50

图 12-7　二层平面布置图

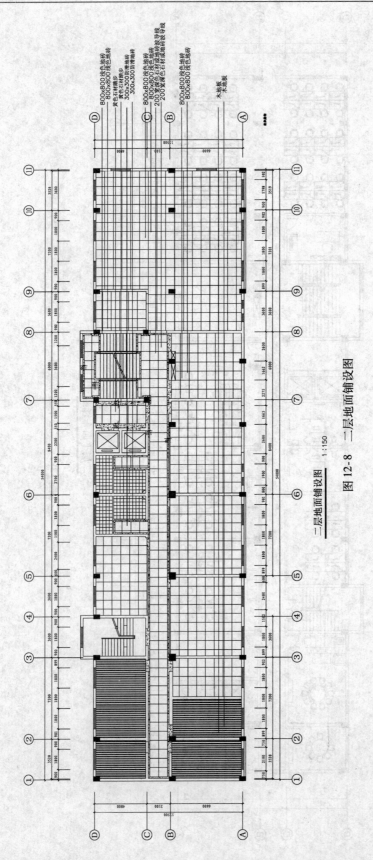

二层地面铺设图 1:150

图12-8 二层地面铺设图

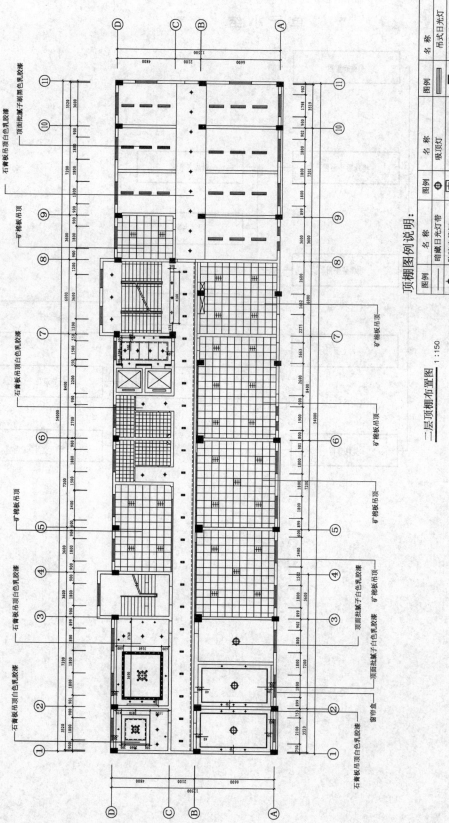

顶棚图图例说明：

图例	名称	图例	名称	图例	名称	图例	名称
—	暗藏日光灯带	⊕	吸顶灯	目	吊式日光灯		
⊕	防眩光筒灯	王	600×600格栅灯	☒	排气扇		
✦	射灯	☒	300×300防水吸顶灯	✦	双头多盏灯		

一层顶棚布置图 1:150

图 12-9　二层顶棚布置图

单 元 小 结

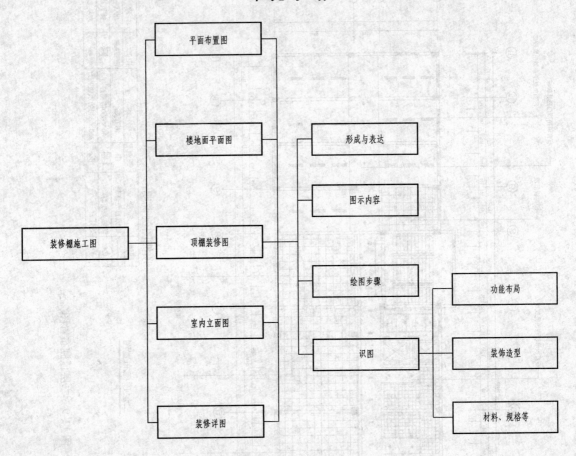

单元十三

建筑设备工程图

知识目标：

- 了解建筑设备工程图的内容。
- 熟悉给水排水及暖通工程图的图例符号含义及绘制要求。
- 掌握设备施工图的识读。

能力目标：

- 能够解释设备工程图的图例符号含义。
- 能够按要求绘制简单的设备施工图。
- 能够准确无误地识读完整设备施工图。

一套完整的房屋施工图除了建筑施工图、结构施工图之外，还有设备施工图。设备施工图按不同专业分为建筑给水排水施工图、供暖与通风施工图、电气施工图，简称为水、暖、电施工图。本单元详细阐述建筑给水排水施工图和供暖与通风施工图。

课题一　建筑给水排水工程图

建筑给水排水施工图主要绘制厨房、浴厕等房间，以及工业企业锅炉房、浴室、化验室及需要用水的车间等用水区域管道的布置及安装。通常有管道平面布置图、管道系统轴测图、卫生设备或用水设备安装详图、施工说明等。其中建筑给水、建筑排水和建筑消防平面图可以绘制在同一张平面图内，以不同管道图例区分。但如果管道类型较多，在同一张图中表达不清楚的情况下，可将给水排水、消防和管道直饮水分开绘制在相应的平面图内。

一、建筑给水排水施工图的图示特点和基本规定

（一）一般规定

为了统一给水排水专业制图的规则，保证制图质量，提高制图效率，做到图面清晰、简明，符合设计、施工、存档要求，建筑给水排水施工图除了符合国家制定的《房屋建筑制图统一标准》（GB/T 50001—2010）之外，还要符合《建筑给水排水制图标准》（GB/T 50106—2010），以及现行的有关标准、规范的规定。

（1）图线　图线的宽度 b，应根据图纸的类型、比例和复杂程度，按《房屋建筑制图统一标准》中的规定选用。线宽 b 宜为 0.7mm 或 1.0mm。建筑给水排水专业制图，常用的各种线型宜符合表 13-1 的规定。

表 13-1　线型

名　称	线　型	线　宽	用　途
粗实线	——————	b	新设计的各种排水和其他重力流管线
粗虚线	— — —	b	新设计的各种排水和其他重力流管线的不可见轮廓线
中粗实线	——————	$0.7b$	新设计的各种给水和其他压力流管线；原有的各种排水和其他重力流管线
中粗虚线	— — —	$0.7b$	新设计的各种给水和其他压力流管线及原有的各种排水和其他重力流管线的不可见轮廓线
中实线	——————	$0.5b$	给水排水设备、零（附）件的可见轮廓线；总图中新建的建筑物和构筑物的可见轮廓线；原有的各种给水和其他压力流管线
中虚线	— — —	$0.5b$	给水排水设备、零（附）件的不可见轮廓线；总图中新建的建筑物和构筑物的不可见轮廓线；原有的各种给水和其他压力流管线的不可见轮廓线
细实线	——————	$0.25b$	建筑的可见轮廓线；总图中原有的建筑物和构筑物的可见轮廓线；制图中的各种标注线
细虚线	— — —	$0.25b$	建筑的不可见轮廓线；总图中原有的建筑物和构筑物的不可见轮廓线
单点长画线	— · — · —	$0.25b$	中心线、定位轴线
折断线	——∿——	$0.25b$	断开界线
波浪线	∿∿∿∿	$0.25b$	平面图中水面线；局部构造层次范围线；保温范围示意线等

（2）比例　建筑给水排水专业图中比例应符合下面要求：

1）建筑给水排水专业制图常用的比例，宜符合表 13-2 的规定。

2）在管道纵断面图中，竖向与纵向可采用不同的组合比例。

3）在建筑给水排水轴测系统图中，如局部困难时，该处可不按比例绘制。

表 13-2　常用比例

名　称	比　例	备　注
区域规划图 区域位置图	1∶50000、1∶25000、1∶10000 1∶5000、1∶2000	宜与总图专业一致
总平面图	1∶1000、1∶500、1∶300	宜与总图专业一致
管道纵断面图	纵向：1∶200、1∶100、1∶50 横向：1∶1000、1∶500、1∶300	
水处理厂（站）平面图	1∶500、1∶200、1∶100	
水处理构筑物、设备间、卫生间、泵房平、剖面图	1∶100、1∶50、1∶40、1∶30	
建筑给水排水平面图	1∶200、1∶150、1∶100	宜与建筑专业一致
建筑给水排水轴测图	1∶150、1∶100、1∶50	宜与相应图纸一致
详图	1∶50、1∶30、1∶20、1∶10、1∶5、 1∶2、1∶1、2∶1	

（3）标高　建筑给水排水室内工程应标注相对标高；室外工程宜标注绝对标高，当无绝对标高资料时，可标注相对标高，但应与总图专业一致。压力管道（如生活给水管道、热水管道、热水回水管道等）应标注管中心标高；沟渠和重力流管道宜标注沟（管）内底标高。

在下列部位应标注标高：

1）沟渠和重力流管道的起讫点、转角点、连接点、变坡点、变尺寸（管径）点及交叉点。

2）压力流管道中的标高控制点。

3）管道穿外墙、剪力墙和构筑物的壁及底板等处。

4）不同水位线处。

5）构筑物和土建部分的相关标高。

在建筑工程中，管道也可标注相对本层建筑地面的标高，标注方法为 $H + \times.\times\times\times$，$H$ 表示本层建筑地面标高（如 $H + 0.250$）。

建筑给水排水图样中标高的标注方法应符合图 13-1～图 13-4 所示的规定方法。

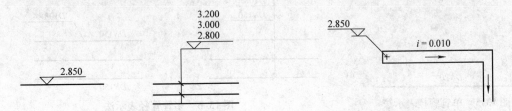

图 13-1　平面图中管道标高标注方式　　　　图 13-2　平面图中沟渠标高标注方式

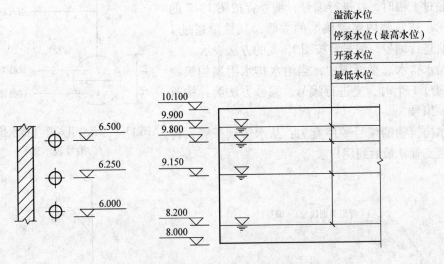

图 13-3　剖面图中管道及水位标高的标注方式

（4）管径　建筑给水排水专业图中管道的管径应以 mm 为单位，管径的表达方式应符合下列规定：

1）水煤气输送钢管（镀锌或非镀锌）、铸铁管等管材，管径宜以公称直径 DN 表示（如 $DN15$、$DN50$）。

2）无缝钢管、焊接钢管（直缝或螺旋缝）等管材，管径宜以外径 $D×$壁厚表示（如 $D108×4$、$D159×4.5$ 等）。

3）铜管、薄壁不锈钢管等管材，管径宜以公称外径 D_w 表示。

4）建筑给水排水塑料管材，管径宜以公称外径 dn 表示。

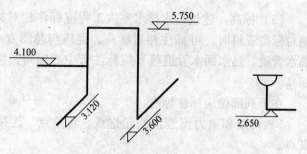

图 13-4　轴测图中管道标高标注法

5）钢筋混凝土（或混凝土）管，管径宜以内径 d 表示（如 $d230$、$d380$ 等）。

6）复合管、结构壁塑料管等管材，管径应按产品标准的方法表示。

7）当设计中均采用公称直径 DN 表示管径时，应有公称直径 DN 与相应产品规格对照表。

管径的标注方法应采用图 13-5 及图 13-6 所示的规定表示：

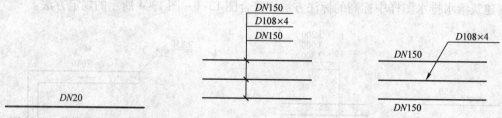

图 13-5　单管管径表示法　　　　　　　　图 13-6　多管管径表示法

（5）编号　当建筑物的给水引入管或排水排出管的数量超过 1 根时，宜进行编号，编号宜按图 13-7 的方法表示。建筑物内穿越楼层的立管，其数量超过 1 根时，宜进行编号，编号宜按图 13-8 的方法表示。

在给水排水总平面图中，当给水排水附属构筑物的数量超过 1 个时，应进行编号。编号方法为：构筑物代号 – 编号。

给水构筑物的编号顺序宜为：从水源到干管，再从干管到支管，最后到用户。

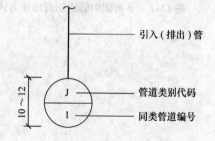

图 13-7　给水引入管（排水排出管）编号表示法

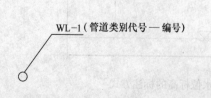

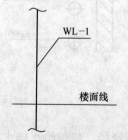

图 13-8　立管编号表示法

排水构筑物的编号顺序宜为：从上游到下游，先干管后支管。

当给水排水机电设备的数量超过 1 台时，宜进行编号，并应有设备编号与设备名称对照表。

（二）管道的表示

在给水排水施工图中，由于绘图比例比较小，而管道、设备及器具形体又不大，因此无法用正投影的方法来表示它们的图形。通常小比例的管道采用单线绘出，并以汉语拼音字母表示其类别，管道图例宜符合表 13-3。原有管线可用比同类型的新设管线细一级的线型表示，并加斜线，拆除管线则加叉线。图样比例较大（如大于 1∶50）的设备安装详图中，立面管道按一般双线绘制。

表 13-3　管道图例

序　号	名　　称	图　例	备　注
1	生活给水管	——— J ———	
2	热水给水管	——— RJ ———	
3	热水回水管	——— RH ———	
4	中水给水管	——— ZJ ———	
5	循环冷却给水管	——— XJ ———	
6	循环冷却回水管	——— XH ———	
7	热媒给水管	——— RM ———	
8	热媒回水管	——— RMH ———	
9	蒸汽管	——— Z ———	
10	凝结水管	——— N ———	
11	废水管	——— F ———	可与中水源水管合用
12	压力废水管	——— YF ———	
13	通气管	——— T ———	
14	污水管	——— W ———	
15	压力污水管	——— YW ———	
16	雨水管	——— Y ———	
17	压力雨水管	——— YY ———	
18	虹吸雨水管	——— HY ———	
19	膨胀管	——— PZ ———	
20	保温管	 ～～～～～	
21	多孔管	 ↑　　↑　　↑	
22	地沟管	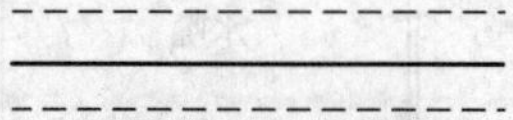 - - - - - - -	
23	防护套管	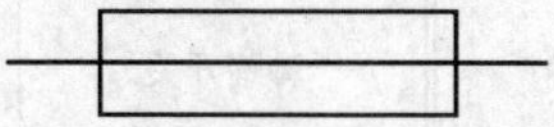 ▭	
24	管道立管	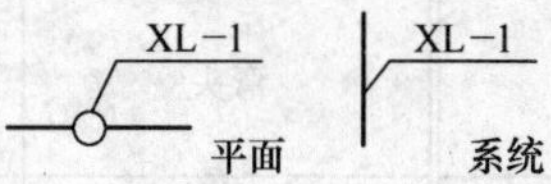 XL-1　　XL-1　平面　系统	X 为管道类别 L 为立管 1 为编号
25	伴热管	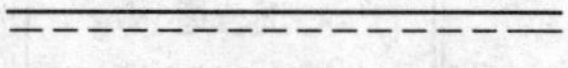 = = = = = = =	

（续）

序　　号	名　　称	图　　例	备　　注
26	空调凝结水管	 —— KN ——	
27	排水明沟	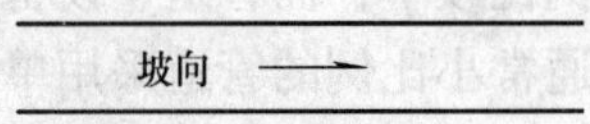 坡向 →	
28	排水暗沟	 坡向 →	

注：分区管道用加注角标方式表示，如 J_1、J_2、RJ_1、RJ_2 等。

（三）管道附件的表示

根据《建筑给水排水制图标准》（GB/T 50106—2010）规定，管道附件、管道连接、管件、阀门、给水配件、消防设施、卫生设备及水池、小型给水排水构筑物、给水排水设备及专用仪表等都采用规范上的图例。如果采用自设图例，应在图样上专门绘出并加以说明。表13-4列举了规范中部分常用的图例。

表 13-4　常用图例

名　　称	图　　例	名　　称	图　　例
立管检查口	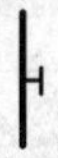	角阀	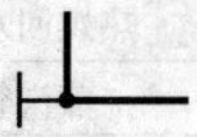
清扫口	 平面　　系统	三通阀	
通气帽	 成品　　铅丝球	四通阀	
雨水斗	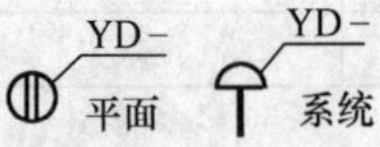 YD- 平面　　YD- 系统	截止阀	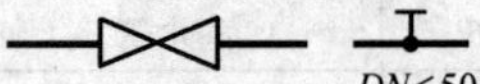 $DN>50$　　$DN<50$
排水漏斗	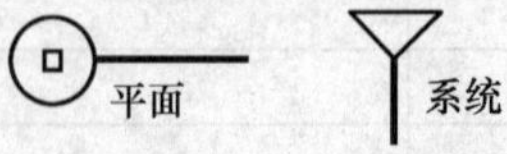 平面　　系统	止回阀	
圆形地漏	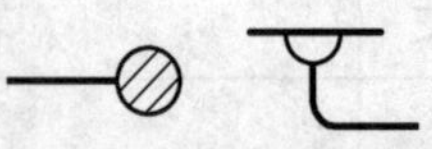	蝶阀	
方形地漏	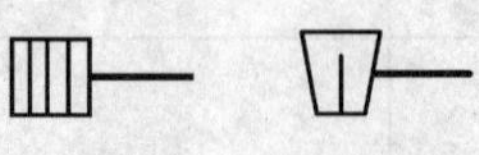	水嘴	平面　　系统
自动冲洗水箱	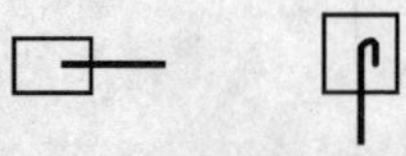	脚踏开关	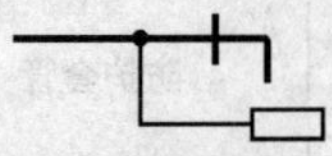
存水弯	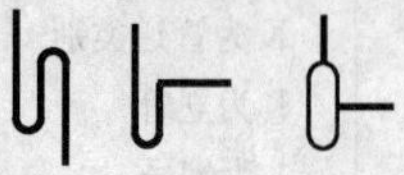	弯头	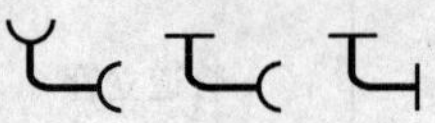
闸阀		正三通	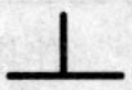

（续）

名　称	图　例	名　称	图　例
斜三通		室内消火栓（单口）	平面　　系统
正四通		室内消火栓（双口）	平面　　系统
斜四通		水泵接合器	
浴盆排水件		手提式灭火器	
立式洗脸盆		推车式灭火器	
台式洗脸盆		盥洗槽	
浴盆		污水池	
坐式大便器		妇女卫生盆	
小便槽		立式小便器	
淋浴喷头		壁挂式小便器	
室外消火栓		蹲式大便器	

二、建筑给水工程图

（一）建筑给水系统的组成

民用建筑给水系统按供水对象可分为生活给水系统和消防给水系统。图 13-9 所示为生活给水系统。

（1）引入管　连接室外管网与建筑内管道系统的一段水平管，也称进户管。引入管通常采用埋地暗敷的方式引入。

（2）水表节点　安装在引入管上的水表及其前后设置的阀门及泄水装置的总称。通常水表与附件都设置在水表井内。

（3）给水管道　给水管道包括给水干管、立管和支管。

（4）给水附件及设备　包括各种阀门、连接管接头、放水龙头和分户水表等。

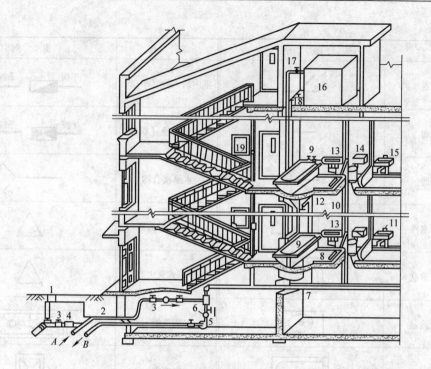

图 13-9   建筑内部给水系统

1—阀门井 2—引入管 3—闸阀 4—水表 5—水泵 6—止回阀 7—干管 8—支管 9—浴盆 10—立管
11—水龙头 12—沐浴器 13—洗脸盆 14—大便器 15—污水盆 16—水箱 17—进水管 18—出水管
19—消火栓箱 A—进入贮水池 B—来自贮水池

（5）升压和贮水设备   当水压与水量不足时，应设置升压的水泵和贮水的水箱等设备。

（6）消防设备   根据建筑消防要求设置消防水池、消防栓等设备，有特殊要求的还有自动喷淋或水幕等设备。

（二）建筑给水系统给水方式

建筑给水系统布置与室内外的水量与水压密切相关。有以下几种分类方法：

1）按有无加压和流量调节：直接供水方式（图 13-10 ）和水泵水箱（水池）联合供水方式或气压给水方式（图 13-11）。

2）分区供水方式：高层建筑中分成多个系统，既有直接供水方式，又有加压供水方式（图 13-12）。

（三）建筑给水系统管道布置形式

1）按水平干管的位置：上行下给式（图 13-11）和下行上给式（图 13-10、图 13-13，见书后插页）。

2）按水平干管或立管是否成环：环状管道布置（图 13-10）和枝状管道布置（图13-11）。

（四）建筑给水管网布置原则

1）管网系统选择应使管道最短、便于检修。

2）给水立管应靠近用水量最大的房间或用水点。

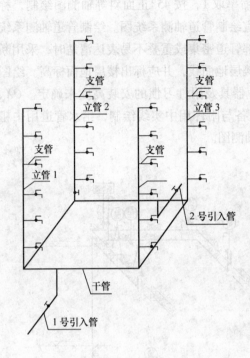

图 13-10　直接供水方式

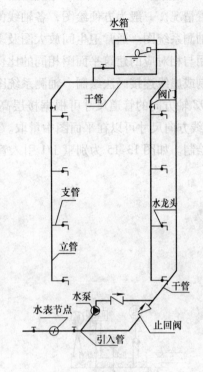

图 13-11　水泵水箱供水方式

（五）建筑给水工程图内容与绘制

（1）平面图　给水平面图主要反映室内给水管道和用水设备等的平面布置情况。通常将室内给水、排水及消防管道用不同图例绘制在同一张图纸上。但当管道布置比较复杂时，也可分别绘制给水平面图和排水平面图。

室内给水平面图一般与建筑平面图的比例一致。为突出管道系统，一般用细实线（$0.25b$）绘制建筑平面图中的轴线号、墙身、门窗洞、楼梯等构件的主要轮廓线；用中实线（$0.5b$）绘制用水设备与器具，如洗涤池、洗脸盆、浴盆等；用中粗实线（$0.7b$）绘制给水管道。在底层给水平面图中应该绘制出引入管、下行上给的水平干管、立管和配水龙头等。平面图的数量一般根据不同管道布置的楼层均应绘制，当卫生器具和管道布置相同时，可以用标准层或加以注明。另外还有屋顶平面图，表达屋面雨水排水及通气管位置。图 13-13（见书后插页）为某别墅地下一层给水排水平面图，图 13-14（见书后插页）为此别墅一层给水排水平面图。

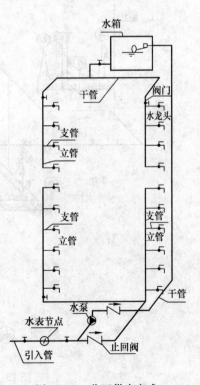

图 13-12　分区供水方式

（2）系统图 系统图主要表达给水系统的空间走向、管径、坡度、标高以及管件连接及配置情况。一般为方便绘图，各轴线的轴向伸缩率取1，按45°正面斜等轴测图绘制，称管道轴测系统图。通常卫生间放大图及多层建筑宜绘制管道轴测系统图。绘制管道轴测系统图采用与相对应的建筑平面图相同的比例。当局部管道密集或重叠不易表达清楚时，采用断开绘制或虚线连接画法绘制。轴测系统图应绘出楼层地面线，并应标出楼层地面标高。绘图时，*OZ*轴方向的管道尺寸可根据楼层高度、卫生器具及附件习惯的安装高度来确定。*OX*、*OY*轴线方向尺寸可以在平面图中量取。其中的设备与附件用中实线绘制，给水管道用中粗实线绘制。如图 13-15 为别墅 J/1 引入管的系统轴测图。

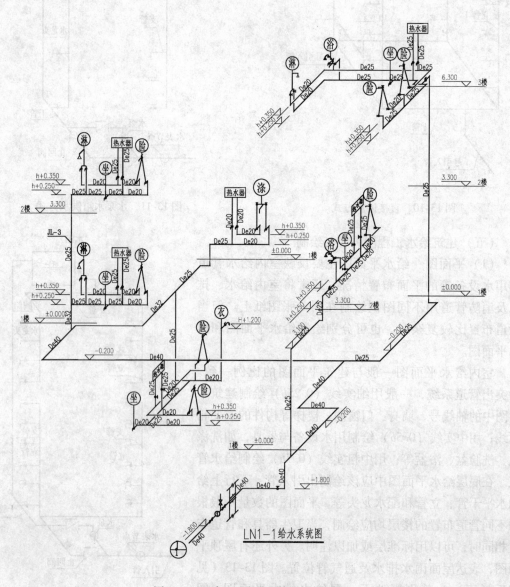

图 13-15 别墅 J/1 引入管系统轴测图

高层建筑与大型公共建筑绘制管道展开系统图。管道展开系统图可不受比例和投影法则的限制，按展开图的方法用中粗实线进行绘制，并按系统编号。管道展开系统图与平面图中的引入管、立管、横干管、给水设备及附件等要素相对应。应绘出楼层地面线，并在楼层地面线左端标注楼层层次和相对应楼层地面标高。横管应与楼层线平行，并与相应立管连接，如为环状管道时，两端封闭，并在封闭处绘制轴线号。立管上的引出管和接入管应按所在楼层用水平线绘出，可不标注标高。其方向、数量与平面图一致。管道上的阀门、附件及给水设施设备等均要按图例绘出，如图13-16所示。

（3）局部平面放大图　由于平面图的比例较小，当设备机房、局部给水排水设施和卫生间等在平面图中难以表达清楚时，需要绘制局部平面放大图。图中应按比例用细实线绘出设备和配套设施外形或基础外框、配电、检修通道、机房排水沟等平面布置图和平面定位尺寸；按图例绘出各种管道与设备、设施及器具等相互接管关系及在平面图中的平面定位尺寸；如管道用双线绘制，应采用中粗实线按比例绘出，管道中心线应用单点长画细线表示；各类管道上的阀门、附件按图例在实际位置绘出，并标注管径。局部平面放大图应以建筑轴线编号和地面标高定位，并应与建筑平面图一致。

绘制卫生间放大图时，应绘制管道轴测图；如绘制设备机房平面放大图时，应在图签的上部绘制"设备编号与名称对照表"。图13-17～图13-19为别墅LN1–1户卫生间的放大图。图13-20～图13-22为卫生间给水系统轴测图。

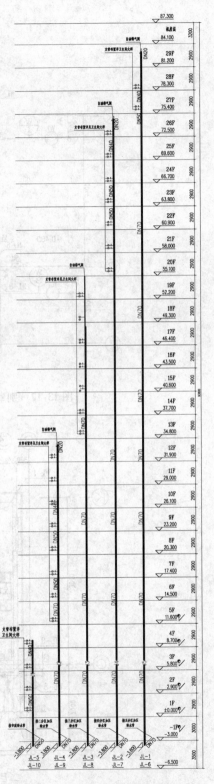

图13-16　某高层给水展开系统图

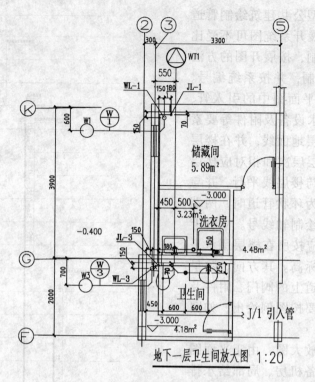

图 13-17 别墅地下一层卫生间详图

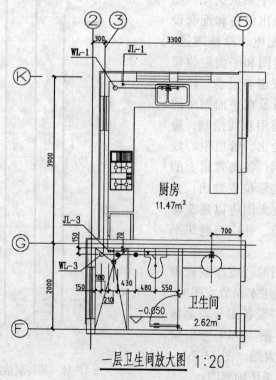

图 13-18 别墅一层卫生间详图

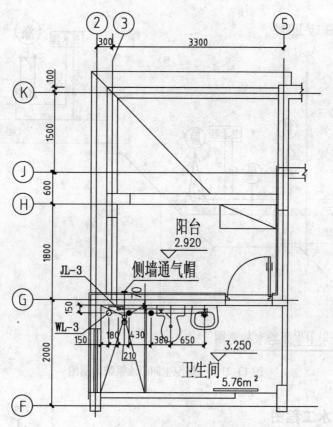

二层卫生间平面放大图 1:20

图 13-19　别墅二层卫生间详图

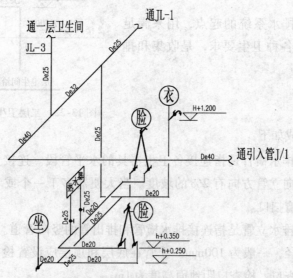

地下一层卫生间给水轴测图 1:20

图 13-20　地下一层卫生间给水系统轴测图

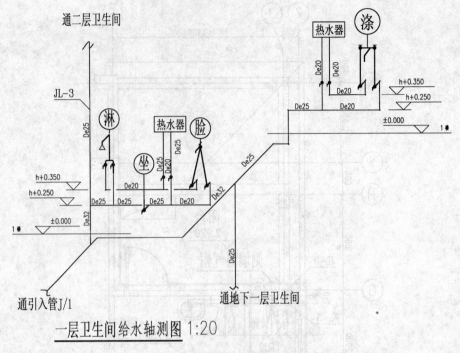

图 13-21　一层卫生间给水系统轴测图

三、建筑排水工程图

（一）建筑排水系统的组成（图 13-23）

1. 卫生器具

卫生器具是室内排水系统的起点，用来满足日常生活生产过程中各种卫生要求，是收集和排除污废水的设备。

2. 排水管道系统

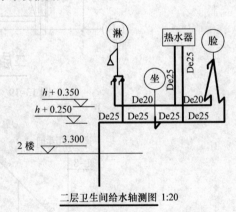

图 13-22　二层卫生间给水系统轴测图

排水管道系统组成如下：

（1）排水横管　排水横管是指连接各卫生器具的水平管段。连接大便器的排水横管管径至少 100mm，且流向立管方向有 2% 的坡度。当大便器多于一个或者卫生器具多于两个时，排水横管应设置清扫口。

（2）排水立管　排水立管是指连接排水横管和排出管的竖向管道。其管径不小于 50mm 或不小于排水横管管径，一般为 100mm。立管在底层和顶层应设置检查口，多层建筑则应每隔一层设置一个检查口。检查口距地面高度为 1m。

（3）排出管　排出管是连接立管将污水排至室外检查井的水平管段。其管径大于等于所连接的排水立管直径，并有 1% ~2% 的坡度坡向检查井。

（4）通气系统　为防止因气压波动造成排水管道存水弯内的水封破坏，使有毒气体进入室内，需要设置通气系统。顶层检查口以上的立管称为伸顶式通气管（排气管），通气管一般高出屋面0.300m（平屋面）至0.700m（坡屋面），多层建筑物常用此通气管。对于楼层较高，用水器具较多的建筑需设置专用通气管。

（5）检查井或化粪池（隔油池、消毒池）　生活污水由排出管引向室外的排水系统之间设置的检查井或者其他污水局部处理构筑物。

（二）建筑排水系统排水体制的分类

建筑排水主要任务是排除生产、生活污水和雨水。因各种污水的水质不同，就需要用不同的管道系统，这种排除污水的方式称排水体制。通常分为分流制与合流制。

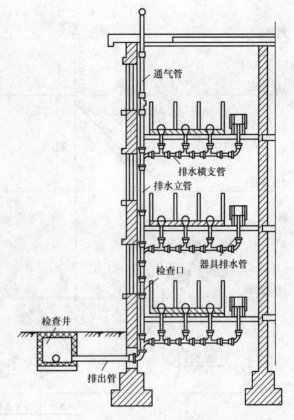

图 13-23　建筑排水系统示意图

（1）分流制　分流制就是将生产、生活污水（废水）和雨水分别用单独的管道进行排放的排水方式。分流制的系统优点是有利于污水处理，缺点是管道较多，工程造价较高。

（2）合流制　合流制是将生产、生活污水（废水）和雨水等两种或三种污水合并于一个排水系统进行排放。合流制的优点是排水简单、节约管材、造价低，缺点是污水处理成本高。

（三）建筑排水管网布置原则

1）立管布置要便于安装和检修。

2）立管应该尽量靠近污物、杂质最多的卫生设备（如大便器、污水池），横管应有坡度，坡向立管。

3）排出管应选最短路径与室外管道连接，连接处应设检查井。

（四）建筑排水工程图的内容与绘制

建筑排水工程图的内容与给水工程图的内容大致相同，包括建筑排水平面图、排水平面放大图等，通常与给水绘制在同一平面图中。如图 13-13、图 13-14 别墅地下一层和一层给水排水平面图，图 13-17、图 13-18、图 13-19 卫生间详图。建筑排水系统图中也分管道轴测系统图和管道展开系统图。绘制的要求、方法、比例、适用条件与给水工程图相同。不同的是绘制排水管道的线宽为粗实线（b），管线表示的代号给水为 J，排水的管线为 W（污水）或 F（废水）。图 13-24 为别墅 LN1-1 户排水系统图。

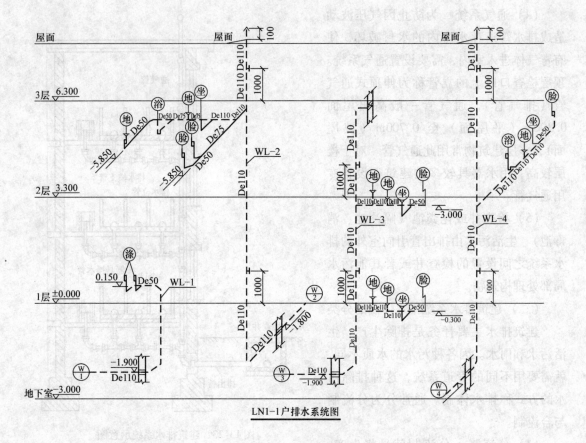

LN1-1户排水系统图

图 13-24　LN1-1 户排水系统图

四、管道上的安装详图

建筑给水排水管网平面图、轴测图和室外管网工程图等图样表示了管道的管径、走向和配件的连接情况。因为图样的比例较小，通常是 1:100、1:200、1:1000 等，图中的配件及安装均用图例表达。为方便施工，无定型产品可供设计选用的设备、附件、管件需要绘制详图；无标准图可供设计选用的用水器具安装图、构筑物节点图也应该绘制施工安装详图。如水表井、消火栓、水加热器、检查井、卫生器具、穿墙套管、管道支架、水泵基础等。详图通常用平面图、立面图、剖面图表示。

常用的卫生设备多已标准化，所以它们的安装详图可套用《全国通用给水排水标准图集》中的图样，不必另行绘制。只需要在施工说明中写明套用的标准图集号，或者在原图位置标详图索引符号（索引符号画法同建筑施工图）。

下面列举穿墙防漏套管、检查井的详图，并对给水排水标准图集作简单介绍。

（一）穿墙防漏套管安装详图

图 13-25 是给水穿墙防漏套管的安装详图。其中图 13-25a 是水平管穿墙安装详图。因管道都是回旋体，只采用一个剖面图表示。图 13-25b 是 90°弯管穿墙安装详图。采用了两个全剖面图表达，剖切位置通过管道轴线。

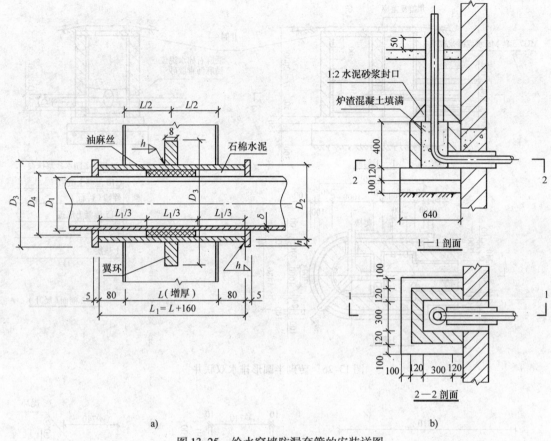

图 13-25 给水穿墙防漏套管的安装详图

a）水平管 b）90°弯管

（二）检查井详图

图 13-26 为砖砌半圆形排水双联井的详图。其外部形状较简单，主要表达管沟、三向管道连接、检查井的构造情况，因此三个视向均采用剖面图。其中平面图和立面图采用 1—1、3—3 全剖面，侧面图采用的 2—2 是旋转剖面图。三个剖面图表达了检查井与管沟的形状、大小、构造及材料，三根污水管道的大小、相对位置与连接情况。图 13-27 分别为上述检查井的钢筋混凝土井圈、盖座和井盖详图。

（三）给水排水标准图集介绍

国家标准图集是以相关国家规范（程）及产品标准为依据，按专业和分类分别绘制的设备（附件）安装详图、局部构筑物施工详图，作为设计技术人员的参考或直接选用的标准图样。国家标准设计图集分为标准图和试用图两类。标准图是在相关国家规范（程）及产品标准齐全、技术成熟的条件下编制的。试用图是在相关国家规范（程）及产品标准不齐全，或技术应用时间较短的情况下编制的。当国家标准设计图集与现行国家规范（程）有矛盾时，应以国家规范（程）为准。此时国家标准图只能作为参考图，由选用单位的技术人员核对、修改后使用。

国家建筑标准设计的编号由批准年代号、专业代号、类别号、顺序号、分册号组成，例如：09S407-1，其中各符号的含义：

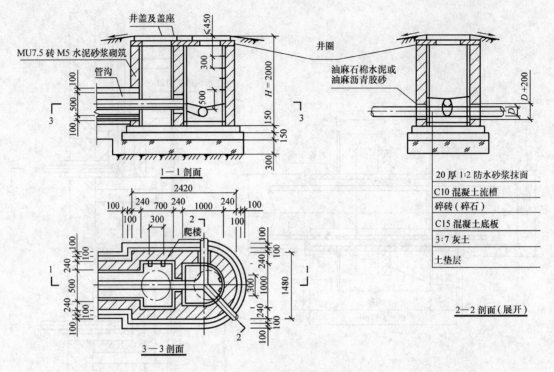

图 13-26　砖砌半圆形排水双联井

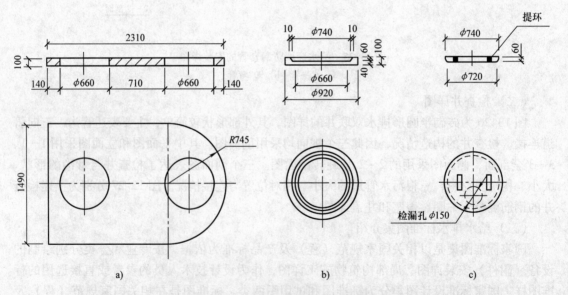

图 13-27　井圈、盖座及井盖详图
a）钢筋混凝土井圈　b）钢筋混凝土盖座　c）钢筋混凝土井盖

09：2009 年批准（合订本无此项，批准年代号显示在分册中）。

S：给水排水专业标准图（试用图为 SS，参考图为 CS）；其他专业：建筑专业的代号为 J、结构为 G、暖通为 K、动力为 R、弱电为 X、人防为 F。

4：第 4 类图集（详见表 13-5）。

07：顺序为7。

-1：第1分册（无分册时无此号）。

至2012年7月现行给水排水图集专业类别号、名称及图集数见表13-5。

表13-5 至2012年7月现行给水排水图集

图集类别号	类 别	图集数/本
1	给水设备安装	8
2	消防设备安装	9
3	排水设备及卫生器具安装	6
4	室内给水排水管道及附件安装	14
5	室外给水排水管道工程及附属设施	15
6	给水处理构筑物	2
7	排水处理构筑物	5
8	蓄水构筑物	9
9	综合项目	2

09S407-1为2009年获批的建筑给水铜管道安装详图的图集，图13-28选自该图集。

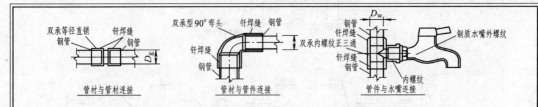

说明：
1. 管材与管件的装配间隙应控制在0.05～0.12mm范围内，垂直切割后，去除管口内外毛刺，以专用工具整圆后才能进行钎焊。
2. 钎焊前，用细砂纸或不锈钢丝毛刷或含其他磨料的布砂纸擦磨被钎焊的铜管和管件的焊接面，去除氧化层、油污用汽油或有机溶剂擦洗干净。
3. 钎焊连接，施工人员应经专业培训，持上岗证才可操作。
4. 钎焊连接应根据管径大小选用得当。应快速均匀加热连接处的承口和已插入的管件，当温度达到标准时，送入钎料条（切勿将火焰直接加热钎料条），由接头处的温度和热量使钎料迅速熔化，靠毛细作用产生的吸引力，使熔化的液态钎料自动渗入承插接合缝隙并填满，将被连接的接口钎焊成整体，严密性好，管道可暗敷，亦可明敷，适用于可使用明火操作的场所。
5. 钎焊时不得出现过热现象，若加热时间过长，温度过高，均会降低钎焊强度，故钎料填满焊缝后，应立即停止加热，并保持静止，自然冷却。
6. 钎焊软钎焊连接，适用于公称尺寸25mm以下的铜管道的连接，采用锡/铜（97%/3%）等无铜锡基钎料名，其熔化温度区低于450℃，一般讲，软钎焊接头的抗拉强度低于硬钎焊接头的抗拉强度。

7. 铜管硬钎焊连接，可用无铅的铜磷钎料（BCu9.3P）或低镀的铜磷钎料（BCu9.1PAg），熔化温度区控制在650～780℃。
8. 铜管和铜合金管件或铜合金管件之间钎焊时，应在铜合金管件钎焊处使用钎剂，如QFB-101粉状钎焊溶剂（即钎剂），根据要求亦可用QFB-112糊状钎焊溶剂（即糊状钎剂）。
9. 在做倒立钎焊时应延长保温时间，为避免钎料下滴，可使用阻流熔剂涂在钎料下面进行阻流。
10. 钎焊结束后，用湿布揩抹连接部位，如采用钎剂焊接，应对焊缝处用10%柠檬酸溶液清洗残渣，然后用热水毛巾擦净。
11. 钎焊后必须用压力水冲洗管道内壁，清除残余熔渣。防止污染水质和产生局部堵塞现象。
12. 塑覆铜管钎焊时应到离长度不小于200mm的覆塑层，并在两端缠绕湿布，钎焊完成后复原覆塑层。
13. 铜管硬钎焊宜采用氧-乙炔火焰或氧-丙烷火焰作加热热源，其火焰功率应与被钎焊工件所需功率相匹配；软钎焊时可用丙烷-空气火焰或电作加热热源。
14. 本页根据浙江海亮股份有限公司提供的资料编制。
15. 钎焊式管道管件见第43～54页。

钎焊式管道连接			图集号	09S407-1
审核	校对	设计	页	15

图13-28 选自标准图集09S407-1

五、室外管网工程图

室外管网工程图表达单体建筑、小区或城市街道管网的连接情况。其中单体建筑与小区室外管网工程施工图纳入建筑给水排水工程设计范畴，城市街道管网仍属于市政工程设计范畴。

（一）单体建筑室外管网布置图

单体建筑室外管网布置图用来表达新建建筑物室内给水排水及消防管道与室外管网的连接情况。在室外管网平面图中只绘出局部室外管网的干管，说明与给水引入管和污水排出管的连接情况。图中用中实线表示建筑物外墙轮廓线，用中粗实线表示给水管道，粗虚线表示排水管道，消火栓、检查井、化粪池、水表井等附属设备用细实线绘制。检查井用 2 ~ 3mm的小圆圈表示。

【实例分析】例 13-1　以一号别墅室外给水管网和排水管网平面图（图 13-29）为例。

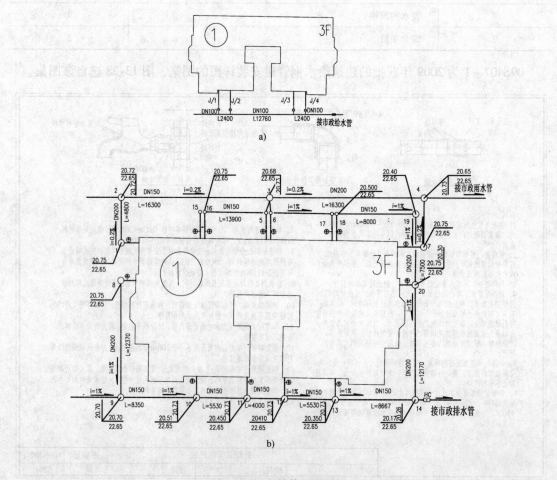

图 13-29　室外管网平面图

图 13-29a 室外给水管网平面图中显示了别墅四条引入管的位置，将在南面与市政管道连接，市政管道管径为 DN100，管段分别为 2400mm、12760mm、2400mm，通过水表井之后

与市政给水管道连接。

图 13-29b 室外排水管网平面图中显示一号别墅共有十四条排出管，排入室外检查井中。检查井依次进行了编号，共有 20 个。其中的 1、5 和 6、7 号检查井通过室外排水管分别进入位于别墅北面的 2、3、4 号检查井，再由 4 号检查井进入市政雨水管道，直径为 $DN200$，坡度为 0.2%。另外，一路 15、16、17、18 号检查井依次向东排入 19、20 号检查井，另一路 8 号依次排入 9、10、11、12、13 号，两路并入 14 号检查井，通过化粪池初步处理之后，排入市政排水管网。图中标注了各管段的管径、管长及坡度。如 9 号与 10 号之间管段管径为 $DN150$，长为 8350mm，坡度为 1%，指向东面。室外管网平面图中管道的标高应按图 13-30a～d 进行标注。

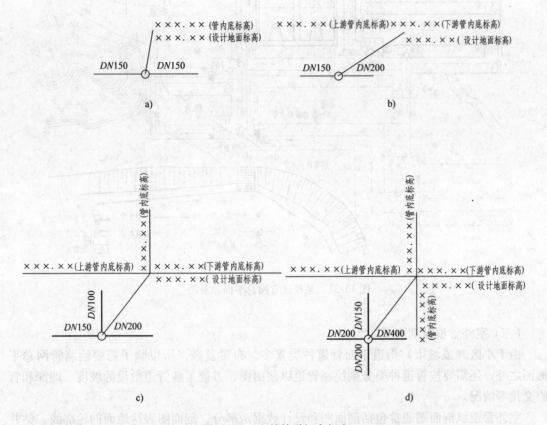

图 13-30　室外管道标高规定

a）检查井上、下游管径无变径且无跌水时　b）检查井上、下游管径有变径或有跌水时

c）检查井一侧有支管接入时　d）检查井两侧均有支管接入时

（二）小区（或城市）管网总平面布置图

管网总平面布置图是为说明小区（或城市）排水管网的布置情况而绘制的。建筑物和构筑物的名称、外形、编号、坐标、道路形状、比例和图样方向等，应与该小区的总图专业图纸一致。一般给水、排水、热水、消防、雨水和中水等管道宜绘制在一张图纸内，但当管道较多、地形复杂表达不清楚时，可按分类适当分开绘制。图中以中粗实线绘制给水管道，

用粗虚线绘制排水管道，用中实线绘制房屋外轮廓线，用细实线绘制其余地物、地貌、道路等，绿化可略去不画。图 13-31 为某校区管网总平面布置图。

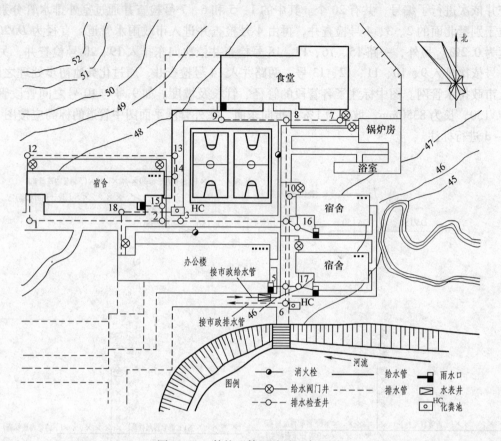

图 13-31 某校区管网总平面布置图

（三）室外管道纵剖面图

由于小区（或城市）街道下面管道种类繁多，布置复杂，所以除了需要绘制管网总平面图之外，还需要按管道种类分别绘制管道纵剖面图，方便了解管道敷设的坡度、埋深和管道交接等情况。

室外管道纵剖面图通常包括剖面图和设计数据两部分。剖面图表达地面的轮廓线、钻井（地质结构），管道的轮廓线、高程、长度与连接情况，检查井轮廓线、标注、位置与连接等情况。设计数据以表格形式列于剖面图的下方，表达项目有：干管直径、坡度、埋设深度、设计地面标高、自然地面标高、干管内底标高（污水管、给水干管为中心标高）、管段水平长度、设计流量 Q、流速 V、充盈度 h/D。另外在最下面还应绘出管道平面示意图，以方便与剖面图对应。管道纵剖面图中，通常将管道剖面绘制成粗实线。其中压力流管道直径小于 400mm 时用单线表示，重力流用双线表示（除建筑物排出管外）。管道平面示意图为粗虚线，检查井、地面和钻井剖面绘制成中实线，其他表格线均为细实线。

图 13-32a 为给水管道纵剖面图（纵向 1:500，竖向 1:50）；图 13-32b 为污水（雨水）管道纵剖面图（纵向 1:500，竖向 1:50）。

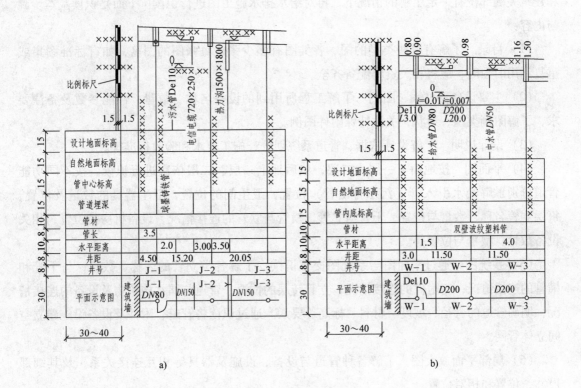

图 13-32　管道纵剖面图

a）给水管道纵剖面图（纵向 1:500，竖向 1:50）　　b）污水（雨水）管道纵剖面图（纵向 1:500，竖向 1:50）

六、建筑给水排水工程图的识读步骤与内容

（一）图样的排序

建筑给水排水工程的图样应根据如下顺序进行排列：首先是目录、使用标准图目录、主要设备器材、图例、设计说明等，这几部分可编制在一张图幅内，如果一张编排不够，应按上面顺序单独成图和编号，接下来依次是系统图、平面图、放大图、剖面图、轴测图、详图。

管道展开系统图则应按生活给水、生活热水、直饮水、中水、污水、废水、雨水、消防给水等依次排序。

平面图则应按地面下各层依次在前，地面以上各层由低到高依次排序。总平面图在管道布置图前。

（二）图样的识读

阅读建筑给水排水施工图和其他专业图的识读一样，应遵循先整体后局部、先文字后图样、先图形后尺寸的原则，重视各类图样之间的联系。识读给水排水专业图之前，应对本工程建筑施工图进行通读，在对本工程的建设地点，周围环境，建筑的大小、形状、结构形式和建筑关键部位有一定了解的情况下，再对给水排水施工图进行识读。下面是识读基本步骤与内容：

（1）目录　了解有哪些类型的图、各类图有多少张、每张图的图名，如有标准图集或重复利用旧图时，应将相关资料配备齐全。

（2）主要设备器材表、图例　了解工程所用到的设备名称、数量、性能参数及备注要求，了解图例类型、形状，关注特殊附件图例。

（3）设计说明　了解设计依据、管道系统划分、施工要求和验收标准等。

（4）平面图　按地面下一层、二层，然后地上一层、二层依次进行识读。按不同功能管道分别了解给水引入管（污水排出管）位置，卫生间的位置，卫生器具的数量及位置，每层立管名称、数量与位置，干管与立管、横管与立管的连接情况，设备机房的位置，相关设备数量、型号与位置等。

（5）系统图　通过平面图与系统图交替识读，了解各类立管的名称、数量，与干管和横管的连接情况，与附件的连接情况，立管转层的情况，管道与储水构筑物及设备的连接情况，明确管道的管径、坡度、材料、标高等要素。通过识读将管道、附件及设备设施建立空间立体管网。

（6）局部平面放大图　了解各种管道与设备、设施及器具等相互连接关系，及其细部尺寸、位置和相对位置。

【实例分析】例 13-2　下面以南方某高级花园别墅 1 号楼的给水工程图为例进行识图讲解。

此别墅为四联排别墅，南北朝向，方向偏东 35°。地下一层，地上三层。四套别墅两种户型（LN1-1、LN1-2）并列，另两套与其对称。图 13-13、图 13-14 分别为该别墅的地下一层和一层给水排水平面图，二层、三层给水排水平面图与屋面雨水排水平面图如图 13-33～图 13-35 所示。

先从地下一层给水排水平面图入手（结合系统图图 13-15）：管径为 DN40 的给水引入管四条从南面进入，埋深 -1.800m，横干管直径 DN40，埋深 -0.200m。每套别墅设一个水表井。引入管 J/1 与 J/2 从⑥轴两侧、引入管 J/3 与 J/4 从⑫轴两侧进入，进入之后各连接四根 DN25 立管。如 LN1-1 户的立管 J/1 具体情况：地下室设置了简单的卫生间和洗衣房，有坐便器、洗脸盆、洗涤盆和洗衣机四个用水点，由 JL-3 供水。再结合其他层的平面图，一层卫生间三个用水器具和二楼卧室内卫生间用水仍由 JL-3 提供；一层厨房的洗涤盆则由西角 JL-1 供水；JL-4 在高程 3.100m 的位置水平转到 JL-4' 进入二层主卧卫生间供三大件用水；JL-2 直接进入三楼主人房卧室大卫生间供沐浴房、浴盆、两洗脸盆和坐便五个用水点用水。最后结合图 13-17～图 13-22 等，了解管道的接连，管径与安装位置尺寸等，以及排水工程图的识读（此处从略）。

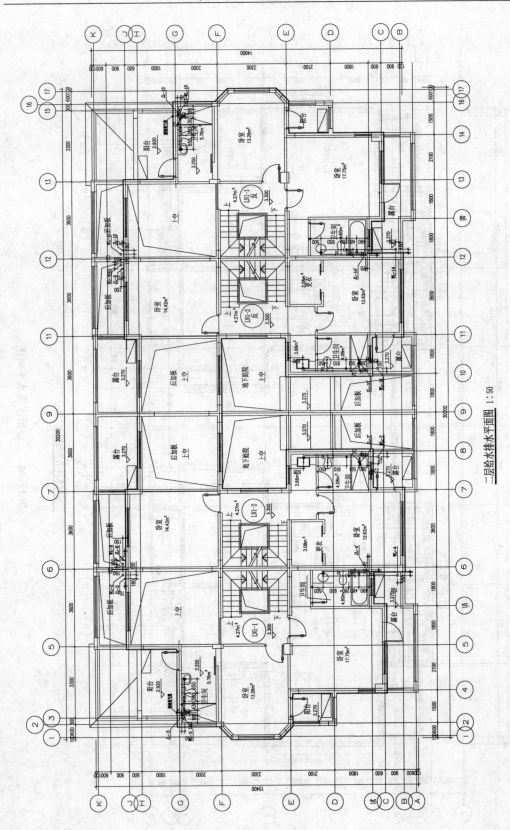

二层给水排水平面图 1:50

图 13-33 二层给水排水平面图

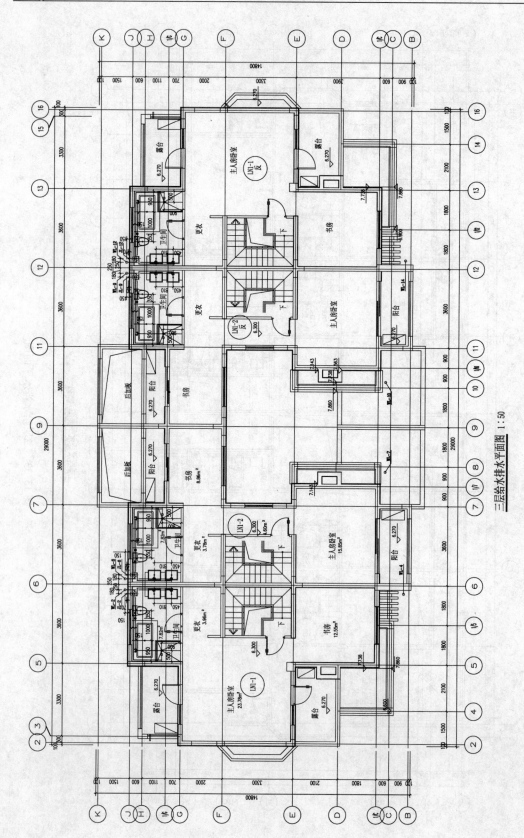

三层给水排水平面图 1:50

图 13-34 三层给水排水平面图

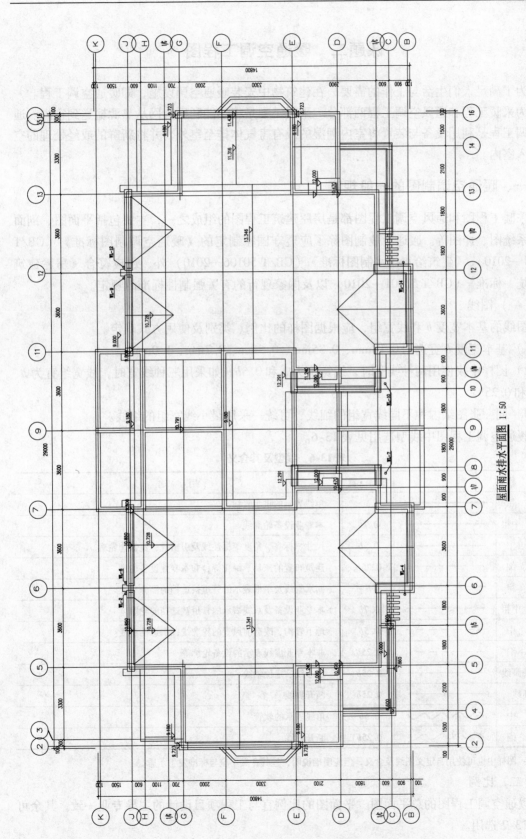

屋面雨水排水平面图 1:50

图 13-35 屋面雨水排水平面图

课题二 暖通空调工程图

为了满足人们生活与工作的需要，在建筑物中安装暖通空调设施，即暖通空调工程。一般分为采暖工程和通风空调工程两部分。采暖工程是将热能利用管网从热源输送到室内。通风空调工程是利用设备与装置将室内潮湿的或有害气体排至室外，并将新鲜的或经处理的空气送入室内。

一、暖通空调制图的一般规定

采暖工程图和通风空调工程图都是房屋建筑工程图的组成之一，主要包括平面图、剖面图、系统图、详图等。暖通专业制图除了应遵守国家制定的《暖通空调制图标准》（GB/T 50114—2010）、《建筑给水排水制图标准》（GB/T 50106—2010）外，还应符合《房屋建筑制图统一标准》（GB/T 50001—2010）以及国家现行的有关强制性标准的规定。

（一）图线

图线的基本宽度 b 和线宽组，应根据图样的比例、类别及使用方式确定。

1）基本宽度 b 宜选用 0.18mm、0.35mm、0.5mm、0.7mm、1.0mm。

2）图样中仅使用两种线宽时，线宽组为 b 和 $0.5b$。如采用三种线宽时，线宽组宜为 b、$0.5b$ 和 $0.25b$。

3）同一张图纸内和不同线宽组的细线，可统一采用最小线宽组的细线。

暖通空调工程图中线型选用见表13-6。

表13-6　线型及其含义

名　称		线　型	线　宽	用　途
实线	粗	———————	b	单线表示的供水管线
	中粗	———————	$0.7b$	本专业设备轮廓线
	中	———————	$0.5b$	尺寸、标高、角度等标注线及引出线；建筑物轮廓
	细	———————	$0.25b$	建筑布置的家具、绿化等；非本专业设备轮廓
虚线	粗	— — — — —	b	回水管线及单根表示的管道被遮挡的部分
	中粗	— — — — —	$0.7b$	本专业设备及双线表示的管道被遮挡的轮廓
	中	— · — · — ·	$0.5b$	地下管沟、改造前风管的轮廓线；示意性连线
	细	— — — — —	$0.25b$	非本专业虚线表示的设备轮廓等
单点长画线		— · — · — ·	$0.25b$	中心线、定位轴线
折断线		—————〜—————	$0.25b$	断开界线
波浪线	中	〜〜〜〜〜	$0.5b$	单线表示的软管
	细	〜〜〜〜〜	$0.25b$	断开界线

注：图样中也可使用自定义图线及含义，但应明确说明，且其含义不应与标准发生矛盾。

（二）比例

暖通空调工程图的总平面图、平面图的比例宜与工程项目设计的主导专业一致，其余可按表13-7选用。

表 13-7　比例

图　名	常用比例	可用比例
剖面图	1:50、1:100	1:150、1:200
局部放大图	1:20、1:50、1:100	1:25、1:30
管沟断面图		1:150、1:200
索引图、详图	1:1、1:2、1:5、 1:10、1:20	1:3、1:4、1:15

（三）图例

暖通空调工程图常用的代号及图例见表 13-8～表 13-11。

表 13-8　水、汽管道代号

序号	代号	管道名称	备　注
1	RG	采暖热水供水管	可附加 1、2、3 等表示一个代号、不同参数的多种管道
2	RH	采暖热水回水管	可通过实线、虚线表示供、回关系省略字母 G、H
3	LG	空调冷水供水管	—
4	LH	空调冷水回水管	—
5	KRG	空调热水供水管	—
6	KRH	空调热水回水管	—
7	LRG	空调冷、热水供水管	—
8	LRH	空调冷、热水回水管	—
9	LQG	冷却水供水管	—
10	LQH	冷却水回水管	—
11	n	空调冷凝水管	—
12	PZ	膨胀管	—
13	BS	补水管	—
14	X	循环管	—
15	LM	冷媒管	—
16	YG	乙二醇供水管	—
17	YH	乙二醇回水管	—
18	BG	冰水供水管	—
19	BH	冰水回水管	—
20	ZG	过热蒸汽管	—
21	ZB	饱和蒸汽管	可附加 1、2、3 等表示一个代号、不同参数的多种管道
22	Z2	二次蒸汽管	—
23	N	凝结水管	—
24	J	给水管	—
25	SR	软化水管	—
26	CY	除氧水管	—

（续）

序号	代号	管 道 名 称	备　　注
27	GG	锅炉进水管	—
28	JY	加药管	—
29	YS	盐溶液管	—
30	XI	连续排污管	—
31	XD	定期排污管	—
32	XS	泄水管	—
33	YS	溢水（油）管	—
34	R_1G	一次热水供水管	—
35	R_1H	一次热水回水管	—
36	F	放空管	—
37	FAQ	安全阀放空管	—
38	O1	柴油供油管	—
39	O2	柴油回油管	—
40	OZ1	重油供油管	—
41	OZ2	重油回油管	—
42	OP	排油管	—

注：也可以自定义水、汽管代号，但应避免与表13-8矛盾，并在图中加以说明。

表13-9　风道代号

序号	代号	管 道 名 称	备　　注
1	SF	送风管	—
2	HF	回风管	一、二次回风可附加1、2区别
3	PF	排风管	—
4	XF	新风管	—
5	PY	消防排烟风管	—
6	ZY	加压送风管	—
7	P（Y）	排风排烟兼用风管	—
8	XB	消防补风风管	—
9	S（B）	送风兼消防补风风管	—

注：也可以自定义风道代号，但应避免与表13-9矛盾，并在图中加以说明。

表13-10　风口和附件代号

序号	代号	风口和附件名称	备　　注
1	AV	单层格栅风口，叶片垂直	—
2	AH	单层格栅风口，叶片水平	—
3	BV	双层格栅风口，前组叶片垂直	—
4	BH	双层格栅风口，前组叶片水平	—
5	C＊	矩形散流器，＊为出风面数量	—

（续）

序号	代号	风口和附件名称	备　注
6	DF	圆形平面散流器	—
7	DS	圆形凸面散流器	—
8	DP	圆盘形散流器	—
9	DX *	圆形斜面散流器，*为出风面数量	—
10	DH	圆环形散流器	—
11	E *	条缝形风口，*为出风面数量	—
12	F *	细叶形斜出风散流器，*为出风面数量	—
13	FH	门铰形细叶回风口	—
14	G	扁叶形直出风散流器	—
15	H	百叶回风口	—
16	HH	门铰形百叶回风口	—
17	J	喷口	—
18	SD	旋流风口	—
19	K	蛋格形风口	—
20	KH	门铰形蛋格式回风口	—
21	L	花板回风口	—
22	CB	自垂百叶	—
23	N	防结露送风口	冠于所用类型风口代号前
24	T	低温送风口	冠于所用类型风口代号前
25	W	防雨百叶	—
26	B	带风口风箱	—
27	D	带风阀	—
28	F	带过滤网	—

表 13-11　常用附件及设备图例

名　称	图　例	说　明	名　称	图　例	说　明
法兰盖			补偿器		上为方形补偿器下为弧形补偿器
堵头			排烟阀	280℃　280℃	左为常闭、右为常开
蝶阀			疏水阀		
闸阀			集气罐排气装置		左为系统右为平面
止回阀		左为通风右为升降式止回阀	防火阀	70℃	

（续）

名　称	图　例	说　明	名　称	图　例	说　明
风口			散热器及手动放气阀	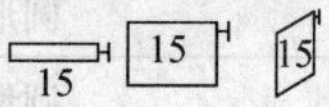	左为平面、中为剖面、右为系统
散流器		可见时虚线改实线	离心风机	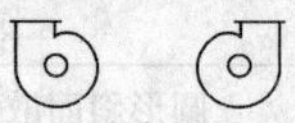	左为左式、右为右式
砌筑风、烟道		其余的不画虚线	轴流风机	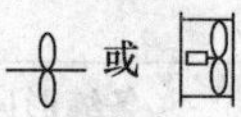 或	
水泵			加湿器	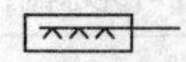	

（四）暖通空调图样画法

（1）管道和设备布置平面图、剖面图及详图

1）管道和设备布置平面图应按假想除去上层板后俯视规则绘制，其相应的垂直剖面图应在平面图中标明剖切符号，直接正投影法绘制。

2）用于暖通空调系统设计的建筑平面图、剖面图，应用细实线绘出建筑轮廓线和与暖通空调系统有关的门、窗、梁、柱、平台等建筑构配件，并应标明相应定位轴线编号、房间名称、平面标高。

3）平面图上应标注设备、管道定位线与建筑定位线的关系；剖面图上应注出设备、管道标高。必要时，还应注出距该层楼（地）板面的距离。

4）剖面图应在平面图上选择反映系统全貌的部位垂直剖切后绘制。

5）建筑平面图采用分区绘制时，暖通空调专业平面图也可分区绘制，但分区部位应与建筑平面图一致，并应绘制分区组合示意图。

6）除方案设计、初步设计及精装修设计外，平面图、剖面图中的水、汽管道可用单线绘制，风管不宜用单线绘制。

7）平面图、剖面图中的局部需另绘制详图时，应在平、剖面图上标注索引符号。

（2）管道系统图、原理图

1）管道系统图应能确认管径、标高及末端设备，可按系统编号分别绘制。

2）管道系统图采用轴测投影法绘制时，宜采用与相应的平面图一致的比例，按正等轴测或正面斜二轴测的投影规则绘制。若不致引起误解时，管道系统图可不按轴测投影法绘制。

3）管道系统图基本要素应与平、剖面图相对应。图中管线重叠、密集处，可采用断开画法。断开处宜以相同的小写拉丁字母表示，也可用细虚线接连。图中水、汽管线及通风、空调管道系统图均可用单线绘制。

4）原理图可不按比例和投影规则绘制，其基本要素应与平面图、剖视图及管道系统图相对应。

（3）管道转向、分支、重叠及密集处的画法　详见图13-36a～j。

在平面图、剖面图中，管道和风管因投影重叠或图线密集时，可采用断开画法，如图13-36g所示。

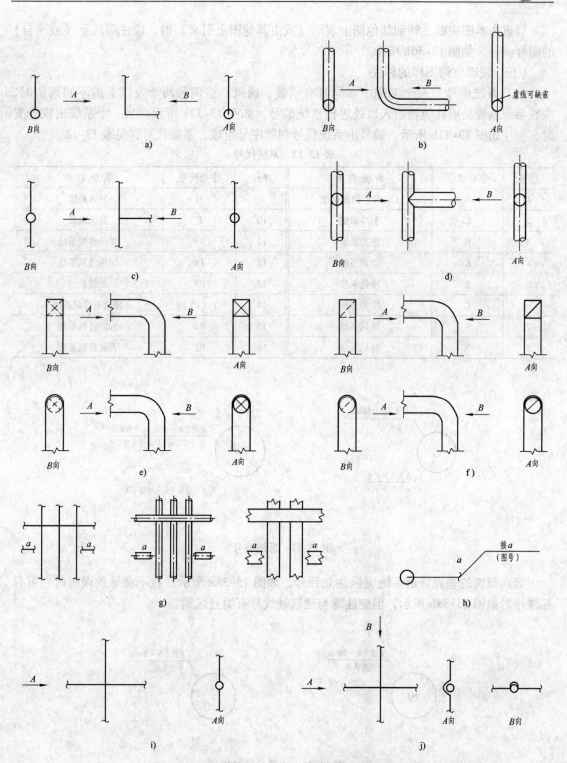

图 13-36　管道转向、分支、重叠及密集处的画法

a）单线管道转向的画法　b）双线管道转向的画法　c）单线管道分支的画法　d）双线管道分支的画法

e）送风管转向的画法　f）回风管转向的画法　g）管道断开画法　h）管道在本图中断的画法

i）管道交叉的画法　j）管道跨越的画法

管道在本图中断，转到其他图上表示（或由其他图上引来）时，应注明转至（或来自）的图样编号，如图 13-36h 所示。

（五）暖通空调图样的标注

（1）系统编号　一个工程中如同时有供暖、通风、空调等两个及以上的不同系统时，应在系统总管处或建筑物的入口处进行系统编号，如图 13-37a 所示。当一个系统出现分支时，标注如图 13-37b 所示。编号由系统代号和顺序号组成，系统代号详见表 13-12。

表 13-12　系统代号

序号	字母代号	系 统 名 称	序号	字母代号	系 统 名 称
1	N	（室内）供暖系统	9	H	回风系统
2	L	制冷系统	10	P	排风系统
3	R	热力系统	11	XP	新风换气系统
4	K	空调系统	12	JY	加压送风系统
5	J	净化系统	13	PY	排烟系统
6	C	除尘系统	14	P（PY）	排风兼排烟系统
7	S	送风系统	15	RS	人防送风系统
8	X	新风系统	16	RP	人防排风系统

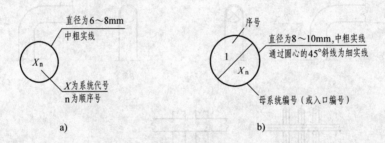

图 13-37　系统编号

竖向布置的垂直管道系统应标注立管号，如图 13-38a 所示。在不会导致误解时，可只标注序号如图 13-38b 所示，但应注意与建筑轴线号有明显区别。

图 13-38　立管号的画法

（2）管道标高、管径（压力）、尺寸标注

1）标高标注：管道需标注垂直尺寸，无法标注时应标注标高。标高以 m 为单位，并精确到 cm 或 mm。在建筑物楼层较多时，可只标注与本层（地）板面的相对标高，如 h + 2.20，h 表示本层楼（地）面标高。水、汽管道所注标高一般未加说明代表管中心标高，如标注管底或管顶标高时，应在数字前加注"底"或"顶"字样。风管中矩形截面管道标高一般表示管底标高，而圆形截面管道标高表示管中心标高，否则需要加以说明。管道标高的注写位置宜在管段的始端或末端，方便计算管道的各处高程，且便于读图。散热器宜注写底标高，同一楼层、同一高程的散热器可只注右端的一组。不同高程的则需分别标注。平面图中无坡度要求的管道标高要标注在管道截面尺寸后的括号内。如 "DN32（2.500）""200 × 200（3.000）"。必要时应在标高数字前加"底"或"顶"字样。有坡度的管道的始端或末端部位也可这样注写标高。

2）坡度标注：采暖图中管道的坡度宜用单边箭头表示，箭头指向下坡方向，坡度数字注写在箭头的上方。由于采暖管道坡度较小，一般采用小数表示，如 0.003。

3）管径标注：不同材质管道应按以下规定进行管径标注，单位均为 mm。

① 焊接管（输送低压液体）标注公称直径或压力，直径用 "DN" 表示；压力用 "PN" 表示。一般 "PN" 后面的数字以 MPa 为单位，但如果该数字小数点后面超过 2 位，则宜用 "kPa" 或 "Pa" 为单位，如 "PN0.6""PN20（kPa）"。

② 无缝钢管、螺旋缝或直缝焊接钢管、铜管、不锈钢管一般应用 "D 或（φ）外径 × 壁厚" 表示。在不引起误解时，也可采用公称通径表示。

③ 塑料管外径用 "de" 表示。

④ 圆形风管截面定型尺寸以直径 "φ" 表示。

⑤ 矩形风管的截面定型尺寸以 "A × B" 表示。"A" 为该视图投影面的边长尺寸，"B" 为另一边尺寸。

（3）其他标注 水平管道的规格尺寸宜标注在管线的上方；竖向管道的规格尺寸宜标注在管线的左侧；斜向管道的规格尺寸宜标注在管线的上方或引出标注；双线表示的管道其规格可标注在管道轮廓线内，如图 13-39 所示。多条管线的管径标注法如图 13-40 所示；风口和散流器的规格、数量及风量的表示方法如图 13-41 所示。

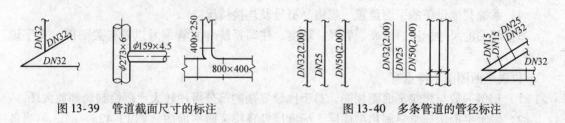

图 13-39　管道截面尺寸的标注　　　　　图 13-40　多条管道的管径标注

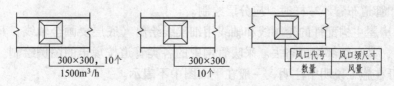

图 13-41　风口、散流器的表示方法

二、室内采暖施工图

（一）室内采暖管网的组成

室内采暖管网包括供热管网和回水（凝结水）管网两部分。

(1) 供热总管　与室外管网相连接并把热媒引入室内的管段。

(2) 供热干管　将热媒从总管水平输送到房屋的各地段的管段。

(3) 供热立管　把热媒垂直输送到各楼层的管段。

(4) 供热支管　将热媒从立管连接到各散热器的管段。

(5) 回水支管　将回水从散热器排到立管的管段。

(6) 回水立管　将回水从上向下排至底层的管段。

(7) 回水干管　将房屋各地段水汇集到总管的管段。

(8) 回水总管　与室外管道相连接，使回水循环利用的管段。

管网上还有散热器、膨胀水箱、集气罐、疏水器、阀门等设备及附件。

（二）室内采暖管网的布置和敷设

室内采暖管网的布置形式有多种，如按立管分有单管和双管两类。当立管为单管时，散热器在垂直方向上是串联的，散热器冷热不均，但建设造价费用较低。当立管是双管时，散热器处于并联状态，散热效果好，但所需要建设费用较高。

管道和散热器的安装有明装和暗装两种方式。一般情况采用明装，而对装修要求较高的房间采用暗装。无论明装还是暗装，每隔一定的距离应设置支架或管卡。

（三）室内采暖平面图

室内采暖施工图一般由设计说明、采暖平面图、系统图、详图、设备及主要材料表等组成。

采暖平面图是假想在各层管道系统之上用水平面剖切后，向下投影所绘制的水平投影图。主要表示各层管道及设备的平面布置情况，其图示内容有：

1) 管网的入口与出口的位置、与室外管网连接及热媒来源。

2) 系统的干管、立管、支管的平面位置与走向，立管编号和管道安装方式。

3) 散热器的平面位置、规格、数量和安装方式。

4) 系统其他设备的平面位置、规格、型号及连接情况。

5) 相关的尺寸标注、标高、管径、坡度、注写系统和立管编号以及有关图例、文字说明等。

供暖平面图图示特点有：

1) 比例一般与建筑平面图相同，对于比较复杂的部分可用较大比例绘制局部放大图。

2) 采暖平面图通常只画房屋底层、标准层及顶层采暖平面图（图 13-42a～c）。但当各层建筑结构和管道布置不一样时，应分层绘制。

3) 图中房屋主构配件的轮廓线和轴线用细实线绘出（底层要画全轴线，其余楼层可只画边界轴线），其余细部均可略去。采暖管网中的各类管道按规定的图例绘制。管道的安装与连接方式可在施工说明中注明，一般在平面图中不表示。

4) 散热器应按规定的图例用中实线或细实线绘出。通常散热器安装在靠外墙的窗台下，规格和数量标注在本级散热器所靠外墙的外侧。远离外墙布置的散热器直接标注在散热器的上侧（横向放置）或右侧（竖向放置）。

5）采暖平面图中一般要注出房屋定位轴线的编号和尺寸，以及各楼地面的标高。采暖管道和设备一般不需要标注定位尺寸，必要时以墙面或轴线为定位基准标注。管道的长度通常以安装时实测尺寸为准，图中不加标注，具体要求详见有关施工规范。

（四）室内采暖系统轴测图

采暖系统图一般采用三条轴测轴的轴向伸缩系数均为 1 的 45°（也可用 30°或 60°）的正面斜等轴测图绘制，也称采暖系统轴测图，是从热媒入口到出口，主要表达采暖管道、散热器、主要附件的空间位置和相互关系的立体图。具体图示内容有：

1）总管、干管、立管、支管的空间位置和走向。

2）散热器的空间布置、规格、数量和管道的连接方式。

3）采暖辅助设备、管道附件在管道上的位置。

4）各管段的管径、坡度、标高及立管的编号。

5）管道穿过外墙、地面、楼面等处的位置，以表示管道与房屋的关系。

采暖系统图的图示特点有：

1）采暖系统图的比例与采暖平面图相同，当系统较复杂时也可采用其他比例。

2）系统图中的管道与设备均按相关规定的图线和图例绘制。当局部管道被遮挡、管线重叠时，应采用断开画法，断开处宜用小写拉丁字母连接表示。当有管道密集、投影重叠时，为避免造成识读困难，可以在管道合适位置断开，然后引出绘制在图纸其他位置。相应的断开处宜用相同的小写拉丁字母注明，也可用细虚线连接，如图 13-42d 所示。

3）采暖系统图中，散热器用中实线或细实线按立面图例绘制。一般在图例内直接注写柱式散热器的数量，圆翼形散热器的标注形式为"每排根数×排数"，光管式、串片式散热器的规格数量在图例内注不下时，可注在其上方。

4）管道的标注中，各管段均应注出管径，横管需标注坡度，坡度可注在管段旁边，数字下边画箭头以示坡向。在立管的上方或下方注写立管编号，必要时在入口处注写系统编号。除标注管道各设备标高外，还应注出楼地面的标高。

5）辅助设备和管道附件中，集气罐或疏水器等的位置、规格及与管道的连接情况，管道上的阀门、支架等都应按实际情况表示出来。

三、通风空调施工图

通风空调系统工程将温度、湿度及清洁度满足要求的空气送入室内，再将不符合要求的空气排至室外。系统包括送风管道、排风管道、输入气体的设备（风机）、空气处理设备（空调器）。通风空调施工图包括：目录、设计施工说明、设备与主要材料表、通风空调平面图、通风空调剖面图、通风空调系统图及详图。

（一）设计施工说明

设计施工说明主要介绍工程概况、系统采用的设计气象参数和室内设计计算参数、系统的划分与组成；通风空调系统的形式、特点；风管、水管所用材料、连接方式、保温方法和系统试压要求；风管系统和水管系统的材料、支吊的安装要求、防腐要求；系统调试和试运行及采用的施工验收规范等。

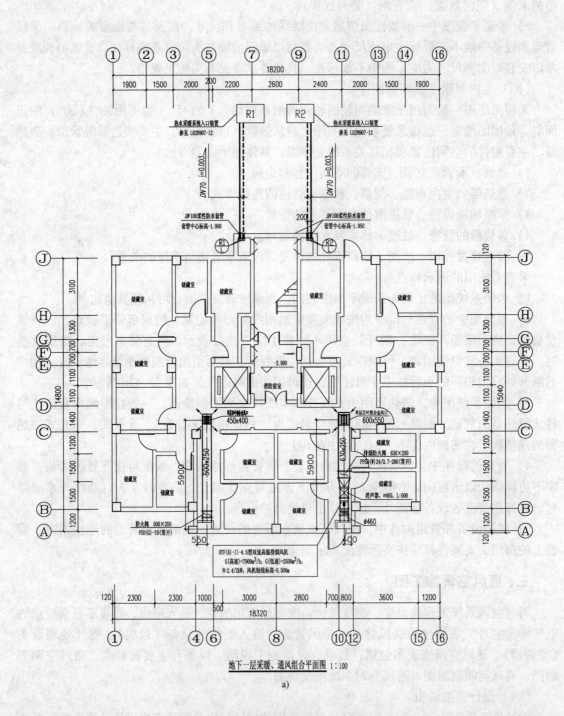

地下一层采暖、通风组合平面图 1:100

a)

图 13-42 采暖平面图和采暖系统轴测图

a)某住宅地下一层采暖通风组合平面图

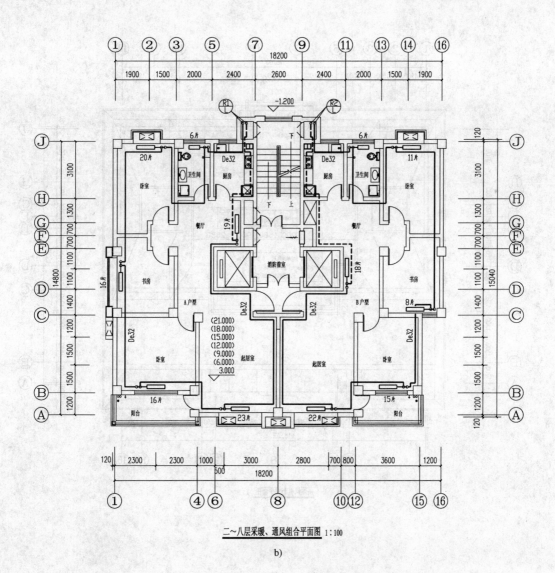

二~八层采暖、通风组合平面图 1:100

b)

图 13-42　采暖平面图和采暖系统轴测图（续）

b）某住宅二～八层采暖通风组合平面图

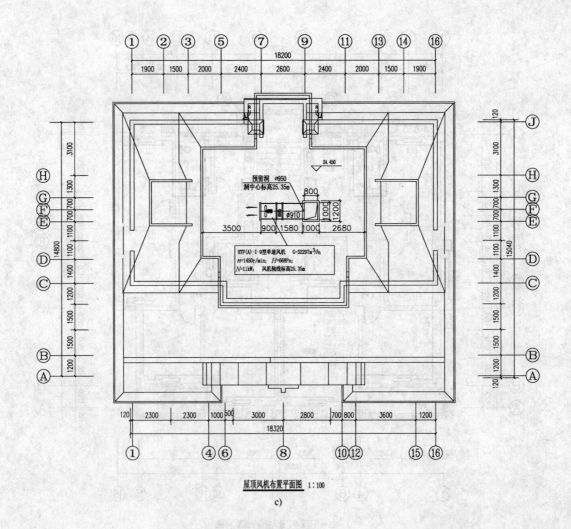

屋顶风机布置平面图 1:100

c)

图 13-42 采暖平面图和采暖系统轴测图（续）

c）某住宅屋顶风机布置平面图

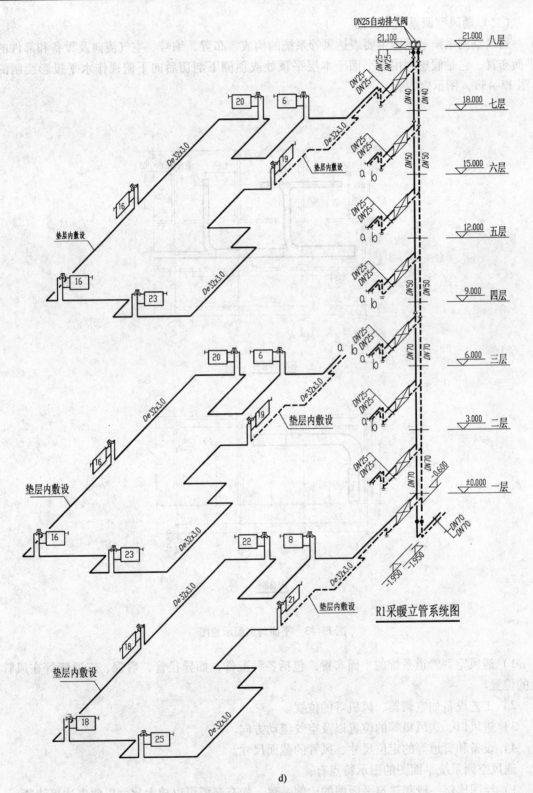

d)

图 13-42 采暖平面图和采暖系统轴测图（续）

d）住宅室内采暖系统图

（二）通风空调系统平面图

通风空调系统平面图主要表达风管系统的构成、布置、编号、空气流向及设备和部件的平面布置，它是假想利用水平面于本层平顶处或顶棚下剖切后向下俯视作水平投影绘制的（图13-43），图示内容有：

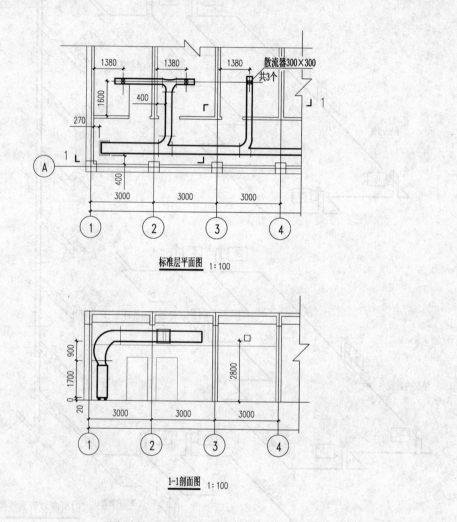

图 13-43　平面与剖面示意图

1）通风空调管道系统的平面布置，包括各种配件，如异径管、弯管、三通管等在风管上的位置。

2）工艺设备如空调器、风机等的位置。

3）进风口、送风口等的位置以及空气流动方向。

4）设备和管道等的定位尺寸、风管的截面尺寸。

通风空调系统平面图的图示特点有：

1）绘图比例一般和建筑平面图的比例一致，如有必要可以放大比例以便表达更清楚。

2）通风空调平面图应分层绘制，如果建筑结构与通风管道系统相同的楼层可只绘制一层通风空调平面图，并加以注明。相应的垂直剖面图应在平面图中标明剖切符号。

3）建筑平面图中的墙身、门窗洞、楼梯等主要轮廓用细实线表示，图中应注出轴线、房间名称及平面标高。

4）风管一般用双线按比例绘制，包括风管上的弯头、异径管及三通等，一般宜采用中实线。主要工艺设备一般采用中实线只绘制轮廓形状；阀门、部件、进出风口等采用细实线的图例表示。

5）当建筑平面图采用分段绘制时，通风空调平面图也可分段绘制，但分段部位应与建筑图一致，并应绘制分区组合示意图。

（三）通风空调系统剖面图

通风空调系统剖面图是在平面图上选择反映系统全貌的部位垂直剖切后绘制的。主要表达通风设备、管道及其部件在竖直方向上的空间位置与连接情况，通风空调系统与建筑结构的相互位置及高度方向的尺寸关系。

剖面图上的内容应与在平面图剖切位置上的内容对应一致，并标注设备的高度及连接管道的标高。剖面图主要有系统剖面图、机房剖面图、冷冻机房剖面图及空调器剖面图等。

剖面图的图示特点有：

1）通风空调系统剖面图的比例应与平面图的比例一致。在同一张图纸上绘制时，平面图应在下，剖面图在上，这样便于对照阅读。

2）通风空调系统剖面图的图线与平面图的图线要求基本相同。

3）剖切位置、剖切方向符号应标注在平面图上。当剖切的投射方向为向下和向右，且不致引起误解时，可省略剖切方向线。

4）通风空调系统剖面图中应标注设备、管道中心（或管底）的标高，必要时还需要注出这些部位距离层楼面的高度尺寸。一般楼面、屋面、地面等处标高也需标出。

图 13-43 为空调系统平面与剖面图。

（四）通风空调系统轴测图

通风空调系统图也称通风空调系统轴测图，是利用轴测投影法绘制的反映系统全貌的立体图。可单独绘制风管系统或水系统图。其图示内容有：

1）系统编号；

2）系统中设备、配件的型号、尺寸、数量、定位尺寸及标高。

3）管道系统的总管、干管、支管的空间的弯曲、交叉、走向、标高和断面尺寸。

图示特点有：

1）通风空调系统图的比例与平面图和剖面图一致，方便从图中量取尺寸。

2）通风空调系统图的风管通常采用单线画法，用一根粗实线表示风管系统的空间布置和走向；也可采用双线画法来表示，系统立体感强，但绘制较复杂。

3）通风空调系统图宜采用正面斜等测绘制，OX 轴和 OY 轴分别与房屋的横向和纵向一致，OZ 轴为高度方向；也可采用正等轴测图。

4）通风空调系统中设备用中实线或细实线绘制其外轮廓线，部件按图例绘制。

图 13-44 为住宅加压送风系统图。

（五）通风空调系统详图

通风空调系统详图表示通风与空调系统设备的具体构造和安装情况，并注明相应的尺寸。部分常规设备及部件可直接选用标准图集，其他设备需要绘制详图。通风空调系统详图分为安装详图、加工详图、结构详图，设备、管道或部件的不同类详图按需要分别绘制。

图 13-45 为屋顶风机安装详图。

四、暖通施工图的识读

（一）暖通施工图的识读步骤

1）首先阅读建筑施工图、给水排水等施工图。

2）了解房屋土建方面的基本情况。

3）阅读暖通施工图的设计和施工说明。

4）了解工程设计要求概况、空调系统的形式、设备清单，了解标准图集采用情况并准备资料，了解图例等。

5）相互交叉配合阅读平面图、系统图和剖面图。

6）采暖方面一般按管道的连接，顺着热媒流动的方向进行：采暖入口—供热总管—供热干管—供热立管—供热支管—散热器—回水支管—回水立管—回水干管–回水总管–采暖出口，这样较快地了解了采暖系统的组成构架，再了解细部的管道与设备的尺寸、定位及安装等。

7）通风空调系统则由通风空调系统中空气的流向为引导，从进口到出口依次了解，读懂系统的全局布置，再具体细致了解管道、设备及部件的具体位置、数量、型号、连接情况、截面尺寸、定位尺寸、标高等。

（二）实例分析

下面以图 13-42、图 13-44～图 13-46 为例，解读采暖及通风空调系统的设计。

首先通过建筑施工图可了解：这是一地下一层、地上八层独立单元的住宅楼，两梯两户（A、B 两户型），楼梯与电梯不共用前室，地下一层为储藏室，共十七间，一～八层为住户，共十六户。

（1）采暖部分　通过平面图和系统图可知，该工程为热水采暖系统，采用共用立管分户独立系统。管道布置形式为下行上给双管式。两热水总管 DN70 沿住宅入口楼道两侧穿过 DN100 柔性防水套管分别进入管井，标高 – 1.950m。

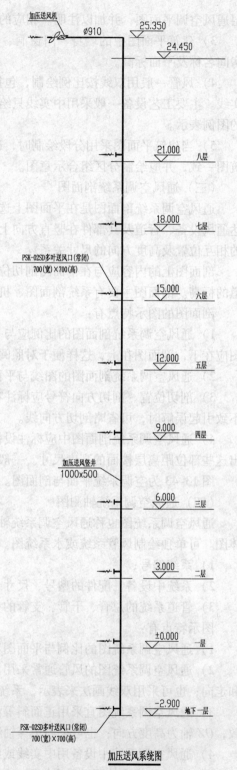

图 13-44　加压送风系统图

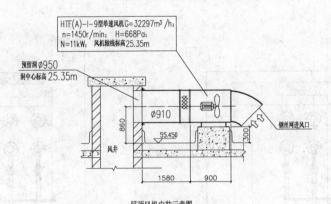

图 13-45　屋顶风机安装详图

立管在一层的 −0.600m 标高处（其他层为 $h+1.000m$，h 为楼梯休息板标高）接 $DN25$ 锁闭调节阀、户用热量表等（图 13-46），向南进入户内厨房，支管直径 $DN32$ 暗敷于垫层内。（A 户型）R1 然后沿西走进卫生间，接一 6 片（一层 8 片）散热器；再沿南面墙走到卫生间外墙转向西进入卧室沿墙下走到北侧窗下，接一 20 片（一层 22 片）散热器；再沿西墙下走到书房窗下，接一 18 片（一层 20 片）散热器；支管再向南走进入南卧室，在卧室南面窗下接 16 片（一层 18 片）散热器；沿着南墙进入起居室，窗下接 23 片（一层 25 片）散热器；沿墙走至餐厅西墙接 19 片（一层 21 片）散热器后接入直径 $DN32$ 的回水支管，沿西墙走进入管井，比同层热水支管下降 200mm 接横支管、阀门、活节等附件（图 13-46），接入直径 $DN70$ 回水立管，下到标高 −1.950m 处接回水总管向北穿过 $DN100$ 柔性防水套管至采暖出口。热水与回水立管在一～三层管径为 $DN70$、四～六层管径 $DN50$、七层以上为 $DN40$，顶部设置 $DN25$ 自动排气阀。热水管与回水管间距为 200mm，水平靠墙安装距离 100mm。管道安装时支管和总管都要抬头走，支管坡向立管，总管坡向入口和出口，坡度 $i=0.003$。

（2）通风、防排烟系统

1）通风排烟系统：一～八层住宅采用自然排烟，地下一层采用机械排烟排风。由地下一层平面图可知，在电梯间南侧左右分别设置一通风排烟管道。⑫轴边上风井接出排风排烟管道，排风口为 600mm×550mm 的单层百叶铝合金风口，风口中心距离南边墙面 5900mm。排风管道截面为 630mm×250mm，后接排烟防火阀、一矩形变圆的渐变接头、接消声器、双速高温排烟轴流风机（安装高程 −0.500mm）、滤网接 $\phi460mm$ 管道进入风井。平时排风，消防时排烟。另一侧④轴边的风井接进新风管道，安装距离墙边 550mm，风管管道截面 500mm×250mm，端口一 450mm×400mm 的单层百叶铝合金送风口，风口距离南面墙体 5900mm。

2）送风防烟系统：地下一层～八层的电梯间前室，设置加压送风口，平时关闭，失火时自动开启失火层及相邻的上下层送风口。由图 13-42c 屋顶风机平面布置图、图 13-44 加压送风系统图、图 13-45 安装详图及各层平面图的消防前室可了解：型号为 HTF（A）−1 −9 型单速风机安装在 $\phi910mm$、长度 900mm 的管段内，前面有钢丝网进风口，后面连接过滤网，风机的安装高程为 25.350m，接长 1580mm、$\phi910mm$ 水平管段后直接通入风井，加压送风竖井尺寸为 1000mm×500mm，在各层的前室设置 700mm×700mm、型号为 PSK−02SD 的多叶送风口。在消防时自动开启风机起到为前室加压防烟的作用。

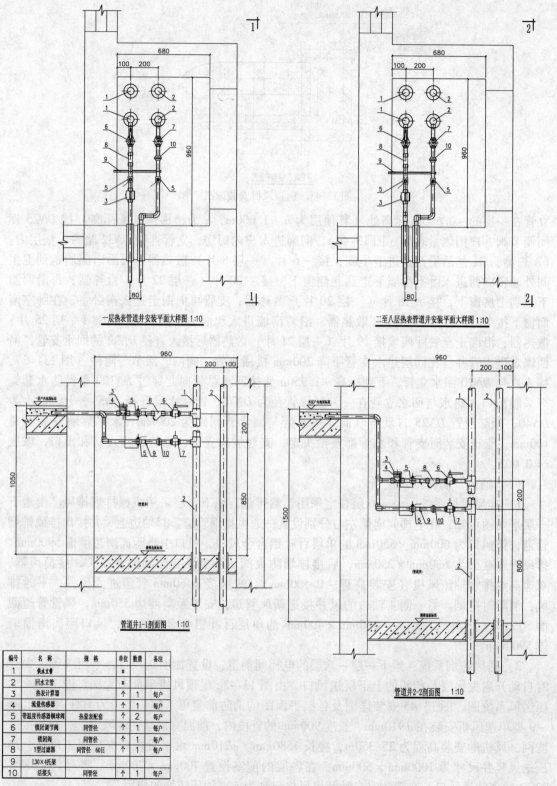

一层热表管道井安装平面大样图 1:10

二至八层热表管道井安装平面大样图 1:10

管道井1-1剖面图 1:10

管道井2-2剖面图 1:10

编号	名　称	规　格	单位	数量	备注
1	供水立管		根		
2	回水立管		根		
3	热表计算器		个	1	每户
4	流量传感器		个	1	每户
5	带温度传感器铜球阀	热量表配套	个	2	每户
6	锁闭调节阀	同管径	个	1	每户
7	锁闭阀	同管径	个	1	每户
8	Y型过滤器	同管径 60目	个	1	每户
9	L30×4托架				
10	活接头	同管径	个	1	每户

图 13-46　管井安装详图

课题三 工程案例

图 13-47～图 13-56（见书后插页）是某办公楼建筑给水排水与暖通施工设计的工程案例部分施工图，供读者识读训练。

该建筑地下一层，地上八层，建筑面积为 8960m² 。该工程中的建筑给水排水设计作为单体建筑进行，设计内容包括：给水系统、排水系统、灭火器设置、消火栓系统及自动喷淋系统。暖通的设计主要在地下一层车库。此工程设计车库、设备间及楼梯间的通风防排烟系统。

单 元 小 结

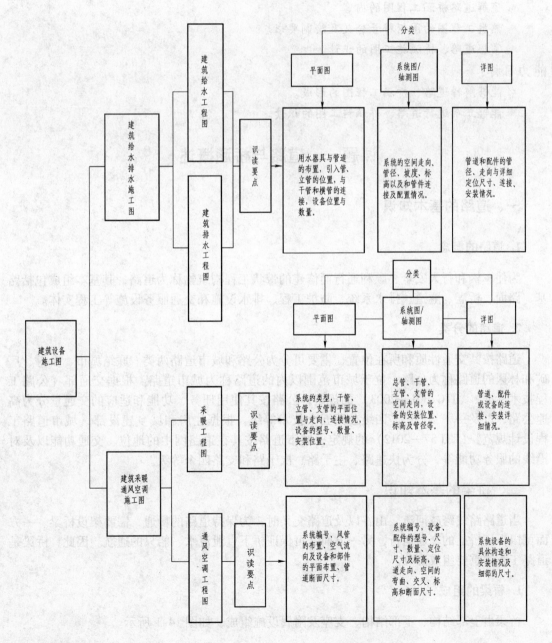

单元十四

道路与桥涵工程图

知识目标:

- 了解道路桥涵工程图的内容。
- 熟悉工程图的图例符号含义及绘制要求。
- 掌握道路、桥涵施工图的识读。

能力目标:

- 能够解释道路、桥涵工程图的形成。
- 能够正确进行道路、桥涵施工图的识读。

课题一 道路与桥涵概述

一、道路的基本知识

1. 道路的概念

为使车辆和行人安全、顺利通行而修建的带状工程构筑物称为道路,其基本组成包括路基、路面、桥涵、隧道、排水系统、防护工程、排水设施和交通服务设施等工程实体。

2. 道路的分类

道路按其交通性质和所在位置,主要可分为公路和城市道路两类。联结城市、乡村、厂矿和林区的道路称为公路;位于城市范围以内的道路称为城市道路。根据交通部《公路工程技术标准》(JTG B01—2003)的规定,公路按其使用任务、功能和适应的交通量分为高速公路,以及一、二、三、四级公路五个技术等级。根据住房和城乡建设部《城市道路工程设计规范》(CJJ 37—2012)的规定,城市道路按其在道路网中的地位、交通功能以及对沿线的服务功能等,分为快速路、主干路、次干路和支路四个等级。

二、桥梁的基本知识

当道路路线跨越河流、山谷以及道路交叉时,为保持道路的畅通,需要架设桥梁。一方面可以保证桥上的交通运行,另一方面又可保证桥下宣泄流水、船只的通航。因此,桥梁是道路工程的重要组成部分。

1. 桥梁的组成

桥梁由上部结构、下部结构、支座及附属设施组成,如图 14-1 所示。

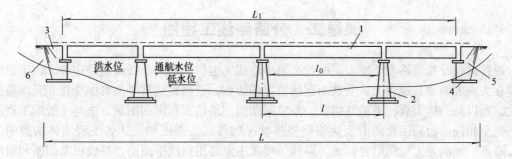

图 14-1　梁桥的基本组成

1—桥跨结构　2—桥墩　3—桥台　4—基础　5—锥体护坡　6—路堤　L—桥梁全长

L_1—桥梁总长　l_0—净跨径　l—计算跨径

上部结构：是在线路中断时跨越障碍的主要承重部分，也称为桥跨结构。

下部结构：主要包括桥墩、桥台和基础。

桥墩和桥台是支承上部结构并将其传来的恒载和车辆等活载再传至基础的结构物。通常设置在桥两端的称为桥台，设置在桥中间部分的称为桥墩。

支座：是设在墩（台）顶，用于支承上部结构的传力装置。

桥梁的附属设施主要包括桥面系、伸缩缝、桥梁与路堤衔接处的桥头搭板和锥形护坡等。

2. 桥梁的分类

桥梁的形式有很多，常见的分类有：

1）按结构形式分为梁桥、拱桥、刚架桥、桁架桥、悬索桥、斜拉桥等。

2）按建筑材料分为钢桥、钢筋混凝土桥、石桥、木桥等。其中以钢筋混凝土桥应用最为广泛。

3）按桥梁全长和跨径的不同分为特大桥、大桥、中桥和小桥。

4）按上部结构的行车位置不同分为上承式桥、下承式桥和中承式桥。桥面布置在主要承重结构之上的称为上承式桥，布置在主要承重结构之下的称为下承式桥，布置在主要承重结构中间的称为中承式桥。

三、涵洞的基本知识

涵洞是公路工程中为宣泄地面水流而设置的横穿路基的小型排水构造物。《公路工程技术标准》（JTG B01—2003）规定：构造物的多孔跨径总长小于 8m，单孔跨径小于 5m（称为涵洞，管涵和箱涵不论管径或跨径大小、孔数多少均称为涵洞。各类涵洞都是由基础、洞身和洞口组成的。洞身是位于路堤中间保证水流通过的结构物；洞口是位于洞身两端用以连接洞身和路堤边坡的结构物，分为进水口和出水口，包括端墙、翼墙或护坡、截水墙和缘石等部分，主要作用是保护涵洞基础和两侧路基免受冲刷，使水流畅通。

涵洞的种类繁多，按建筑材料可分为石涵洞、混凝土涵洞、钢筋混凝土涵洞等；按构造形式可分为圆管涵、盖板涵、拱涵、箱涵等；按断面形式可分为圆形涵、拱形涵、矩形涵等；按孔数可分为单孔、双孔和多孔等。在涵洞的习惯命名中一般将涵洞的孔数和材料及构造形式同时表明，如"单孔钢筋混凝土盖板涵"等。

课题二　公路路线工程图

道路路线是指道路沿长度方向的行车道中心线，也称道路中心线或道路中线。由于道路修建在大地表面狭长地带上，受地面起伏情况的影响，道路路线有平面弯曲变化和竖向高差变化，所以从整体上看，道路路线是一条空间曲线。道路工程图的图示方法与一般的工程图样不完全相同。公路工程图由表达线路整体状况的路线工程图和表达各工程实体构造的桥梁、隧道、涵洞等工程图组合而成。路线工程图主要是用路线平面图、路线纵断面图和路线横断面图来表达的。

一、路线平面图

路线平面图是从上向下投影得到的水平投影图，也就是用标高投影法所绘制的道路沿线周围区域的地形图。路线平面图的作用是表达路线的方向、平面线形状况以及沿线两侧一定范围内的地形、地物情况。由于路线平面图常采用较小绘图比例，所以一般在地形图上沿设计路线中心绘制一条加粗的实线来表示道路的走向及里程，而不需表达路基宽度，地形用等高线表示，地物用规定的图例表示。

1. 图示内容

路线平面图包括地形和路线两部分。

（1）地形部分

1）比例。为了清晰地表达路线及地形、地物状况，通常根据地形起伏变化程度的不同，采用不同的比例。路线平面图的比例一般为 1：2000～1：5000。

2）指北针。在路线平面图上应画出指北针，用来指明道路在该地区的方位和走向。指北标志的圆周直径为 24mm，用细实线绘制，指针尖端指向正北方向，尾端宽 3mm。在指针的尖端处应注写"北"字或"N"，字头应朝向指针指示的方向。

3）地形。地形的起伏变化及其变化程度是用等高线来表示的，并注明等高线的高程，字头朝向上坡方向。地势越陡，等高线越密；地势越平缓，等高线越稀。

4）地物。路线所在地带的地物，如河流、房屋、桥梁、涵洞、电力线、植被等，应按照规定的图例绘制。常用的图例见表 14-1。

表 14-1　常见地物图例

名　称	符　号	名　称	符　号
房屋		桥梁	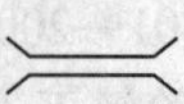
导线点	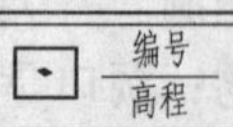 ·　编号/高程	涵洞	
交角点	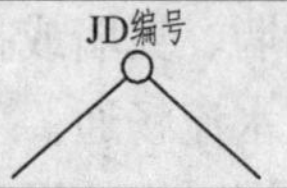 JD编号	高压电线	
坎	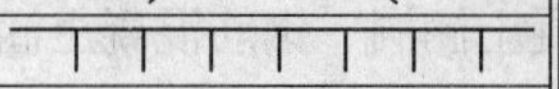	低压电线	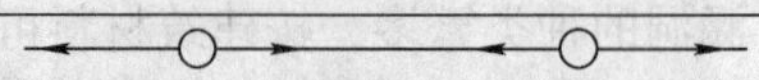
等高线		里程桩号	
用材林		经济林	

（2）路线部分

1）设计路线。设计路线是设计者通过现场考察、勘测，并按业主的要求而选择的通车路线。由于道路的宽度相对于长度来说尺寸小得多，所以只有在较大比例的平面图中才能将路宽画清楚，一般情况下，平面图的比例较小，可采用单线画法，通常是指沿道路中心线画出一条加粗的实线（$2b$）来表示新设计的路线。

2）里程桩。道路路线的总长度和各段之间的长度用里程桩号表示。在平面图中，路线的前进方向总是从左向右的。里程桩应从路线的起点至终点依次顺序编号。里程桩分公里桩和百米桩两种。公里桩宜注在路线前进方向的左侧，用符号"●"表示，公里数注写在符号的上方，如图 14-2 中的"K15"表示离起点 15km。百米桩宜标注在路线前进方向的右侧，也可在路线的同一侧，用垂直于路线的细短线表示，用字头朝向前进方向的阿拉伯数字表示百米数，注写在短线的端部，如图 14-2 中，在 K14 公里桩的前方注写的"2"，表示桩号为 K14+200，说明该点距路线起点为 14200m。

3）平曲线。路线的平面线形简称平曲线。它是由直线、圆曲线以及缓和曲线组成的，这三者称为路线平面线形的三要素。图 14-2 中，里程由 K14+200 至 K15，该路段设有一个平曲线，交角点为 JD6，是路线的两直线段的理论交点；R 为圆曲线半径，是连接圆弧的半径长度；L_s 为连接圆弧和直线的缓和曲线长度。

2. 平面图的绘制方法

1）先绘地形图，后绘路线中心线。

2）绘等高线应先粗后细，线条顺滑。

3）绘路线中心线时，应先曲后直。

4）绘路线平面图时，一般从左到右绘制，桩号左小右大。

5）平面图中，中文汉字的方向，按照图标方向来定，植物图例的方向应朝上或向北绘制。

二、路线纵断面图

路线纵断面图是通过路中心线用假想的铅垂面进行剖切展平后获得的。由于路中心线由直线和曲线所组成，因此剖切的铅垂面既有平面又有柱面。为了清晰地表达路线纵断面情况，采用展开的方法将断面展平成一平面，然后进行投影，形成了路线纵断面图。

路线纵断面图的作用是表达路线中心纵向线形以及地面起伏、地质和沿线设置构造物概况，路线平面图和纵断面图结合起来即可确定路线的空间位置。

1. 图示内容

路线纵断面图包括图样和资料表两部分，一般图样画在图纸的上部，资料表布置在图纸的下部。

（1）图样部分

1）比例。纵断面图的横向长度表示路线的长度，竖向高度表示地面及设计线的标高。由于设计线的纵向坡度较小，因此，路线的高差比路线的长度尺寸小得多，所以绘制时一般

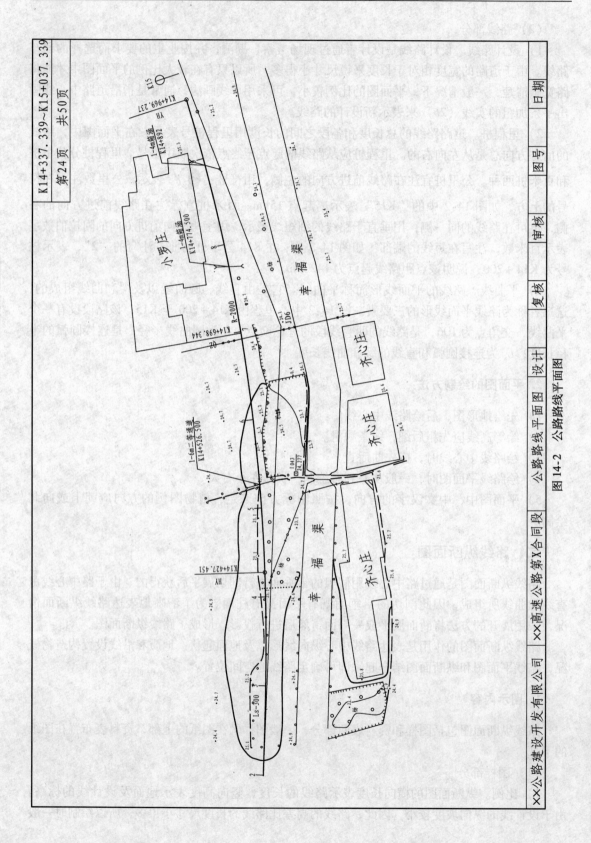

竖向比例要将水平比例放大 10 倍，这样画出的路线坡度就比实际大，看上去也较为明显。为了便于画图和读图，一般还应在纵断面图的左侧按竖向比例画出高程标尺。

2）地面线和设计线。在纵断面图中，原地面线用细实线表示，道路的设计线用粗实线表示。地面线是根据一系列中心桩的地面高程连接而成的，反映出路中心线之上或之下的地貌。设计线是根据地形起伏和公路等级，按相应的工程技术标准确定的，设计线上各点的标高通常是指路基边缘的设计高程。比较设计线与地面线的相对位置，可决定填挖高度。

3）竖曲线。设计线由直线和曲线组成。在设计线纵坡变更处（变坡点），两相邻纵坡之差的绝对值超过规定值时，根据《公路工程技术标准》的规定，在变坡处需设置竖曲线来连接两相邻的纵坡，目的是保证行车舒适、平顺、安全以及具有良好的视距。竖曲线分为凸形和凹形两种，在图中分别用符号"┬"和"┴"表示。符号中部的竖线应对准变坡点，竖线左侧标注变坡点的里程桩号，竖线右侧标注竖曲线中点的高程。符号的水平线两端应对准竖曲线的始点和终点，竖曲线要素（半径 R、切线长 T、外距 E）的数值标注在水平线上方。在图 14-3 中的变坡点处桩号为 K14 + 600，竖曲线中点的高程为 28.92m，设有凹形竖曲线（$R = 25000$m，$T = 236.51$m，$E = 1.12$m）。

4）沿线构造物。当路线上设有桥梁、涵洞、立体交叉及通道、人行天桥等人工构造物时，应在其相应设计里程和高程处，按图例绘制并注明构造物的名称、结构类型、孔数及孔径、规格和中心里程桩号、设计水位等。在图 14-3 中，该路段 K14 + 526.500 处有一个 1—6m 的二等通道；在 K14 + 774.500 和 K14 + 892 两处分别设置了箱涵。

（2）资料表部分　绘图时图样和资料表应上下对齐布置，以便阅读。

1）地质概况。根据实测资料，说明沿线的地质情况，为设计施工提供简要的地质资料。

2）纵坡和坡长是指设计线的纵向坡度及该坡度路段的水平长度。每一分格表示一种坡度，对角线表示坡度方向，如先低后高表示上坡；若为无坡度路段，则用水平直线表示，上方写数字 0，下方注坡长。图 14-3 中的"1.106/437.34（940.00）"表示坡度为 1.106%，从 K14 + 600 至 K15 + 540 处，总设计坡长为 940m；从 K14 + 600 至 K15 + 037.339 的分段坡长为 437.34m 的上坡路段。

3）填挖高度。表示地面高程与设计高程的差值，单位为 m。它应与填方及挖方路段的桩号对齐。地面高程指各地面中心桩号的高程；设计高程指设计线上各桩号的高程。

4）里程桩号。沿线各点的桩号是按测量的里程数值填入的，单位为 m，桩号从左向右排列。在平曲线的起点、中点、终点和桥涵中心点等处可设置加桩。

5）平曲线。在路线设计中，竖曲线与平曲线的配合关系直接影响着汽车行驶的安全性和舒适性，以及道路排水情况。在资料表中，以简略形式表达出二者之间的配合关系。路线直线段用水平细实线表示，向左或向右转弯的曲线段分别用下凹或上凸的细实线折线表示，有时还需标出平曲线各要素的值。

2. 纵断面图的绘制方法

路线纵断面图画在透明方格纸上，方格纸的格子纵、横向间距都是 1mm，每 50mm 处用粗线画出。画图步骤如下：

1）先画纵横坐标：左侧纵坐标表示标高尺，横坐标表示里程桩。

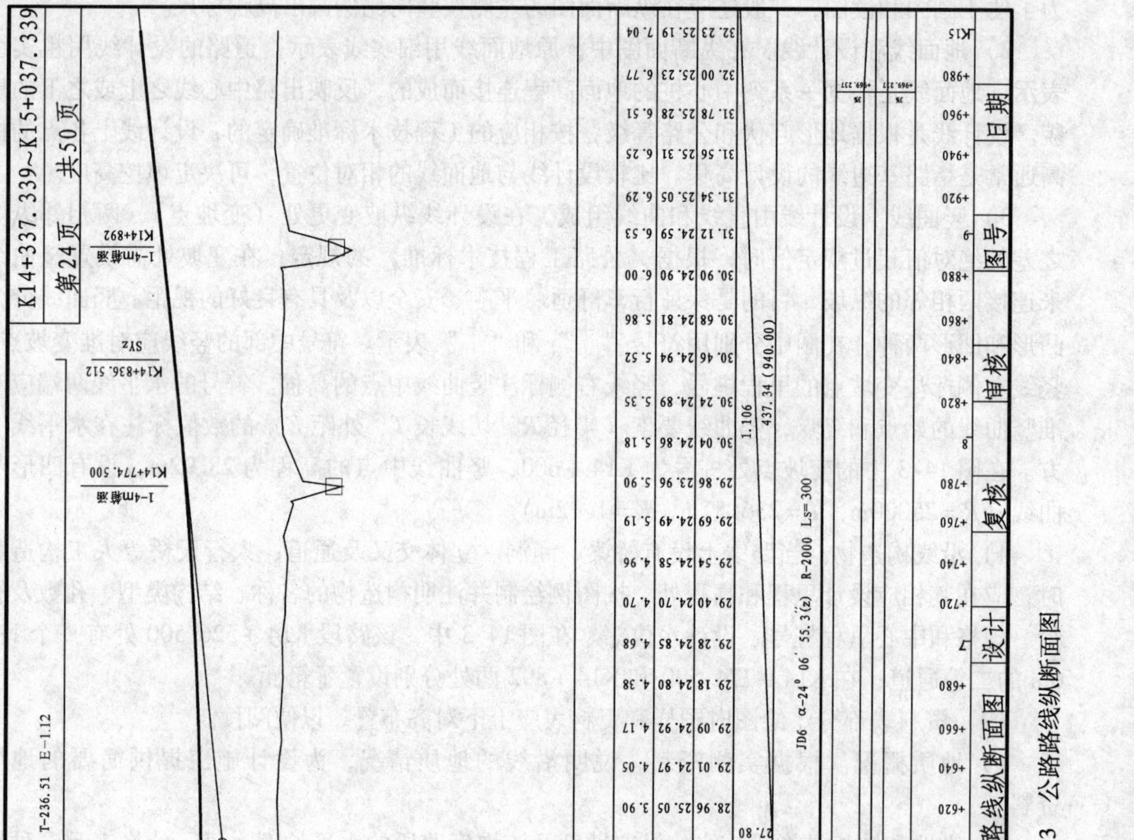
K14+337.339~K15+037.339
第24页 共50页
××公路建设开发有限公司
××高速公路第X合同段
公路路线纵断面图
设计
复核
审核
图号
日期
V 1:200
H 1:2000
地质概况
填挖高度/m
地面高程/m
设计高程/m
坡度/(‰)
坡长/m
直线及平曲线
超高
里程桩号
R-25000 T-236.51 E-1.12
-0.786
262.66 (700.00)
1.106
437.34 (940.00)
JD6 α-24° 06′ 55.3″(z) R-2000 Ls=300
SZY K14+363.488
SYz K14+836.512
1-6m二级通道 K14+526.500
1-4m箱涵 K14+774.500
1-4m箱涵 K14+892

图 14-3 公路路线纵断面图

2）比例：纵断面图的比例，竖向比例比横向比例扩大 10 倍，如竖向比例为 1∶10，则横向比例为 1∶100，纵横比例一般在第一张图的注释中说明。

3）点绘地面线：点绘时将各里程桩处的地面高程点到图样坐标中，用细折线连接各点即为地面线。

4）设计纵拉坡：绘制时将各里程桩处的设计高程点到图样坐标中，用粗实线拉坡即为设计线。

5）根据设计标高和地面标高计算填、挖高度。

6）标出水准点、竖曲线以及沿线构造物等。

绘制路线纵断面图时应注意的事项：

1）线型：地面线用细实线，设计线用粗实线，里程桩号从左向右按桩号大小排列。

2）变坡点：当路线坡度发生变化时，变坡点应用直径为 2mm 的中粗线圆圈表示，切线应用细虚线表示，竖曲线应用粗实线表示。

三、路基横断面图

路基横断面图是用假想的剖切平面，垂直于路中心线剖切而得到的图形。在横断面图中，路面线、路肩线、边坡线、护坡线均用粗实线表示，路面厚度用中粗实线表示，原有地面线用细实线表示，路中心线用细点画线表示。路基横断面图一般不画出路面层和路拱，以路基边缘的标高作为路中心的设计标高。

路基横断面图主要表达路线沿线各中心桩处的横向地面起伏状况和路基横断面形状、宽度、填挖高度、填挖面积等。它主要用于计算路基土石方量和作为路基施工时的依据。沿道路路线一般每隔 20m 和道路路线各中心桩处（公里桩、百米桩、曲线的起始和中点桩）画一个路基横断面图。

1. 路基横断面的形式

根据设计线与地面线的相对位置不同，路基横断面图分为以下三种形式：

（1）填方路基（路堤）　设计线全部在地面线以上，填土高度等于设计标高减去路面标高。填方边坡一般为 1∶1.5。在图下注有该断面的里程桩号、中心线处的填方高度 H_T（m）以及该断面的填方面积 A_T（m^2），如图 14-4 所示。

（2）挖方路基（路堑）　设计线全部在地面线以下，挖土深度等于地面标高减去设计标高，挖方边坡一般为 1∶1。图下注有该断面的里程桩号、中心线处挖方高度 H_W（m）以及该断面的挖方面积 A_W（m^2），如图 14-4 所示。

（3）半填半挖路基　设计线一部分在地面线以上，一部分在地面线以下，路基断面一部分为填土区，一部分为挖土区，是前两种路基的综合，在图下仍注有该断面的里程桩号、中心线处的填（或挖）高度以及该断面的填方面积 A_T 和挖方面积 A_W，如图 14-4 所示。

2. 路基横断面的绘制方法

路基横断面图常采用透明方格纸绘制，既有利于计算断面填挖面积，又给施工放样带来方便。画图步骤如下：

1）路基横断面图的纵横方向采用同一比例。

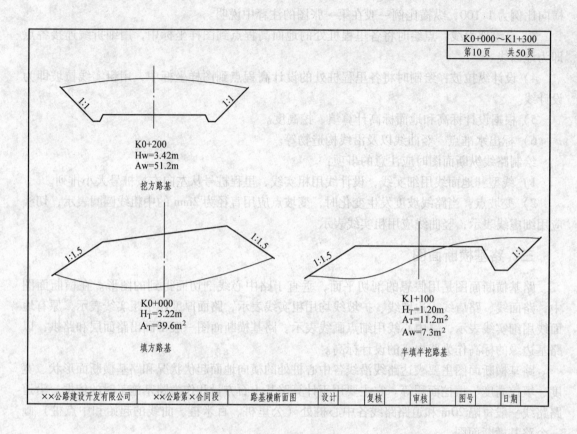

图 14-4　路基横断面图的画法

2) 原有地面线一律画细实线,设计线一律画粗实线,路面厚度线用中细线画出。

3) 路基横断面图应顺序沿着桩号从下到上,从左到右布置在一幅图纸内。

4) 在每张图样的右上角应有角标,注明图样的序号和总张数。在最后一张图的右下角绘制图标。

课题三　城市道路路线工程图

在城市里,沿街两侧建筑红线之间的空间范围为城市道路用地。城市道路一般包括机动车道、非机动车道、人行道、绿化带、交叉口以及各种设施等。

城市道路的线形设计结果也是通过平面图、纵断面图和横断面图表达的。它们的图示方法与公路路线工程图完全相同。由于城市道路所处的地形一般都比较平坦,并且城市道路的设计是在城市规划与交通规划的基础上实施的,交通性质和组成部分比公路复杂得多,因此,体现在横断面图上,城市道路比公路复杂得多。

一、横断面图

1. 城市道路横断面图布置的基本形式

城市道路根据机动车道和非机动车道不同的布置形式，横断面有单幅路、双幅路、三幅路和四幅路四种基本形式。

（1）单幅路（"一块板"断面）　把各种车辆都混合在同一车行道上行驶，规定机动车在中间，非机动车在两侧。

（2）双幅路（"两块板"断面）　用一条分隔带或分隔墩把道路从中央分开，使往返交通分离，但同向交通仍在一起混合行驶。

（3）三幅路（"三块板"断面）　用两条分隔带或分隔墩把机动车和非机动车交通分离，把车行道分隔为三块：中间为双向行驶的机动车道，两侧为方向彼此相反的单向行驶的非机动车车道。

（4）四幅路（"四块板"断面）　在"三块板"断面的基础上增设一条中央分离带，使机动车分向行驶。

2. 横断面图的图示内容

城市道路的横断面图的图示方法与公路路线工程图完全相同，此处不再赘述。

二、平面图

城市道路平面图与公路路线平面图相似，是用来表达城市道路的方向、平面线形和车行道布置以及沿路两侧一定范围内的地形和地物情况的。

城市道路平面图的内容可分为道路和地形、地物两部分，只是绘图比例较公路路线平面图大，因此车、人行道的分布和宽度可按比例画出。

三、纵断面图

城市道路纵断面图也是沿道路中心线展开的断面图，其作用与公路路线纵断面图相同，此处不再赘述。

课题四　道路交叉口

道路与道路（或铁路）相交的部位称为交叉口。根据各相交道路所处的空间位置可分为平面交叉和立体交叉两大类。

一、平面交叉口

平面交叉口是指各相交道路中线在同一高程处相交的道口。平面交叉有多种形式，交叉形式取决于道路系统规则、交通量、交通性质和交通组织，以及交叉口用地及其周围建筑的情况。常见的平面交叉口形式有十字形、X字形、T字形、Y字形等，如图14-5所示。

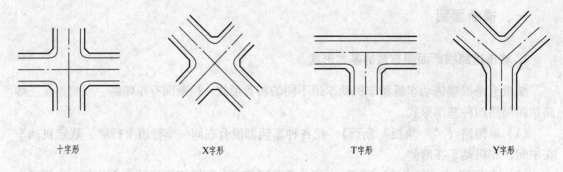

十字形　　　　　　　X字形　　　　　　　T字形　　　　　　　Y字形

图14-5　平面交叉口形式

二、立体交叉口

立体交叉口是指交叉道路在不同高程相交的道口。其特点是各相交道路上车流互不干扰，可以各自保持原有的行车速度通过交叉口。当平面交叉口用交通控制手段无法满足交通要求时，可采用立体交叉，以提高交叉口的通行能力。

根据立体交叉结构物形式不同可分为隧道式和跨线桥式两种基本形式。跨线桥又有下穿式和上跨式两种，高速或快速道路从桥下通过，相交道路从桥上通过时称为下穿式，反之称为上跨式，如图14-6所示。

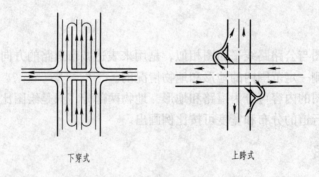

下穿式　　　　　　　　　　上跨式

图14-6　立体交叉口形式

课题五　桥涵钢筋结构图

用钢筋混凝土制成的梁、桩和柱等构件组成的结构，称为钢筋混凝土结构。在钢筋混凝土结构中，需将钢筋的布置、规格、编号以及绑扎或焊接表达清楚。

一、钢筋的基本知识

1. 桥梁工程用钢筋的型号

桥梁工程用钢筋的型号见表14-2。

表 14-2　桥梁工程用钢筋的型号

品种		强度等级代号	直径/mm	符号
外形	强度级别			
光圆钢筋	Ⅰ	R235	8～20	⏀
带肋钢筋	Ⅱ	HRB335	6～25	⏀
			28～50	
	Ⅲ	HRB400	6～25	⏀
			28～50	
		KL400	8～25	⏀ᴿ
			28～40	

2. 钢筋的种类与作用

根据钢筋在整个结构中的作用不同，将钢筋进行分类，见表14-3。

表 14-3　钢筋的种类与作用

钢筋	作用
受力钢筋（主筋）	承受主要拉力
箍筋	固定钢筋位置，并承受一部分剪力
架立钢筋	固定钢筋位置以形成骨架
分布钢筋	使荷载分布给受力钢筋，并可防止混凝土收缩和温度变化引起裂缝

3. 钢筋的编号及尺寸标注

构件中的每种钢筋都应编号，编号用阿拉伯数字表示。对钢筋编号时，宜先编主、次部位的主筋，后编主、次部位的构造筋。在桥梁构件中，钢筋编号及尺寸标注的一般形式如下：

$$\frac{n\phi d\,\text{\textcircled{m}}}{l@\,s}$$

式中　ⓜ——钢筋编号，圆圈直径为 4～8 mm；

　　　n——钢筋根数；

　　　ϕ——钢筋直径符号，也表示钢筋的等级；

　　　d——钢筋直径的数值（mm）；

　　　l——钢筋总长度的数值（cm）；

　　　@——钢筋中心间距符号；

　　　s——钢筋间距的数值（cm）。

二、钢筋结构图的表达

绘制构件配筋图时，可假想混凝土是透明的，能够看清楚构件内部的钢筋，图中构件的外形轮廓用细线表示，钢筋用粗实线表示，若箍筋和分布筋数量较多，也可画为中实线，钢筋的断面用实心小圆点表示，通常在配筋图中不画出混凝土的材料符号。当钢筋间距和净距太小时，若严格按比例画则线条会重叠不清，这时可适当放大绘制。

课题六　桥梁工程图

桥梁设计一般分为两个阶段，第一阶段（初步设计）着重解决桥梁总体规划问题，第二阶段是编制施工图。

建设一座桥梁需要许多图样，从桥梁的位置确定到各个细部的情况都需用图来表达，这是桥梁施工的主要依据。虽然各种桥梁的结构形式和建筑材料不同，但图示方法基本相同。一套完整的桥梁工程图一般包括：桥位平面图、桥位地质断面图、桥梁总体布置图、构件图等。

桥梁工程图的特点：

1）桥梁的下部结构大部分埋于土或水中，画图时常把土和水视为透明体，而只画构件的投影。

2）桥梁位于路线的一段之中，标注尺寸时，除桥本身的大小尺寸外，还要标注出桥的主要部分相对于整个路线的里程和标高（以 m 为单位，精确到 cm），便于施工和校核尺寸。

3）桥梁是大体积的条形构造物，画图时均采用缩小的比例，但不同种类的图比例各不相同，常用比例见表 14-4。

表 14-4　桥梁工程图常用比例

图　　名	常 用 比 例
桥位平面图	1:500，1:1000，1:2000
桥位地质断面图	纵向 1:500，1:1000，1:2000
桥型布置图	1:50，1:100，1:200，1:500
构件结构图	1:10，1:20，1:50
详图	1:3，1:4 ，1:5，1:10

一、桥位平面图

桥位平面图是桥梁及其附近区域的水平投影图。它主要表达以下内容：

1）桥位处的地形、地物、水准点和钻孔位置。

2）桥位与公路路线的平面关系及桥梁的中心里程。

3）桥位与河流的平面关系。

4）不良工程地质现象的分布位置，如滑坡、断层等。

桥位平面图中的地形、地物、水准点的表示方法与路线平面图相同。由于桥位平面图采用的比例比路线平面图的大，因此可表示出路线的宽度。此时，道路中心线采用细点画线表示，路基边缘采用粗实线表示。设计路线用粗实线表示，桥用符号示意。

桥位平面图如图 14-7 所示，从图中可以看出：该桥的起点桩号是 K8 + 892.47，终点桩号是 K8 + 960.53，中心桩号为 K8 + 926.50。桥台两侧均设锥坡与道路的路堤相连。图中还表示出了桥梁墩台的位置。

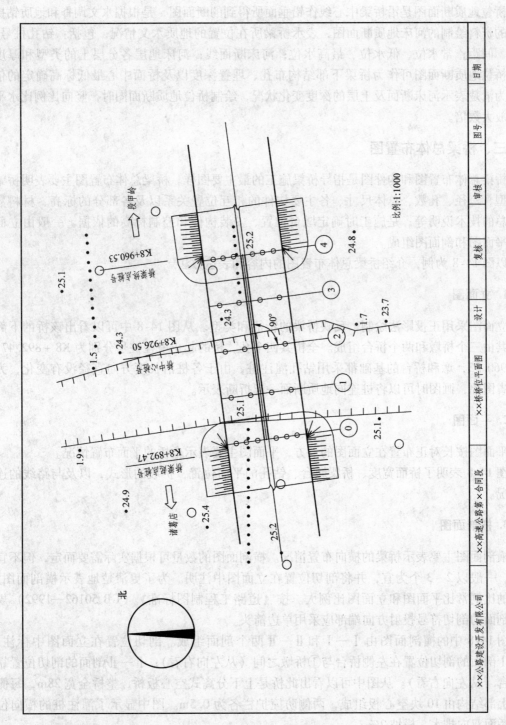

图14-7 ××桥桥位平面图

二、桥位地质断面图

桥位地质断面图是沿桥梁中心线作铅垂面所得到的断面图，是根据水文调查和地质钻探所得的资料绘制的河床地质断面图，表示桥梁所在位置的地质水文情况，包括：钻孔桩号、深度、间距；常水位、低水位、最高水位；河床断面线；河床地层各分层土的类型和厚度等。桥位地质断面图可作为桥梁下部结构布孔、埋置深度以及桥面中心最低标高确定的依据。为清楚表示河床断面及土层的深度变化状况，绘制桥位地质断面图时，竖向比例比水平比例放大数倍。

三、桥梁总体布置图

桥梁总体布置图和构件图是指导桥梁施工的最主要图样。桥梁总体布置图主要表明桥梁的类型、跨径、孔数、总体尺寸、各主要构件的相互位置关系以及各部分的标高、材料数量、总的技术说明等，是施工时确定墩台位置、安装构件和控制标高的依据。一般由立面图、平面图和剖面图组成。

以图 14-8 为例，介绍桥梁总体布置图的内容和表达方法。

1. 立面图

立面图采用正投影法绘制，反映桥梁的特征和类型。从图 14-8 中可以看出该桥的下部结构共由三个桥墩和两个桥台组成。全桥共四个孔，桥的起止里程桩号分别为 K8 + 892.47、K8 + 960.53，墩和桥台的基础都采用钻孔灌注桩，由于各桩沿长度方向直径没有变化，为了节省图幅，画图时可以将桩连同地质断面一起折断表示。

2. 平面图

平面图按长对正布置在立面图的下方，平面图主要表示全桥的平面布置情况。

图 14-8 表明了桥面宽度、桥梁墩台、钻孔的平面位置，护坡的形式，以及与路线的连接情况。

3. 横剖面图

横剖面图主要表示桥梁的横向布置情况。横剖面图的数量可根据实际需要而定，但不宜过多，一般以 2~3 个为宜，并将剖切位置在立面图中注明。为了更清楚地表示横剖面图，该图的比例常比平面图和立面图比例大。按《道路工程制图标准》（GB 50162—1992）规定，剖面的剖切符号投射方向端部应采用单边箭头。

图 14-8 中的横剖面图由 Ⅰ—Ⅰ 和 Ⅱ—Ⅱ 两个剖面组成。剖切位置在立面图中标注，Ⅰ—Ⅰ 剖面的剖切位置在左侧桥台与①桥墩之间（从左向右看）；Ⅱ—Ⅱ 剖面的剖切位置靠近桥台（从左向右看）。从图中可以看出此桥是上下分离式空心板桥，整桥全宽 28m，每侧桥的上部结构由 10 块空心板组成，两侧防撞护栏各为 0.5m。图中显示了灌注桩的横向位置。桥面双向排水，横坡 2%。

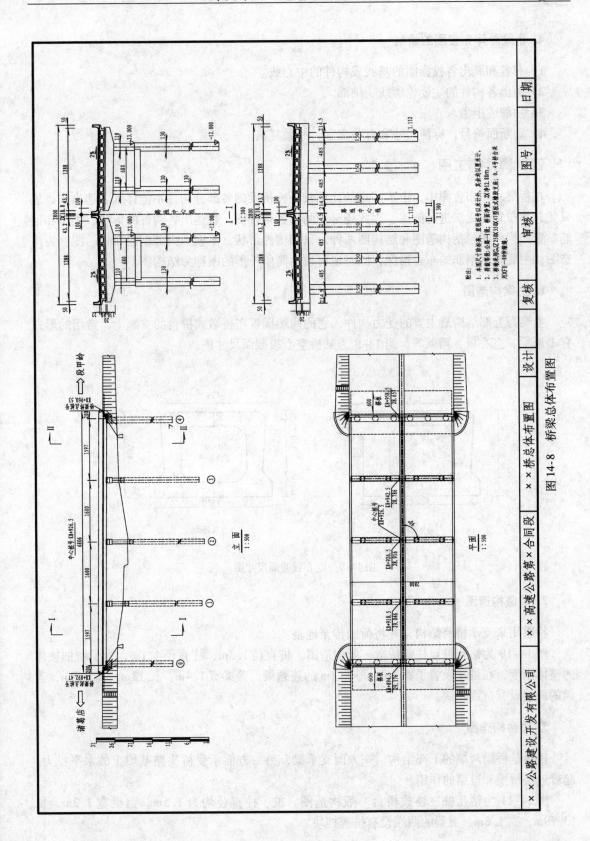

图 14-8　桥梁总体布置图

4. 桥梁总体布置图的绘制

1）布置和画出各投影图的基线或构件的中心线。

2）画出各构件的主要轮廓线、细部。

3）加深或上墨。

4）画断面符号，标注尺寸和有关文字，并做复核。

四、构件施工图

在桥梁总体布置图中，由于采用的比例较小，桥梁的各部分构件不能详细表达出来，故只凭总体布置图无法进行施工。因此还必须画出各构件图，表达出各构件的形状、大小和钢筋布置。构件图包括构造图和结构图两种。只画构件形状，不表示内部钢筋布置的图称为构造图；主要表示钢筋的布置情况，同时也可表示简单外形的图称为结构图。

1. 主梁构造图

主梁为上部结构最主要的受力构件，它的两端搁置在桥墩或桥台的支座上，常用的形式有 T 形梁、空心板、箱梁等。图 14-9 为某桥空心板截面尺寸图。

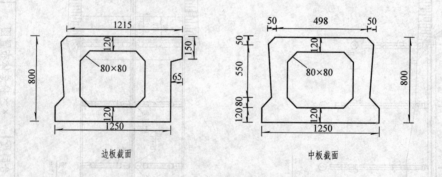

边板截面　　　　　　　　　中板截面

图 14-9　空心板截面尺寸图

2. 桥墩构造图

桥墩用来支承桥跨结构，并将荷载传至地基。

图 14-10 为钻孔桩双柱式桥墩一般构造图。桩直径 1.3m，柱直径 1.1m；为了增加桩体的整体刚度，在桩顶设置了宽 1m，厚 1.2m 的连系梁。盖梁宽 1.4m，长 13m，高 0.7m，盖梁的两端设有抗震挡块。

3. 桥台构造图

桥台是桥梁两端的下部结构，一方面支承梁，另一方面承受桥头路基填土的水平推力，起着连接桥梁和道路的作用。

图 14-11 为钻孔桩三柱式桥台一般构造图。桩、柱直径均为 1.5m。盖梁宽 1.2m，长 13.99m，高 1.2m，盖梁的两端设有抗震挡块。

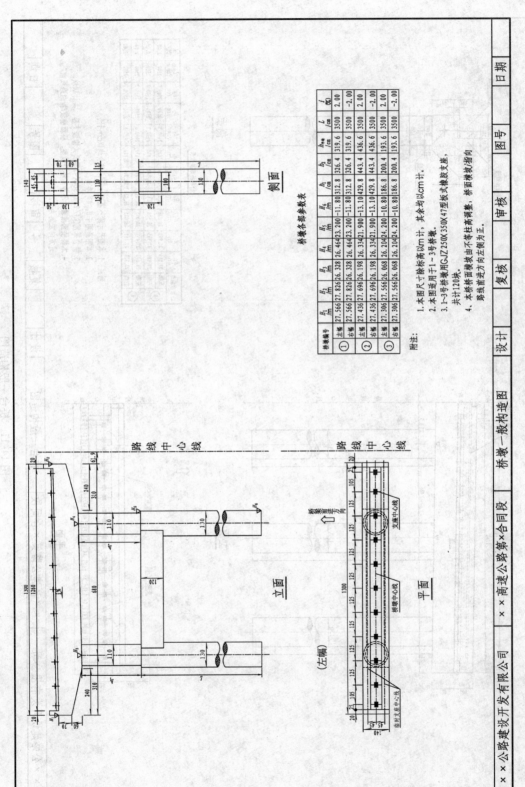

桥墩各部参数表

桥墩编号		B_1/m	B_2/m	B_3/m	H_1/m	H_2/m	D_1/cm	D_2/cm	$h_{中线}$/cm	L/cm	i/(%)
①	左幅	27.566	27.826	26.328	26.464	23.200	-11.80	312.8	326.4	319.6	3500	2.00
	右幅	27.566	27.826	26.328	26.464	23.200	-11.80	312.8	326.4	319.6	3500	-2.00
②	左幅	27.436	27.696	26.198	26.334	21.900	-13.10	429.8	443.4	436.6	3500	2.00
	右幅	27.436	27.696	26.198	26.334	21.900	-13.10	429.8	443.4	436.6	3500	-2.00
③	左幅	27.306	27.566	26.068	26.204	24.200	-10.80	186.8	200.4	193.6	3500	2.00
	右幅	27.306	27.566	26.068	26.204	24.200	-10.80	186.8	200.4	193.6	3500	-2.00

附注：
1. 本图尺寸除标高以m计，其余均以cm计。
2. 本图适用于1～3号桥墩。
3. 1~3号桥墩用GJZ 250×350×47型板式橡胶支座，
   共计120块。
4. 本桥桥面坡度由不等柱高调整，桥面横坡渐向
   路线前进方向左右侧为正。

立 面

侧 面

平 面
(左幅)

桥墩一般构造图

图 14-10 桥墩一般构造图

××公路建设开发有限公司 ××高速公路第×合同段 设计 复核 审核 图号 日期

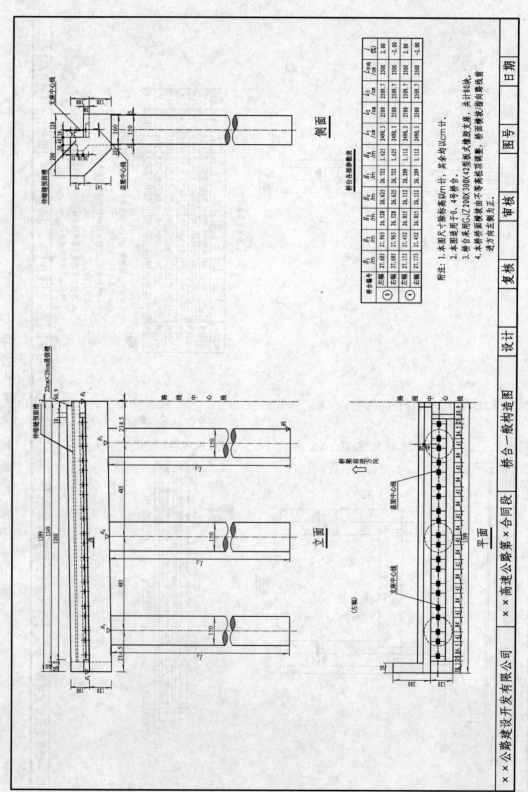

图 14-11　桥台一般构造图

附注：1. 本图尺寸除标高以 m 计，其余均以 cm 计。
2. 本图适用于0、4号桥台。
3. 桥台采用GJZ 200×300×42型板式橡胶支座，共计80块。
4. 本桥桥面横坡由不等高桥垫顶调整，桥面横坡沿路线前进方向左侧为正。

桥台编号		B_1 /m	B_2 /m	B_3 /m	B_4 /m	B_5 /m	B_6 /cm	L_1 /cm	L_2 /cm	L_3 /cm	$L_{4均}$ /cm	J (%)
⓪	左幅	27.685	27.965	26.528	26.625	1.625	2490.3	2490.3	2509.7	2500	2.00
	右幅	27.685	27.965	26.528	26.722	1.625	2490.3	2490.3	2509.7	2500	-2.00
④	左幅	27.173	27.452	26.015	26.112	1.112	26.209	2490.3	2500	2509.7	2500	2.00
	右幅	27.173	27.452	26.015	26.112	1.112	26.209	2490.3	2500	2509.7	2500	-2.00

桥台各部参数表

课题七　桥梁图的读图步骤

一、桥梁图的识读

读桥梁工程图的基本方法是形体分析法。桥梁虽然是庞大而又复杂的建筑物，但它是由许多构件组成的，因此，必须把整个桥梁化整为零，由繁化简，再集零为整，由简变繁，即为先整体后局部，再局部到整体的反复过程。

读图时，不能只看一个视图，而是要与其他有关视图联系起来一起读，包括总体布置图、构件图、钢筋明细表等，再运用投影规律，互相对照，弄清整体，形成完整的立体形象。

读图的步骤：

1）先看图纸标题栏和附注，了解桥梁名称、种类、主要技术指标、施工措施、比例、尺寸单位等。读桥位平面图、桥位地质断面图，了解桥的位置、水文、地质状况。

2）看总体图，弄清各投影图的关系，掌握桥型、孔数、跨径大小、墩台数目、总长、总高，了解河床断面及地质情况。应先看立面图（包括纵剖面图），对照看平面图和侧面图、横剖面图等，了解桥面宽度、墩台的横向位置和主梁的断面形式等。如有剖、断面，则要找出剖切线位置和观察方向，以便对桥梁的全貌有一个初步的了解。

3）分别阅读构件图和大样图，搞清构件的详细构造。各构件图读懂之后，再重新阅读总体图，了解各构件的相互配置及尺寸，直到全部看懂为止。

4）看懂桥梁图，了解桥梁所使用的建筑材料，并阅读工程数量表、钢筋明细表及说明等，再对尺寸进行校核，检查有无错误或遗漏。

二、桥梁图的绘制

绘制桥梁工程图，基本上和其他工程图一样，一般要绘制三个图形：立面图、平面图和侧面图。

桥梁工程图的画法及步骤如下：

1）根据图面大小，选择绘图比例。

2）布置和画出各投影图的基线。根据所选定的比例及各投影图的相对位置，把它们匀称地分布在图框内，布置时要注意空出图标、说明、投影图名称和标注尺寸的地方。当投影图位置确定之后，可以画出各投影图的基线，一般选取各投影图的中心线为基线。

3）画出构件的主要轮廓线。以基线作为量度的起点，根据标高及各构件的尺寸画出构件的主要轮廓线。

4）画各构件的细部。根据主要轮廓从大到小画全各构件的投影，注意各投影图的对应线条要对齐，并把剖面、栏杆、坡度符号线的位置、标高符号及尺寸线等画出来。

5）标注尺寸，填写说明。标注各处尺寸、标高、坡度符号线，画出图例，并填写文字说明，完成桥梁总体布置图。

课题八　涵洞工程图的表示法

一、涵洞工程图示方法

涵洞工程图包括平、立、剖三种图样（有时还要附加构件详图）。

涵洞的水流方向可与道路中心线正交或斜交，一般涵洞的顺水流方向较长，故以水流方向为纵向，立面图一般画成半纵剖视图，剖切平面通过顺水流方向的洞身轴线。

平面图以水平投影图或半剖视图表达。

侧面图一般以洞口立面图或剖视图表达。画洞口立面图时，若进、出水口构造形式相同，可只绘一个洞口，若两个洞口的构造形式不同，则两个洞口均应绘出。

二、管涵工程图的表示法

图 14-12 圆管涵构造图中的立面图表示出了涵洞各部分的相对位置和构造形式，可以看到涵管的内径为 1.5m，壁厚 0.15m，涵管长 5.1m，水流坡度为 0.5%，路基边坡为 1:1.5。平面图主要表示洞口、翼墙的平面形状和尺寸。侧面图主要表示管涵孔径和壁厚，洞口和翼墙的侧面形状及尺寸。

三、盖板涵工程图的表示法

从图 14-13 盖板涵构造图中的立面图看到，涵洞长 34.14m，翼墙顶面坡度为 1:1.5，水流坡度为 2%。平面图中表示出了急流槽的平面形状和尺寸。侧面图主要表示了洞口、翼墙和基础的形状及尺寸。

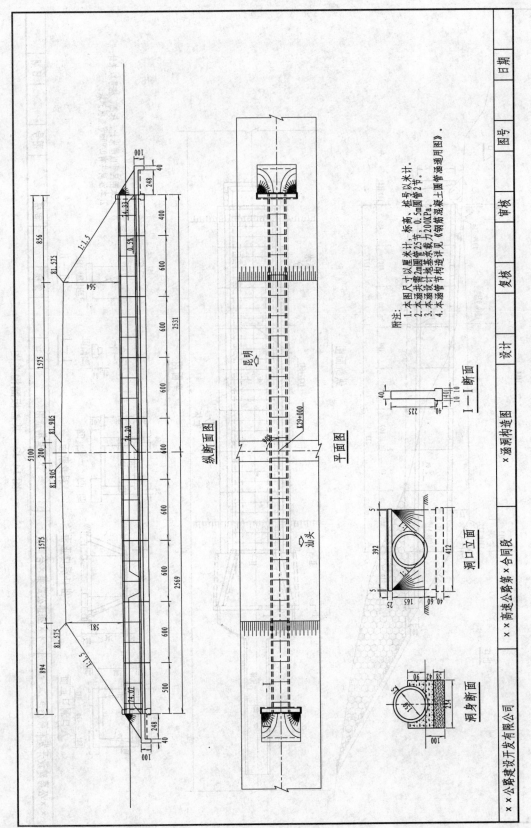

附注:
1. 本图尺寸以厘米计,标高、桩号以米计。
2. 本涵共需φ100圆管25节、0.5m圆管2节。
3. 本涵设设计地基承载力200KPa。
4. 本涵管节构造详构造详见《钢筋混凝土圆管涵通用图》。

纵断面图

平面图

I—I断面

洞口立面

洞身断面

x x公路建设开发有限公司   x x高速公路第 x 合同段   x 涵洞构造图   设计   复核   复核   审核   图号   日期

图14-12 某圆管涵构造图

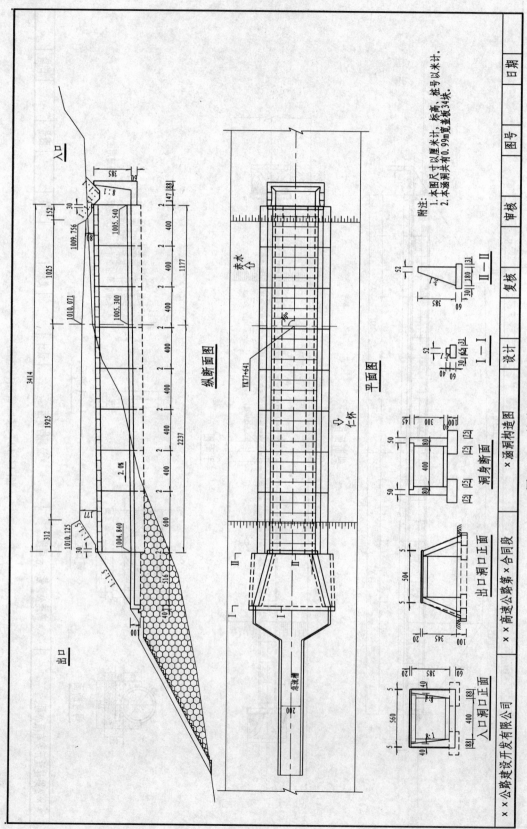

图 14-13　某盖板涵构造图

课题九　工程案例

图 14-14～图 14-16 是一套小桥的施工图，供读者识读训练。

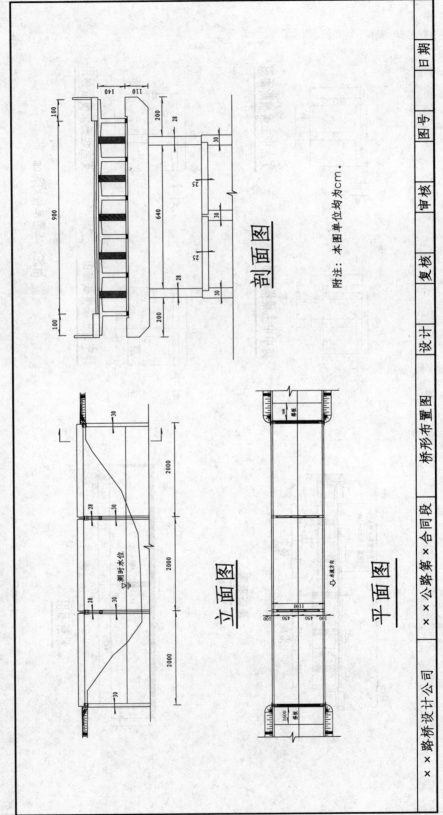

剖面图

附注：本图单位均为 cm。

立面图

平面图

× × 路桥设计公司	× × 公路第 × 合同段	桥形布置图	设 计	复 核	审 核	图 号	日 期

图 14-14　桥形布置图

建 筑 制 图

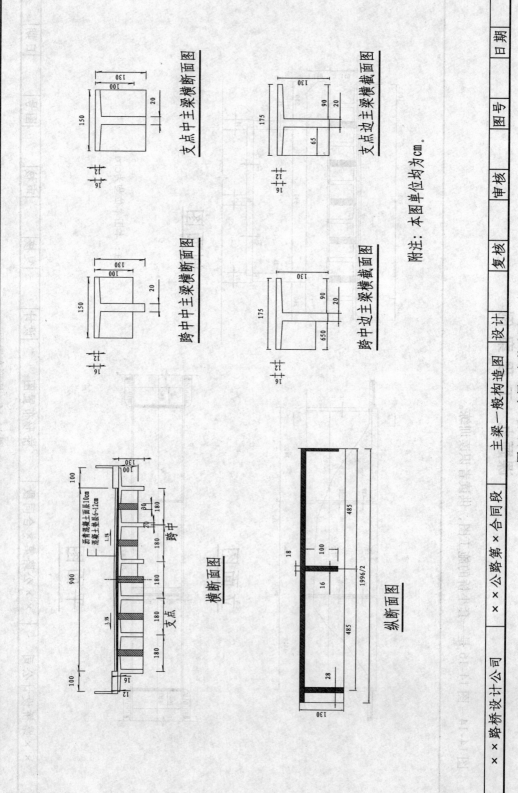

支点中主梁横断面图

跨中中主梁横断面图

横断面图

支点边主梁横截面图

跨中边主梁横截面图

纵断面图

附注：本图单位均为 cm。

图 14-15 主梁一般构造图

| ×× 路桥设计公司 | ×× 公路第 × 合同段 | 主梁一般构造图 | 设计 | 复核 | 审核 | 图号 | 日期 |

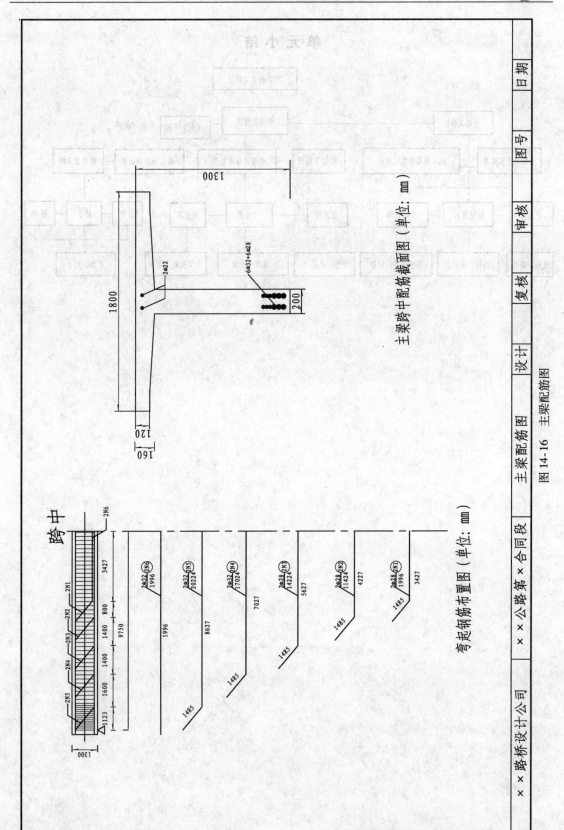

图 14-16 主梁配筋图

单 元 小 结

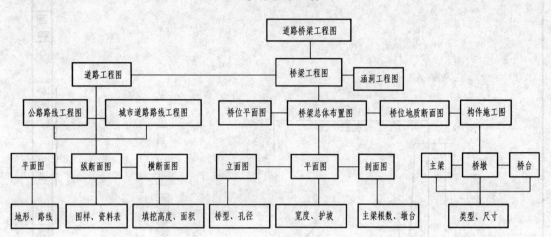

参 考 文 献

[1] 中国建筑标准设计研究院. GB/T 50001—2010 房屋建筑制图统一标准［S］. 北京：中国计划出版社，2011.

[2] 中国建筑标准设计研究院. GB/T 50103—2010 总图制图标准［S］. 北京：中国计划出版社，2011.

[3] 中国建筑标准设计研究院. GB/T 50104—2010 建筑制图标准［S］. 北京：中国计划出版社，2011.

[4] 中国建筑标准设计研究院. GB/T 50105—2010 建筑结构制图标准［S］. 北京：中国计划出版社，2011.

[5] 中国建筑标准设计研究院. GB/T 50106—2010 建筑给水排水制图标准［S］. 北京：中国计划出版社，2011.

[6] 中国建筑标准设计研究院. GB/T 50114—2010 暖通空调制图标准［S］. 北京：中国计划出版社，2011.

[7] 中国建筑标准设计研究院. 11G101—1 混凝土结构施工图平面整体表示方法制图规则和构造详图（现浇混凝土框架、剪力墙、梁、板）［S］. 北京：中国计划出版社，2011.

[8] 谢步瀛. 土木工程制图［M］. 上海：同济大学出版社，2004.

[9] 丁宇明，黄水声. 土建工程制图［M］. 2 版. 北京：高等教育出版社，2009.

[10] 张岩. 建筑工程制图［M］. 2 版. 北京：中国建筑工业出版社，2007.

[11] 莫章金. 建筑制图［M］. 北京：中国建筑工业出版社，2001.

[12] 何斌. 建筑制图［M］. 6 版. 北京：高等教育出版社，2010.

[13] 齐明超. 画法几何及土木工程制图［M］. 北京：机械工业出版社，2008.

[14] 刘继海. 画法几何与土木工程制图［M］. 武汉：华中科技大学出版社，2008.

[15] 鲁彩凤，贾福萍，常虹. 土木工程制图与计算机绘图［M］. 徐州：中国矿业大学出版社，2007.

[16] 袁果，胡庆春，陈美华. 土木建筑工程图学［M］. 长沙：湖南大学出版社，2007.

[17] 孙靖立，王成刚. 画法几何及土木工程制图［M］. 武汉：武汉理工大学出版社，2008.

[18] 蒲小琼，苏宏庆. 建筑制图［M］. 成都：四川大学出版社，2007.

[19] 卢传贤. 土木工程制图［M］. 北京：中国建筑工业出版社，2008.

[20] 齐明超，梅素琴. 土木工程制图［M］. 北京：机械工业出版社，2003.

[21] 谢步瀛. 工程图学［M］. 上海：上海科学技术出版社，2000.

[22] 张小平. 建筑识图与房屋构造［M］. 武汉：武汉理工大学出版社，2005.

[23] 莫章金，毛家华. 建筑工程制图与识图［M］. 北京：高等教育出版社，2001.